第3版

わかりやすい機械工学

松尾哲夫・野田敦彦・松野善之・日野満司・柴原秀樹

共著

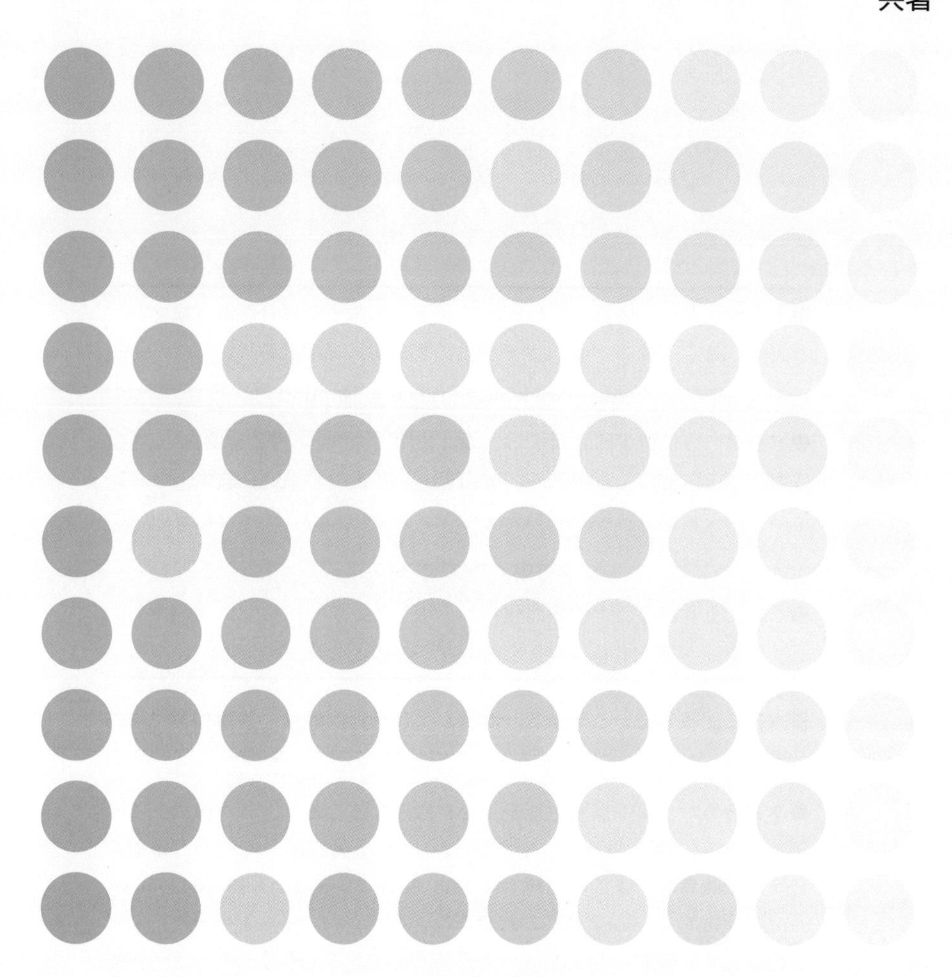

森北出版株式会社

第3版への改訂にあたって

本書は，機械工学をはじめて学ぼうとする機械系学生や若い技術者をはじめ，機械系以外の学生や社会人をも対象に，機械をつくるために必要となる機械の理論と基礎的な技術をわかりやすく平易に記述することを目指して1998年5月に発行され，2002年度にはその成果が評価されて日本機械学会教育賞を受賞した．

2006年3月には，機械技術の進歩に合わせて初版の内容を再検討し，機械における情報化，発展した工作機械，また機械材料としての生体材料の進歩を追加して第2版として改定を行った．

その後，約10年が経過した昨今，技術はさらにめざましく進展している．以前はそれほど一般的ではなかった3Dプリンターやロボットが一般家庭でも手軽に入手できるようになり，また，モノのインターネットなどの情報技術も革新的な発展を遂げている．そのような観点から本書について再度検討を行い，しかるべき修正や追加あるいは不要と思われる内容の見直しを行った．主な変更および補足は次のとおりである．

- 時代の進展にともなって古くなった記述や図は変更するとともに，全体のバランスを見直し，内容の整理および専門的すぎる内容の削除などを行なった．
- 最近の話題である積層造形(3Dプリンター)を新たに追加した．
- 平面的な図について，立体的なもののほうがわかりやすいものに関しては，立体的な図に変更した．
- 計算を含む章には例題を追加した．

第3版への改訂にあたり，多数の貴重な資料，技術資料を参考にさせていただいた．それらの著者ならびに資料提供者の方々に感謝申し上げる．さらに，今回の改訂の機会を与えてくださった森北出版の大橋貞夫氏，改訂に際し内容構成全般にわたって有益な助言を頂くとともに，改訂作業に尽力をくださった二宮惇氏に対して深く感謝の意を表する次第である．

これまで，多くの学生や若手技術者らの読者に読み継がれていることと，出版社からの意向も踏まえ，今回，第3版に改訂される運びとなったことは，著者一同この上ない喜びである．この第3版が旧版同様，日ごろの学習・研鑽の糧となり，多くの方々に読まれることを願ってやまない．

2016年3月

執筆者代表　松尾哲夫

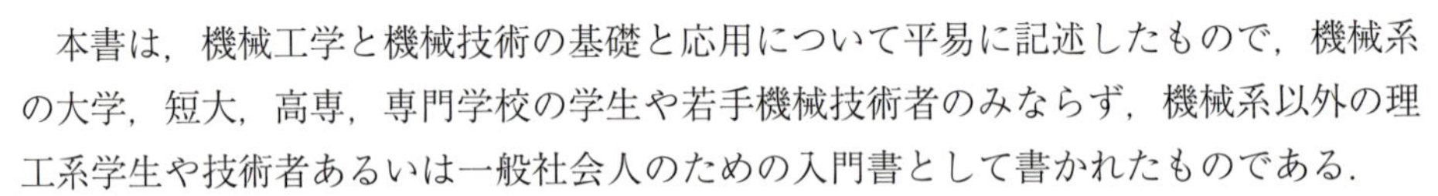

まえがき

本書は，機械工学と機械技術の基礎と応用について平易に記述したもので，機械系の大学，短大，高専，専門学校の学生や若手機械技術者のみならず，機械系以外の理工系学生や技術者あるいは一般社会人のための入門書として書かれたものである．

われわれの身のまわりには，自動車，航空機，船舶，掃除機，冷蔵庫，テレビ，自動販売機，パソコンなど，実に多くの機械が存在し，人間はこれらの機械の助けによって豊かな生活を享受している．また，最近はコンピュータの利用によって情報化機械，自動機械が増え便利な機械が多くなってきた．

このように，今日，人間と機械のかかわりはいっそう密接となっており，機械や機械工学について，ある程度の知識をもつ人も多いと思われる．しかし，機械工学といえば，一般に「数式が多くて難しい」，「とっつきにくい」，「一般の人たちには無縁」というように考えられがちである．それは，機械工学の対象とする範囲があまりにも広いことや，力学などの基礎知識があらかじめ必要であると受けとめられているからではないかと思われる．

本書の執筆にあたっては，このようなことを十分考慮し，できるだけ読みやすく平易に，かつ体系的にまとめるように努めた．また，ロボット技術，情報技術など新しい内容をできるかぎり取り入れた．

本書の第 1～3 章を松尾，第 4 章を野田，第 5 章を柴原，第 6 章を日野，第 7 章を松尾・柴原，第 8，9 章を松野，第 10 章を野田，第 11 章を日野が担当した．また，全体の編集については松尾があたった．

おわりに，この書物が初めて機械工学を学ぶ皆様にいささかでも，ご参考になれば幸いである．

1998 年 3 月

執筆者代表　松尾哲夫

目　次

1 機械の仕組み

われわれの身のまわりには無数の機械があり，これらの機械と深くかかわり合いながら毎日を過ごしている．日々の生活のなかで身近な機械として，自動車，電車，船舶，航空機，クレーン，洗濯機，冷蔵庫，テレビ，ロボット，パソコン，カメラなど，さまざまな機械を使って仕事をし，生活を享受し，また，機械を使ってものをつくったり修理したりしている．

それにもかかわらず，一般の人々にとっては，機械といえばやはり「難しい」，「自分とは関係がない」，「何か遠い存在」と受けとめ，その仕組みについてはあまり興味をもたない場合が多い．要するに，機械は私たちの身近にあって生活に密接に関係することは認めながらも，その原理・仕組みがよく理解できず，興味がもてないという人がまだまだ多いように思われる．

本章では，このような観点から，機械とは何であるのかということを概観する．

1.1 機械の発達

機械はもともと人間の能力の補助手段として発達してきた．すなわち，人間は，機械の要素である“てこ”や滑車の使用によって，人力では動かせないような重い荷物を比較的楽にかつ短時間に持ち上げたり，移動することを覚え，さらに1760年代初期の産業革命時代に入ってから，蒸気機関という新しい動力源の出現によって，より強力なエネルギーを用いて機械を動かすことが可能となってきた．その結果，人間が過酷な肉体労働から解放されるようになるとともに，機械をつくる機械，つまり工作機械の出現（1775年の中ぐり盤の出現など）によって，自動車，船舶，航空機などの人間の生活を著しく豊かにするような機械が次々と誕生した．

そして，現代はコンピュータの発達・普及によって，頭脳作業の分野で活躍する機械や，力仕事をする機械が多くなり，人間と機械のかかわりがいっそう深くなってきた．また，考えるロボットの開発や無人工場もすでに実現している．

1.2 機械の定義

どんなものを機械というのか，明確な定義はないようであるが，昔からさまざまな定義が試みられている．たとえば，稲美氏の著書[1.2]によると「機械あるいは器具は人工的製作物であり，その助けを借りて運動を起こすことができ，かつ時間や力が節約できるもの」という定義，「機械とは抵抗力を有する物体の組合せで，その助けで一定の運動を生じるように組み合わせたもの」という定義のほか，最近は「機械とは物理量を変形したり伝達したりする，人間に有用なもの」などのコンピュータにも当てはまるように考慮した定義がみられる．そして今日では，機械とよばれるためには，工学上，次のような3条件が満たされなければならない．

① 外力が加わっても抵抗力をもつ物体でつくられている．
② これらの物体は互いに限定された相対運動をする．
③ エネルギーの供給を受けて有効な仕事をする．

1.3 機械の構成

機械というものは，すべて次の四つの主要部から成り立っている．

① **入力部**：エネルギーを受ける部分
② **伝達部**：エネルギーを伝達したり変形をさせる部分
③ **出力部**：仕事をする部分
④ **保持部**：機械全体を保持する部分

たとえば，自動車やオートバイを例にとって考えると，①はエンジン，ハンドルなど，②はクランクシャフト，駆動部分など，③は前輪，後輪，ブレーキドラムなど，④は車体，ボディなどにそれぞれ該当する．

ところで，これら機械の各部に使われる**機械部品**（machine part）は無数にあるが，機械の機構を左右する機械要素（machine element，基本要素ともいう）としては，てこ，滑車，ねじ，摩擦車，リンク装置，歯車，軸受，カムなど，比較的限られている．つまり，一見複雑な操作をするようにみえる機械でも，それを細かく分解してみると，これらの機械要素が使われた，意外に単純な仕組みの組合せであることが多い（図1.1参照．なお，機械要素とその設計については第5章で詳しく説明する）．

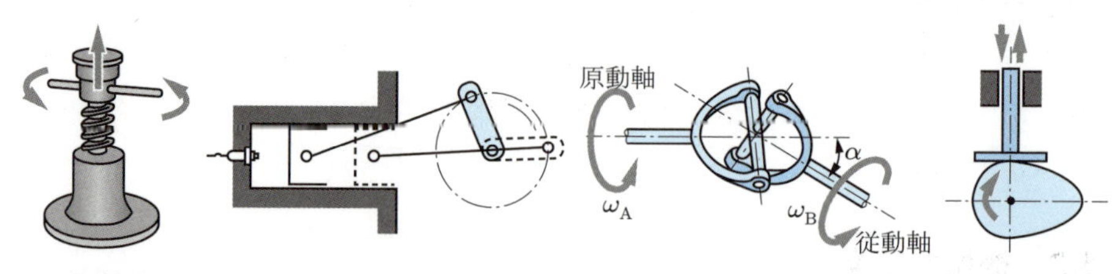

（a）ねじの応用（ジャッキ）　（b）ピストンクランク機構　（c）軸継手（自在継手）　（d）板カム

図1.1　機械を構成する機械要素

なお，機械を作動させるために必要なエネルギーには，電気，熱，流体，機械，原子力などの種類がある．

1.4 機械にまつわる諸問題

1.3 節で説明したように，機械要素は単純であるが，実際に機械を駆動してみると，さまざまな問題が生じる．まず，機械は使用中にその一部が破損したり変形を生じたりすることがあってはならない．そのために，各要素の設計にあたっては強度（静的および動的強度）が十分であり，かつ摩耗や腐食によって強度や精度が低下しないように留意する必要がある．また，機械における振動や騒音の発生とその防止はきわめて厄介な問題である．さらに，ポンプやタービンにおけるガス・流体の振動や漏れ防止も重要な問題である．このほか，電気回路の問題発生による機械の故障もしばしば起こる．

このような機械の正常な運動を阻むさまざまな問題に対応できるように，機械工学系の各学科では必要な教科科目として，機械材料，材料力学，機構学，機械設計・製図，工業力学（機械力学，振動学を含む），機械製作法，熱力学，流体力学，メカトロニクスなどを学ぶ．

1.5 機械の製作

機械工学の重要な分野として**機械製作**（manufacturing）がある．すなわち，機械加工とよばれる分野で，自動車，電車，ロボット，パソコン，ウインチ，草刈り機などの各種機械（部品）を，設計により作成された図面に従って加工（製作）する技術である．このように，機械部品を製作する機械のことを**工作機械**あるいは**加工機械**といい，旋盤や研削盤のような切削加工を専門とする機械が前者であり，プレス加工機，圧延加工機などが後者に含まれる．このほか，最近の電子部品の精密加工や超微細加工技術では，このどちらの機械にもよらずに高度な物理・化学的な方法によって加工が行われる．

設計工程を含め，このような機械部品の製造工程を**生産工程**（図 1.2）とよんでいる．近年の生産工程の技術進歩は目覚ましく，自動化，省力化，知能情報化，精密化，高機能化，省エネルギー化，無公害化に向かって進んでいる．そのため，機械工学系の各学科では，上記の基礎的学問のほか，切削加工学，自動制御，CAD/CAM 工作機械，計測工学，情報処理，生産システムなどの科目も設けられている．

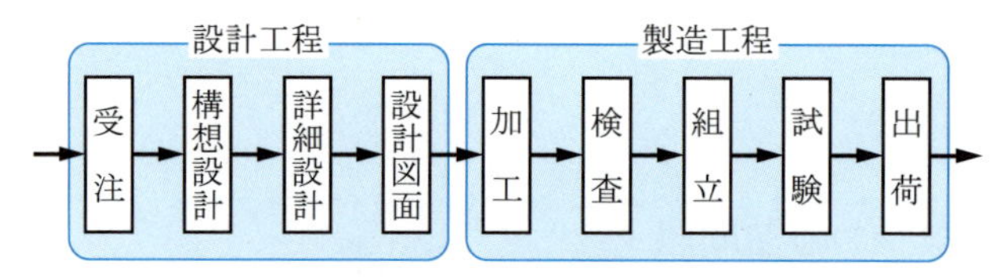

図 1.2　機械の生産工程（設計・製造工程）

2 機械材料

機械を学ぼうとするものにとって，機械材料の知識は非常に重要である．すなわち，機械部品の設計における材質の選定，機械部品の加工，あるいは機械の安全性や寿命の評価に際し，材料の性質や強度に関する十分な知識が要求される．機械のデザインが優れていても，使われた材料がそれに適した材質のものでなければ，機械は容易に破損したり，摩耗を起こしたりして，優れた性能を発揮しない．また，機械部品の加工にあたっては，材料の強度や加工性をあらかじめ十分知る必要がある．

最近はさまざまな性質をもった新しい材料が次々と開発されており，それが今日の科学技術の進歩のもとになっている．本章では，機械に使用されるさまざまな材料に関する性質や強度などについて述べる．

2.1 機械材料の分類

機械材料にはさまざまな分類の方法があるが，表 2.1 が最も一般的である．なお，金属，高分子材料，セラミックス，複合材料が，年代とともにどのように変わっているかを示している図 2.1 をみると，1960 年ごろより高分子材料，複合材料，セラミックスがしだいに重要な材料として利用されてきていることがわかる．

表 2.1　機械材料の分類

種　類		用途例
金属材料	鉄鋼材料	純鉄，炭素鋼，合金鋼，鋳鉄・鋳鋼
	非鉄材料	非鉄純金属，合金
非金属材料	セラミックス	窯業材料，ファインセラミックス
	高分子材料	天然有機材料，プラスチック
複合材料	金属／セラミックス	サーメット，超硬合金，鉄筋コンクリート
	金属／プラスチック	繊維強化金属（FRM），エンジン部品など
	プラスチック／セラミックス	ガラス繊維強化プラスチック（GFRP）など

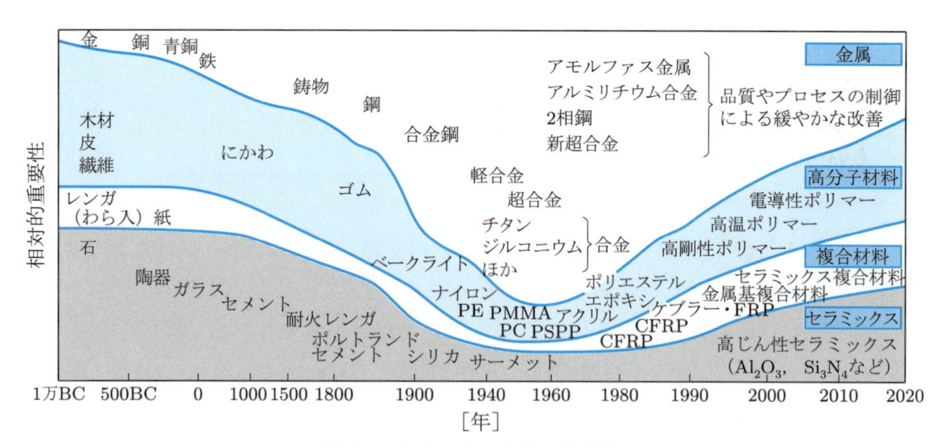

図 2.1 各種材料の開発と重要性

2.2 機械材料の性質とその試験法

2.2.1 機械材料の性質

機械材料の性質を機能性より分類すると，つぎのようになる．

① **機械的性質**：密度，弾性率，伸び，引張強さ，圧縮強さ，せん断強さ，硬さ，疲れ強さ，衝撃強さ，高温強度，熱衝撃抵抗など

② **熱的性質**：融点，比熱，熱膨張率，熱伝導率，断熱性，耐火性など

③ **電気・磁気的性質**：誘電性，導電性，透磁率，絶縁破壊性など

④ **光学的性質**：屈折率，反射性，透過性，透明性など

⑤ **化学的性質**：耐酸化性，耐腐食性，防水性，耐薬品性など

⑥ **加工性**：切削加工性，成形性，鋳造性，鍛造性，溶接性，焼入れ性など

2.2.2 試験方法

機械材料の機械的性質の試験方法としては多くの方法・試験機が採用されているが，ここでは引張試験，硬さ試験機などの主なものについて説明する．

(1) 引張試験　材料の引張強さや伸びなどを測定するためには，通常，**引張試験機**（tension tester）が使われる．これには，図 2.2 (a) のような油圧式のほかに，ねじ式があり，一定の引張速度を与えたり，上下繰返し荷重を与えたりすることもできる．さらに，図 2.2 に示されるように**試験片**（test piece）の位置を変えることにより圧縮試験を行うことができるし，また特別な治具を使用して**曲げ試験**（bending test）も実行できる．

引張試験においては，日本工業規格（JIS）に定められた形状・寸法（たとえば図 2.2 (b) のような丸棒）に対し，軸方向に徐々に引張荷重を加えて破断させることによって，

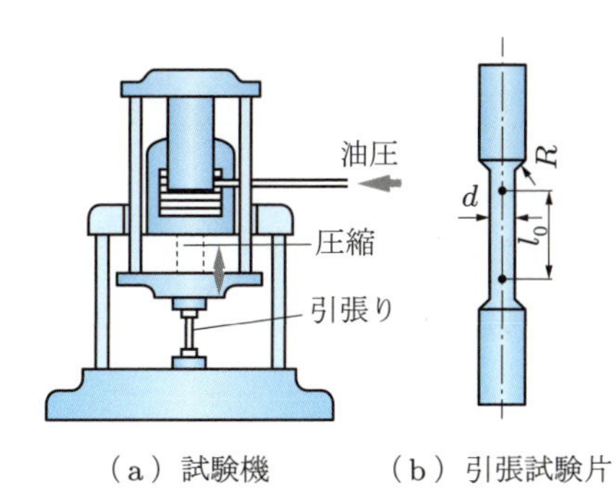

（a）試験機　（b）引張試験片

図2.2 油圧式引張・圧縮試験方法と引張試験片

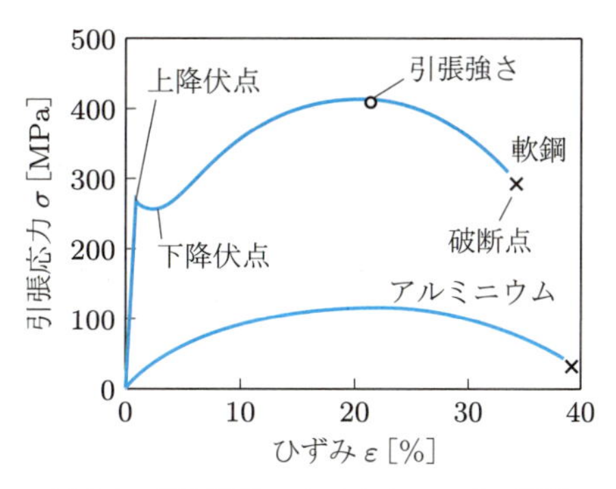

図2.3 引張試験による応力－ひずみ関係

図2.3のような応力－ひずみ関係が得られる．このような結果から，その材料の**降伏強さ**（yield strength），**引張強さ**（tensile strength），**破断強さ**（rupture strength），**伸び**（elongation）などが得られる．なお，応力とひずみについては3.1節でくわしく述べる．

引張試験片の標点距離 l_0，断面積 A_0 とし，引張破断時の標点距離を l_r，また途中の降伏荷重 P_y，最大の荷重を P_{max} とすると，その材料の降伏強さ σ_y（降伏点ともいう），引張強さ σ_B，破断伸び δ_r，破断ひずみ ε_r は，それぞれ次式によって表される．

$$\sigma_y = \frac{P_y}{A_0}, \quad \sigma_B = \frac{P_{max}}{A_0}, \quad \varepsilon_r = \frac{\delta_r}{l_0} = \frac{l_r - l_0}{l_0} \tag{2.1}$$

(2) 硬さ試験　機械材料のなかには，アルミニウムや銅などの軟質のものから，焼入れ鋼やセラミックスのようなきわめて硬いものまであり，また，被測定物の形状も微細なものから大きなものまでさまざまである．したがって，それぞれの場合に適した硬さ試験機が必要となる．その結果，多くの機種が開発され，それぞれの試験条件が厳密に定められている．圧子によって材料に一定圧力を加え，生じたくぼみの大きさ・深さから硬さを評価する原理のものが多い．なお，荷重 P の単位が [N] のときは，式 (2.2)，(2.3) の値を 0.102 倍する．

① **ブリネル硬さ** HB：この方法は，直径 10 mm の焼入れ鋼球またはセラミックス球を，試料表面に荷重 P [N] で静的に押し付け，この値を除荷後に残存するくぼみの表面積 F [mm^2] で除した値で表される（図2.4 (a)）．すなわち，くぼみの直径 d [mm]（顕微鏡で測定），深さ h [mm] から，次式で与えられる．

$$HB = \frac{P}{F} = \frac{P}{\pi Dh} = \frac{2P}{\pi D(D - \sqrt{D^2 - d^2})} \tag{2.2}$$

ただし，被測定物が鉄鋼の場合では $P = 29400$ [N]，負荷時間 15 秒，アルミニウムなどの非鉄金属では，それぞれ 4900 N，30 秒にとられる．

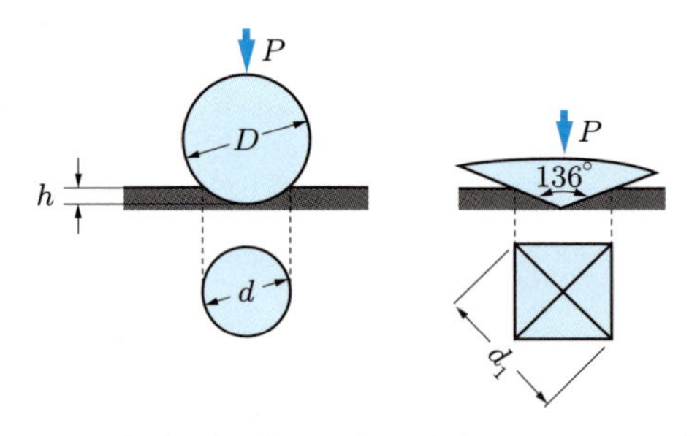

（a）ブリネル硬さ　（b）ビッカース硬さ

図2.4 ブリネル硬さおよびビッカース硬さ

② **ビッカース硬さ** HV：図2.4 (b) のように荷重 P [N] のもとで，ダイヤモンド製正四角すい（圧子）を被測定物に押し込むことによってできた永久くぼみの表面積の大小によって評価する方法である．すなわち，荷重を表面積で割った値をもって HV とする．HV はピラミッドの底面の正方形の対角線の長さ d_1 [mm] の測定値より，次式で計算される．

$$HV = 2\sin\frac{136^\circ}{2}\frac{W}{{d_1}^2} = 1.854\frac{W}{{d_1}^2} \tag{2.3}$$

荷重は1〜120 N ぐらいの範囲で自由に選択できる．本硬度計の特長は，硬くてもろい微細試料の硬さ測定にも適用できることである．

③ **ロックウェル硬さ** HRB，HRC：鋼球または頂角120°のダイヤモンド円すいを用い，まず98 N の基準荷重を与える．その後，所定の荷重（588，980，1470 N）まで押し付けることにより発生するくぼみの深さ t [mm] から，硬さを算定するものである．被測定物の材料の種類（硬さ）により，B スケールと C スケールがあり，それぞれによる硬さを HRB，HRC で表す．

④ **ショア硬さ**：試料の弾性に起因する，落下おもりの跳ね上がりの高さから，硬さを評価する方法である．先端に球状のダイヤモンドを取り付けたハンマ（重さ約2.5 g）を一定の高さ（約254 mm）から自然落下させ，その跳ね上がりの高さを測定するもので，この値が大きいほど高硬度である．

以上のほかに，ヌープ硬さ，マイヤー硬さ，引っかき硬さなどがある．

(3) 衝撃試験法　じん（靭）性（toughness）は，衝撃荷重を受ける機械部品に要求される重要な機械的性質である．セラミックスのような硬くてもろい材料は，金属に比べて概してこのじん性が低く，そのため，ぜい（脆）性破壊（brittle fracture）を起こしやすい．

じん性の大小を調べる装置が衝撃試験機であり，シャルピー衝撃試験機とアイゾット試験機の二つの試験方式がある．どちらも，切欠きを付けた一定の角柱状試験片を振り子によって衝撃的に破壊させるのに要するエネルギーの大きさでじん性を表す．

図 2.5 に，**シャルピー衝撃試験機**の原理ならびに試験片の取付け方を示す．振上げ角 α まで振り上げた重量 W [N] のハンマを自然落下させ，試験片の中央，切欠きの反対側をたたくことにより衝撃曲げ破壊させる．その際のハンマの振上げ角を β，振り子半径を r とすると，試験片の衝撃破壊に要したエネルギー E は次式によって与えられる．

$$E = Wr(\cos\beta - \cos\alpha) \tag{2.4}$$

この E の値を試験片切欠き部の断面積（$1.0 \times 0.8\,\mathrm{cm}^2$）で割った値が，シャルピー衝撃値である．当然のことながら，強じんな材料ほどこの値は高くなる．

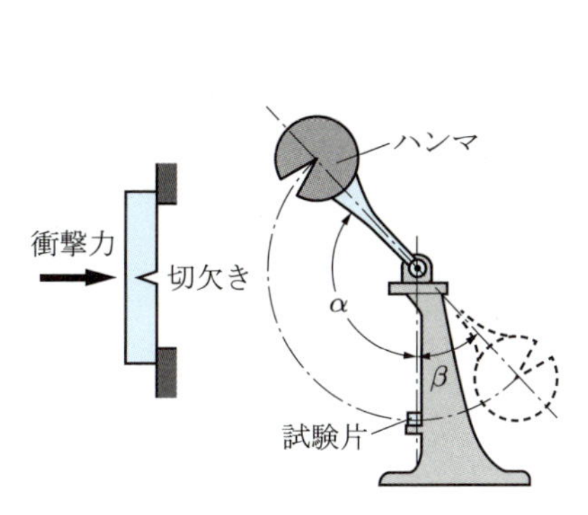

図 2.5　シャルピー衝撃試験機ならびに試験片の取付け方

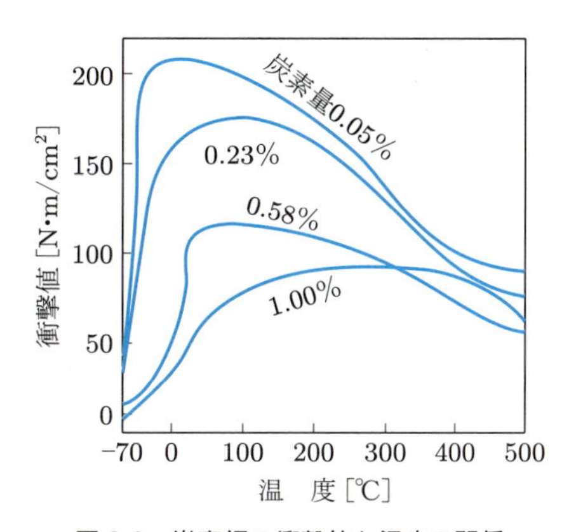

図 2.6　炭素鋼の衝撃値と温度の関係

なお，図 2.6 は炭素量の異なるさまざまな炭素鋼のシャルピー衝撃値を，さまざまな温度で調べた結果である．

(4) 疲労試験　材料が動的荷重（繰返し荷重）を受ける場合，その静的破断強さより小さい荷重でも，ある繰返し回数のあとに破壊することがわかっている．この破壊を**疲労破壊**（fatigue fracture）といい，無限回の繰返しによっても破壊しない応力の最大値を疲労限（疲労強さ）という．

繰返し荷重のかけ方にはさまざまな方式があり，平均応力が 0 のもとで応力振幅 $\pm\sigma_\alpha$ の繰返し応力をかける方式を両振り疲労試験といい，とくに図 2.7 (a) のように，円筒試験片に曲げを加えながら回転させる両振り回転曲げ疲労試験が最もよく知られている．また，平均応力と振幅の等しい場合，つまり最小応力 $\sigma_{\min} = 0$ の場合を片振り方式という．

一般に，疲労試験において，最大応力（stress）S と破断までの繰返し回数 N の関係を $S-\log N$（$S-N$ 曲線）でプロットすると，N の大きいところ（$N = 10^6 \sim 10^7$ 回あたり）で曲線は水平となり，被試験材料は永久に破断しない S が存在する．S の

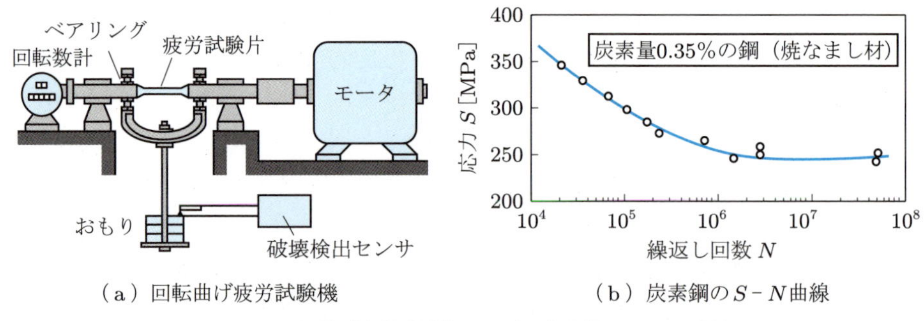

（a）回転曲げ疲労試験機　　　（b）炭素鋼の $S-N$ 曲線

図 2.7　回転曲げ疲労試験機ならびに炭素鋼の $S-N$ 曲線

値をもって疲労限または疲労強さとよんでいる．図 2.7 (b) は炭素量 0.35% の鋼で得られた回転曲げ疲労試験によって得られた $S-N$ 曲線である．これより，静的強度 350〜400 MPa に対し，疲労強さは約 250 MPa であることがわかる．

2.3 機械材料の製法

それぞれの材料（素材）がどのような工程を経てつくられるかを知っておくことは，その材料の性質を正しく理解するために必要で，機械を設計したり製作したりする技術者にとってきわめて重要なことである．

2.3.1 鉄鋼材料

鉄（Fe）は，赤鉄鉱（主成分 Fe_2O_3）や褐鉄鉱（主成分 $2Fe_2O_3 \cdot 3H_2O$）などの鉄鉱石を，溶鉱炉のなかで精錬することにより製造される．すなわち，鉱石にコークスと石灰石を混ぜ，熱風を通じて 1500℃ 程度の高温に加熱し，溶解することによって，二酸化炭素（CO_2）ガスの発生とともに銑鉄が生成される．しかし，この銑鉄は 3〜4% もの多量の炭素（C）を含み，非常にぜい弱であるため，さらに電気炉などの製鋼用炉で加熱溶解して炭素量 2.1% 以下に脱炭するとともに，ケイ素（Si），リン（P），硫黄（S）などの不純物元素量を下げて鋼が得られる．

2.3.2 アルミニウムおよび銅

アルミニウム（Al）はボーキサイトとよばれる鉱石（$Al_2O_3 \cdot SiO_2 \cdot Fe_2O_3$）を，また，銅（Cu）は黄銅鉱（$CuFeS_2$）や輝銅鉱（$Cu_2O$）などを，1200℃ 以上の高温で溶解精錬することによって生成される．

2.3.3 プラスチック

プラスチックは，原油を分溜して生成したナフサ（可燃液体）を化学的に合成（重合）して製造される．そのために行うナフサの熱分解によって，熱分解生成物としてメタン（CH_4）20%，エチレン（C_2H_4）20%，プロピレン（C_3H_6）18% などが生成される．これらの炭化水素は，精製されて各種の用途に適するように合成され，合成高分子，すなわちプラスチック原料ができる．

2.3.4 セラミックス

陶磁器，耐火レンガなどの窯業製品も広い意味ではセラミックスに含まれるが，工学的にセラミックス（ceramics）といえば，純金属酸化物（Al_2O_3，MgO など），炭化物（TiC，WC など），窒化物（Si_3N_4，TiN など）などの高純度に精製された原料を使って製造された人工セラミックスを表す．

なお，セラミックスの機械部品をつくるためには，セラミックス原料粉末に水，結合剤，成形助剤などを加え，所定の型に入れて焼き固める．高温で焼き固める工程を**焼結**（sintering）といい，通常，1200〜1800℃ で圧力を加えながら行われる．

2.3.5 複合材料

金属や炭素，あるいはセラミックスの繊維や粒子をプラスチックに混ぜたり，金属にセラミックス粒子を混合させるなど，金属／セラミックス，セラミックス／プラスチック，金属／プラスチックの組合せのもとにつくられた材料を複合材料（composite material）という．複合化によって，軟らかくて強い材料や硬い割に柔軟性のある材料などができる．

図 2.1 に示したように，複合材料は今後ますます量的に増えることが予想される．また，表 2.2 にセラミックスを含む複合材料の例を示す．

表 2.2　セラミックスを含む複合材料

母材		混入材	例
金属	コバルト	WC	サーメット（超硬合金など）
	ニッケル	TiC	サーメット（超硬合金など）
	鉄，クロム	Al_2O_3	サーメット（超硬合金など）
	アルミニウム	Al_2O_3	SAP（アルミナ複合焼結材）
	鉄線，鉄棒	セメント	鉄筋コンクリート
有機	プラスチック	ガラス繊維	GFRP
	プラスチック	カーボン繊維	CFRP
無機	石こう	ガラス繊維	建築材料
	セメント	ガラス繊維	建築材料

2.4 材料の構造

ここでは，材料の構造（結晶構造や分子構造）について簡単に述べる．

2.4.1 金属の結晶構造

ほとんどすべての金属は原子が一定の間隔で3次元的につながり，その間隔はごくわずかの伸び縮みはあるが，大きくは変化しない．金属の種類によりいろいろな結晶構造（原子配列）がある．たとえば，鉄の常温での結晶構造はα相（体心立方格子）とγ相（面心立方格子）である（図2.8 (a)，(b)）．また，高温ではα相，γ相のほかに，一部δ相（体心立方晶）が現れる．α相は910℃まで安定しており，それ以上1401℃まではγ相が安定する．

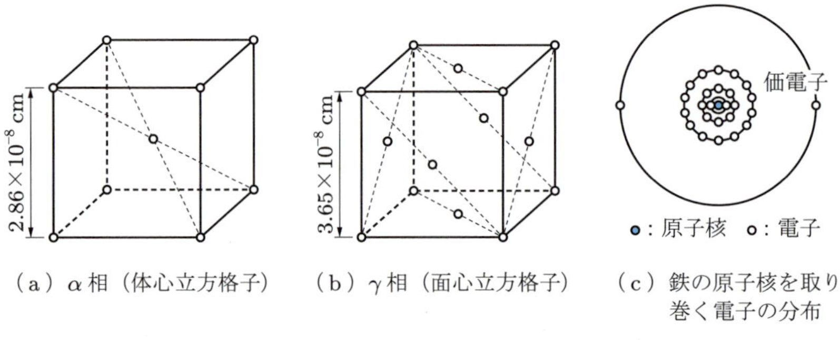

（a）α相（体心立方格子）　（b）γ相（面心立方格子）　（c）鉄の原子核を取り巻く電子の分布

図2.8　鉄の結晶構造と電子の分布

なお，1個の鉄原子の構造としては，原子核のまわりの四つの電子殻K，L，M，Nの上に計26個の電子が位置している（図2.8 (c)）．

2.4.2 セラミックスの結晶構造

セラミックスの例として，アルミナ（Al_2O_3）と炭化ケイ素（SiC）の構造を図2.9に示す．一般に，セラミックスも結晶構造は金属のような立方格子をもつ場合が多い．

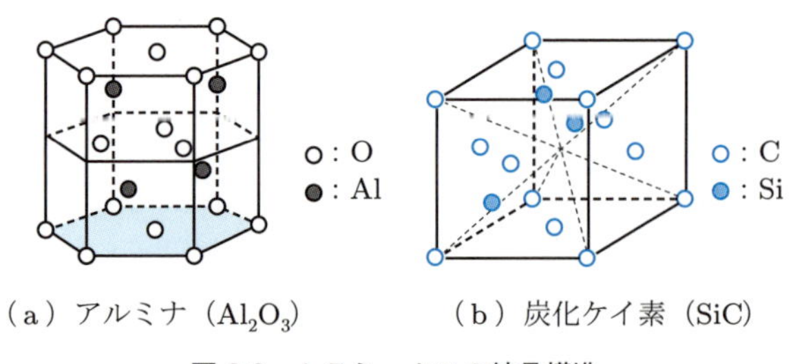

（a）アルミナ（Al_2O_3）　（b）炭化ケイ素（SiC）

図2.9　セラミックスの結晶構造

2.4.3 プラスチックの分子構造

たとえば，代表的なプラスチックであるポリエチレンは，図 2.10 のように，二重結合である分子，すなわち不飽和炭化水素エチレン分子（C_2H_4）を重合させることによって高分子化し，生成する．この場合は，エチレン分子どうしが多数反応して高分子化している．一般に，このような反応を**付加重合**とよぶ．

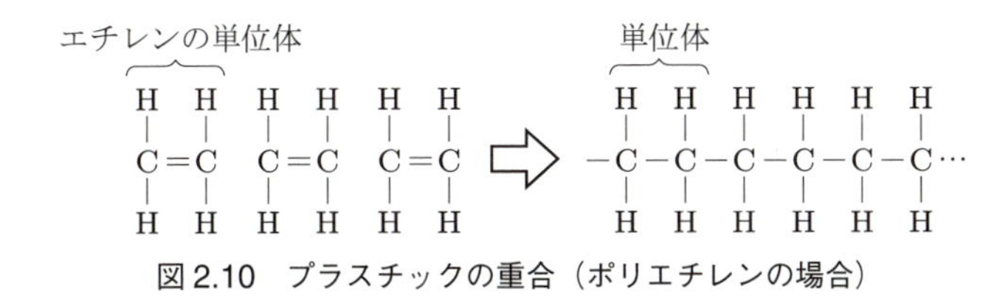

図 2.10 プラスチックの重合（ポリエチレンの場合）

2.5 鉄鋼材料の種類

鉄鋼は基本的には鉄と炭素の合金であり，とくに炭素が 0.02% 以下のものを**純鉄**（iron）とよび，鉄心，磁極など工業的に利用される純鉄には電解鉄やアームコ鉄がある．ちなみに，鉄の原子番号は 26，密度 7.874 g/cm^3（20℃），融点 1538℃，比熱 0.106 cal/(g · ℃) である．

炭素量 0.02〜2.10% あたりの鉄鋼を**鋼**（steel）といい，とくに炭素と少量の不純物元素（硫黄，リン，マンガン（Mn），窒素（N）など）を含む鋼を**炭素鋼**（carbon steel）という．これに対し，ニッケル（Ni），クロム（Cr），モリブデン（Mo）などの金属元素が添加された鋼のことを**合金鋼**（alloy steel）という．特殊鋼とよぶこともある．合金鋼のうち，ごく少量（2% 以下）の合金元素を含む鋼は低合金鋼とよばれ，数十 % も含む合金鋼を高合金鋼とよんでいる．

また，炭素量 2.10〜6.69%（通常 2.5〜4.0%）の鉄鋼を**鋳鉄**（cast iron，鋳物）とよぶ．ぜい弱であるため，塑性加工ができないが，鋳造性がよいので型に流し込んで部品を製作するのに適している．

以下，それぞれの材料について，種類，成分，性質，用途などを説明する．

2.5.1 炭素鋼

上述のように，Fe−C 系合金を炭素鋼（普通鋼ともよばれる）といい，通常，炭素量 0.6% 程度以下の炭素鋼は，各種の建築物，橋梁，船舶のような一般構造物や機械部品などに使われるもので，**構造用材料**とよぶ．これには，一般構造用圧延鋼 SS 材（表 2.3）や機械構造用炭素鋼材 SC 材（表 2.4）などがある．

SS 材は，炭素量をとくに規定せず，リンと硫黄の含有量が 0.05% 以下と決められている．炭素量 0.25% 以下の S20C や S25C などの低炭素鋼も，一般構造用鋼材と

表 2.3　一般構造用圧延鋼材規格（JIS G 3101 抜粋）

種　別	記　号	化学成分 [%]				引張強さ [MPa]
		C	Mn	P	S	
鋼板 平鋼 棒鋼	SS330 SS400 SS490	—	—	≦ 0.050	≦ 0.050	330～430 400～510 490～610
形鋼	SS400 SS490	—	—	≦ 0.050	≦ 0.050	400～510 490～610

表 2.4　主な機械構造用鋼の丸棒の強さおよび調質可能な直径

種　類（記号）	化学成分 [%]					引張強さ [MPa]	調質可能な直径 [mm]	用途例
	C	Mn	Ni	Cr	Mo			
炭素鋼（S30C）	0.30	0.80	—	—	—	≧ 470	10	小物部品，ボルト
炭素鋼（S40C）	0.40	0.80	—	—	—	≧ 540	15	コンロッド，軸類，シリンダ
炭素鋼（S50C）	0.50	0.80	—	—	—	≧ 610	18	キー，ピン類，レース，外輪
クロム鋼（SCr435）	0.35	0.75	—	1.00	—	≧ 880	10～35	アーム類，スタッド
クロム鋼（SCr440）	0.40	0.75	—	1.00	—	≧ 930	15～45	強力ボルト，アーム，軸類
Cr－Mo 鋼（SCM432）	0.32	0.75	—	1.25	0.2	≧ 880	10～35	ボルト，スタッド，プロペラボス
Cr－Mo 鋼（SCM435）	0.35	0.75	—	1.05	0.2	≧ 930	25～50	強力ボルト，スタッド，軸類，アーム類
Ni－Cr 鋼（SNC236）	0.36	0.65	1.25	0.70	—	≧ 740	12～50	軸類，歯車
Ni－Cr 鋼（SNC836）	0.36	0.50	3.25	0.80	—	≧ 930	50～150	軸類，歯車
Ni－Cr－Mo 鋼（SNCM431）	0.31	0.75	1.80	0.80	0.2	≧ 830	15～70	クランク軸，タービン翼，コンロッド
Ni－Cr－Mo 鋼（SNCM630）	0.30	0.48	3.00	3.00	0.6	≧ 1080	25～150	強力ボルト，歯車

しても用いられる．炭素量 0.3% 以上の炭素鋼は熱処理が施され，引張強さ，じん性ともに高いため，ボルト，軸，歯車，レースなどの機械部品用鋼すなわち機械構造用鋼となる．表 2.4 には，JIS で定める主な機械構造用鋼の種類，化学成分（紙面の都合で平均値で示す），引張強さなどを示している．なお，表 2.4 ではクロム鋼，Cr－Mo 鋼などの低合金鋼系機械構造用もあわせて示している．

2.5.2　特殊鋼

特殊鋼には多くの種類があるが，まず，高炭素鋼に0.7〜1.6%程度のクロムを含む高炭素クロム軸受鋼（SUJ）やばね鋼（SUP）があげられる．これらはほとんど熱処理が施される．

炭素量0.60〜1.5%の炭素鋼でリン，硫黄の少ない良質鋼から炭素工具鋼（SK）が製造され，バイト，かみそりなどの一般工具に用いられる（表2.5）．とくに，切削工具用としてはタングステン（W），クロム，モリブデン，バナジウム（V）などの元素を添加した合金工具鋼，SKSやSKDなどが使われる．

表2.5　特殊鋼の成分と硬さ（HRCに換算）

分類	記号	化学成分 [%]							硬さHRC換算	用途例
		C	Si	Mn	Cr	W	Mo	V		
ばね鋼	SUP6	0.56〜0.64	1.50〜1.80	0.70〜1.00	—	—	—	—	39〜46	コイルばね
	SUP13	0.56〜0.64	0.15〜0.35	0.70〜1.00	0.7〜0.9	—	0.25〜0.35	—	39〜46	板ばね，コイルばね，トーションばね
軸受鋼	SUJ2	0.95〜1.10	0.15〜0.35	≦0.50	1.30〜1.60	—	—	—	≦14	玉，ローラ，内・外輪
	SUJ4	0.95〜1.10	0.15〜0.35	≦0.50	1.30〜1.60	—	0.10〜0.25	—	≦14	
炭素工具鋼	SK140	1.30〜1.50	≦0.35	≦0.50	—	—	—	—	≦34	バイト，かみそり，刃やすり
	SK85	0.80〜0.90	≦0.35	≦0.50	—	—	—	—	≦23	プレス型，ぜんまい，帯のこ，ペン先
合金工具鋼	切削用（SKS21）	1.00〜1.10	≦0.35	≦0.50	0.20〜0.50	0.50〜1.00	—	0.10〜0.25	≦17	タップ，ドリル，カッタ，抜き型，ねじ切りダイス
	冷間金型用（SKS3）	0.90〜1.00	≦0.35	0.90〜1.20	0.50〜1.00	0.50〜1.00	—	—	≧60	ゲージ，シャー刃，抜き型，その他一般金型
	熱間金型用（SKD6）	0.32〜0.42	0.80〜1.20	≦0.50	4.50〜5.50	—	1.00〜1.50	0.30〜0.50	≧48	プレス型，ダイカスト型，押出しダイス
高速度工具鋼	W系（SKH2）	0.73〜0.83	≦0.45	≦0.40	3.80〜4.50	17.20〜18.70	—	1.00〜1.20	≧63	一般切削用，その他各種工具
	Mo系（SKH51）	0.80〜0.90	≦0.45	≦0.40	3.80〜4.50	5.90〜6.70	4.70〜5.20	1.70〜2.10	≧64	じん性を必要とする一般切削用，その他各種工具

SKDは冷間および熱間金型用工具鋼として知られる．高級な切削用工具鋼として，高速度鋼（high speed steel）SKHが用いられる．高速度鋼はタングステン，クロム，バナジウムなどの炭化物形成元素を多量含有し，それらの炭化物の析出硬化によって高温硬さを著しく高めた高合金鋼である．タングステン18%，クロム4%，バナジウム1%の高速度鋼が歴史的に有名である．

このほか，耐食材料として知られるステンレス鋼がある．表2.6に示すように，Cr－Ni系ステンレス鋼（オーステナイト系）とクロム系ステンレス鋼に分けられる．有名な**18－8ステンレス鋼**はJISのSUS304に相当し，SUS410（クロム13%）は焼入れがきくステンレスの代表として知られている．

表2.6 ステンレス鋼の化学成分と用途

鋼種	JIS記号	化学成分 [%]						特性および用途
		C	Si	Mn	Ni	Cr	その他	
フェライト系	SUS405	≦0.08	≦1.0	≦1.0	—	11.5～14.5	Al 0.1～0.3	タービン翼，容器，弁類，ポンプ部品，製油工業
	SUS430	≦0.12	≦0.75	≦1.0	—	16～18	—	耐酸化性良好，硫酸工業，建築用・家庭用器具
マルテンサイト系	SUS431	≦0.2	≦1.0	≦1.0	1.25～2.5	15～17	—	じん性良好，船舶用シャフト，航空機部品
	SUS403	≦0.15	≦0.5	≦1.0	—	11.5～13	—	自硬性・耐食性良好，安価，タービン翼，弁類
	SUS420	0.16～0.25	≦1.0	≦1.0	—	12～14	—	ばね硬さと耐食性あり，刃物，外科用器具
オーステナイト系	SUS304	≦0.08	≦1.0	≦2.0	8～11	18～20	—	耐熱性あり，化学工業装置
	SUS316	≦0.08	≦1.0	≦2.0	10～14	16～18	Mo 2～3	耐酸耐食性良好，クリープ抵抗も大，化学工業装置
	SUS302	≦0.15	≦1.0	≦2.0	8～10	17～19	—	標準18－8ステンレス鋼，化学工業装置，機械部品

2.5.3 鋳鉄および鋳鋼

上述のように，2.10～6.69%もの多量の炭素を含むFe－C系合金を鋳鉄とよぶ．炭素量が多いため炭素鋼に比べて著しくもろく，強度は低いが，融点が低く流動性がよいため鋳型への注入が容易であり，大小さまざまの複雑な形状の機械部品を比較的容易に製作できる．

鋳鉄中の炭素の一部はセメンタイト（Fe_3C）となり，残りは黒鉛として散在する．この黒鉛の形によって鋳鉄の機械的性質が変わり，さまざまな鋳鉄が生まれる．すなわち，ねずみ鋳鉄（普通鋳鉄）のほか，可鍛鋳鉄，球状黒鉛鋳鉄，合金鋳鉄，チル鋳鉄などの強じん鋳鉄がある．ちなみに，可鍛鋳鉄には黒心可鍛鋳鉄，パーライト可鍛鋳鉄，白心可鍛鋳鉄がある．図 2.11 に 0.3% 炭素鋼と黒心可鍛鋳鉄の顕微鏡組織を示す．なお，普通鋳鉄は炭素量 3.5% 前後で 1.5〜2.5% のケイ素を含み，一般機械部品や家庭用品などの強度や硬さをあまり問題としない部品に用いられる．

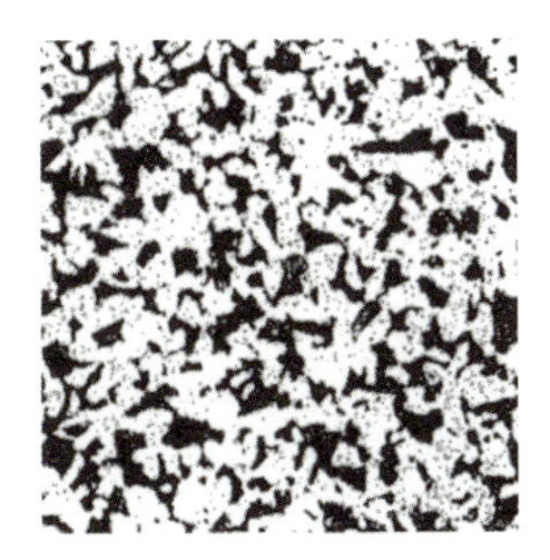

(a) 炭素量 0.3%の鋼(焼ならし)

(b) 黒心可鍛鋳鉄(×200)

図 2.11 炭素鋼および鋳鉄の顕微鏡組織

これに対し，球状黒鉛鋳鉄はマグネシウム（Mg）やセリウム（Ce）を添加することによって黒鉛を球状化し，引張強さとじん性を高めた強じん鋳鉄で，耐熱性，耐食性も優れているので，自動車や車両の部品などとして広く用いられる．また，内燃機関のシリンダやシリンダライナには高合金鋳鉄が用いられ，圧延機用ロールなどには硬質なチル鋳鉄が向いている．表 2.7 にさまざまな鋳鉄の強度を示している．

鋳鋼（cast steel）は，製鋼用炉で溶解した鋼を型に流し込んでつくられた鋳物で，圧延鋼材からの製作が困難な大きな車輪やクランク軸などの製造に適している．

表 2.7 各種鋳鉄の機械的性質

種　類	記　号	引張強さ [MPa]	ブリネル硬さ HB	伸び [%]
ねずみ鋳鉄（普通鋳鉄）	FC100	100 ≦	≦ 201	—
	FC200	200 ≦	≦ 223	—
	FC300	300 ≦	≦ 262	—
黒心可鍛鋳鉄	FCMB27-05	270 ≦	≦ 163	5 ≦
	FCMB30-06	300 ≦	≦ 150	6 ≦
	FCMB35-10	350 ≦	≦ 150	10 ≦
球状黒鉛鋳鉄	FCD400-18	400 ≦	130〜180	18 ≦
	FCD600-3	600 ≦	170〜270	3 ≦
	FCD700-2	700 ≦	180〜300	2 ≦

2.6 鋼の熱処理

軟鋼のように炭素量の少ない鋼では熱処理の効果はないが，多くの炭素鋼や合金鋼はいろいろな熱処理が施され，硬さや強度を高めて材質改善が図られる．

2.6.1 通常の熱処理

(1) 焼ならし 焼ならし（normalizing）は，図 2.12 において鋼を A_3 線または A_{cm} 線以上の温度に加熱し，オーステナイト相（γ 鉄）としてから空気中に放冷して，微細な初析 α 相とセメンタイト（Fe_3C）の混合組織に変態させる操作で，その目的は前加工の影響を除去し，組織を微細化して均質化することにある．

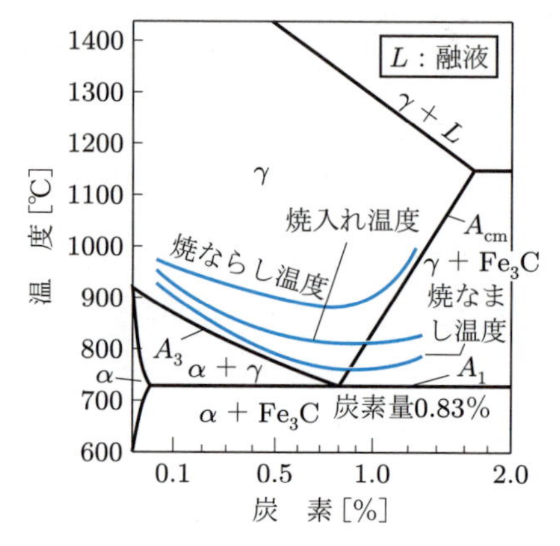

図 2.12 Fe－C 系平衡状態図と熱処理温度

(2) 焼なまし 焼なまし（annealing）は，鋼をある温度以上に加熱したあとで徐冷（炉冷）する操作で，その目的は内部応力やひずみの除去，結晶組織の調整，硬さの低減などにある．完全焼なましでは，図 2.12 の A_3 線（炭素量 0.77% 以上の鋼では A_1 線）以上の温度で長時間保持のあとで徐冷する．また，加工ひずみの除去のためには，多少低い温度（A_1 以下）での焼なましが施される．

(3) 焼入れ 焼入れ（quenching）は，鋼をオーステナイト相（γ 鉄）の領域の温度（図 2.12）から急冷（水冷，油冷）し，マルテンサイト組織という針状のきわめて硬い相を得る操作である．焼入れのための加熱の保持時間は 30 min/25～50 mm である．炭素量 0.3% 以上の炭素鋼をはじめ，工具鋼など，ほとんどの合金鋼で焼入れが施される．

(4) 焼戻し 焼入れによって得られるマルテンサイト組織は著しく硬く，内部応力の発生によって変形や割れを起こしやすい．このようなことを避けるため，焼入れ後に焼戻し（tempering）を行い，焼入れ後の硬さを多少下げてじん性を高める．鋼によって異なるが，焼戻し温度は500～700℃，保持時間は数時間である．

2.6.2　表面硬化処理

表面硬化処理（surface hardening）は，鋼部品の表面を著しく硬化させる目的で行われる熱処理のことで，浸炭，青化法，窒化，高周波焼入れなどがある．浸炭は鋼の表面に炭素を浸入させたあと，焼入れ焼戻しを行う方法で，固体浸炭とガス浸炭がある．青化法とはシアン化ナトリウム（NaCN），シアン化カリウム（KCN）などの塩浴（750～900℃）に鋼を浸漬して，表面に高硬度の浸炭層と窒化層を形成させる方法である．

また，窒化は鋼を500～550℃のアンモニア（NH_3）気流中で50～100時間加熱し，表面に硬い窒化層を形成させる方法である．さらに，高周波焼入れとは，コイルのなかに品物を置き，高周波誘導電流を流すことによって，ごく表面のみを急速加熱したあと，水もしくは油で急冷する方法である．

2.7　熱処理による機械的性質の変化

図2.13は，炭素量の異なるさまざまな炭素鋼の引張強さならびに硬さや伸びを，焼入れ材（水および油焼入れ）および焼なまし材について比較している．また，さまざまな炭素鋼の機械的性質に及ぼす焼戻し温度の影響を図2.14に示す．これによると，焼戻し温度が高くなるにつれ，硬さは低下するのに対し，衝撃値は200～350℃で低下し（低温焼戻しぜい性による），それ以上の温度になると再び上昇することが

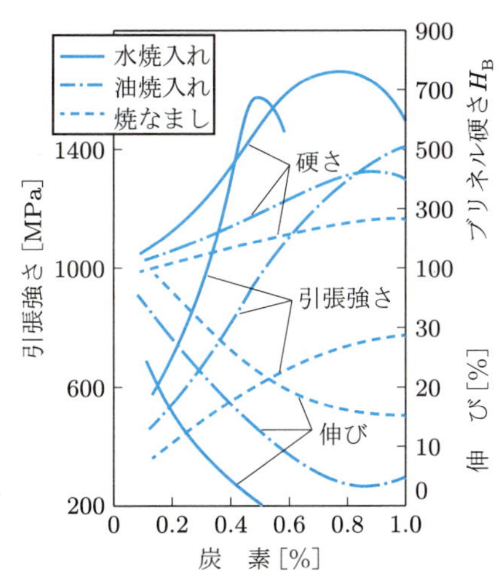

図2.13　炭素量の異なるさまざまな炭素鋼の熱処理と機械的性質

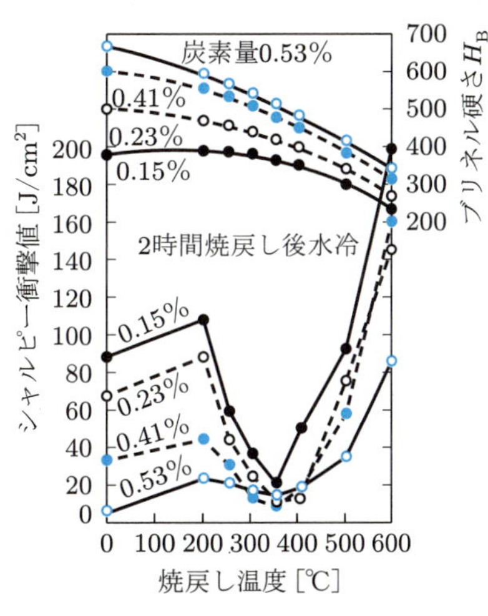

図2.14　4種類の炭素鋼の焼戻しによる硬さと衝撃値の変化

わかる．

これに対し，クロム，モリブデン，タングステンなどの合金元素を添加した鋼（たとえばクロム13％の鋼や高速度鋼）では焼入れ後，500〜650℃付近での焼戻しによって硬さが上昇する現象（2次硬化とよばれる）が起こる．図2.15は，高速度鋼を例にとって，このことを示したものである．また，図2.16は窒化によって，鋼表面のビッカース硬さ H_V が400前後から1000〜1150に硬化することを示す実験例である．

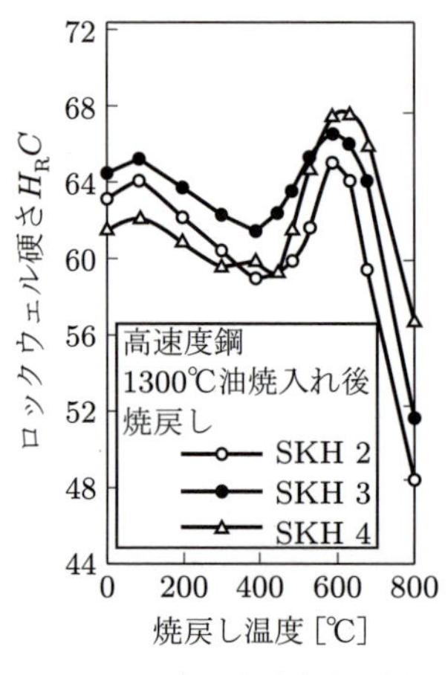

図2.15　各種高速度鋼の焼戻し温度と硬さ

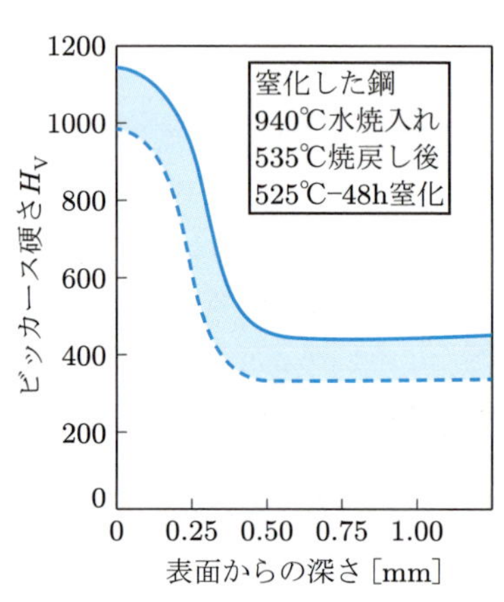

図2.16　窒化した鋼の硬さ分布

2.8 非鉄金属材料の種類

アルミニウム，銅，ニッケルなどの純金属およびその合金を非鉄金属材料といい，これらのなかには電気・熱伝導性，耐食性，加工性などにおいて優れているものが多くある．また，軽量な構造部材として有用なものも多い．

2.8.1 アルミニウムおよびアルミニウム合金

アルミニウム（Al）は豊富に産出される資源で，2.3.2項で説明したようにボーキサイトを融解して電気精錬してつくられる．アルミニウムは，比重2.7と軽く，耐食性，成形性などにも優れているので，航空機，車両，建築材料として欠かせない材料である．そのうえ，電気や熱の伝導性がよいので，送電線，内燃機関のシリンダやピストンにも使用される．さらに，光・熱の反射性が優れているので，望遠鏡の反射鏡や各種ミラーにも用いられる．なお，アルミニウムは軟らかく展延性に富むので，板，管，棒，線，箔（はく）に加工して使われることが多い．加工によってアルミニウムの強度は著しく上昇する．

アルミニウムの硬さや強度を高めるため，銅，ケイ素，亜鉛，マグネシウムなどの金属元素を加えることによって，さまざまなアルミニウム合金が開発されている．表 2.8 のように，鋳造用アルミニウム合金と加工用アルミニウム合金に分けられ，鋳造用アルミニウム合金には Al-Cu 系合金，Al-Si 系合金などがあり，加工用アルミニウム合金には耐食アルミニウム合金，高力アルミニウム合金などがある．

表 2.8 アルミニウム合金の種類と用途

種類		主成分 [%]						引張強さ [MPa]	用途
		Cu	Si	Mg	Zn	その他	Al	焼なまし材	
鋳造用	Al-Cu 系	3.5～4.5	4～5	<0.2	<0.5	Fe <0.8	残	>156 (伸>5)	自動車部品，架線部品
鋳造用	Al-Si 系	<0.5	10～13	<0.15	<0.3	Fe <0.8	残	>176 (伸>2)	ケース類，カバー
鋳造用	Al-Mg 系	<0.1	<0.2	9.5～11	<0.1	Fe <0.3	残	—	事務機器，光学機械，架線
加工用	耐食アルミニウム合金 Al-Mn 系	—	—	—	—	Mn 1～1.5	残	100～130 (伸>25)	台所用品，木材，パイプ，棒材
加工用	高力アルミニウム（ジュラルミン）	3.9～5.0	0.5～1.2	<0.05	<0.25	Mn 0.4～1.2	残	>25	航空機，車両，歯車材
加工用	耐熱 Al-Mg-Ni 系	3.5～4.5	0.5～1.3	1.2～1.8	<0.2	Ni 0.6～1.4	残	—	内燃機関ピストン・シリンダ

2.8.2 銅および銅合金

銅（Cu）は，銅鉱石を溶解してできた粗銅を電解精錬してつくられる．銅は電気・熱伝導率が高く，かつ耐食性・加工性にも優れているので，電線などのさまざまな電気器具材や熱伝導材として用いられる．ちなみに，銅の融点は 1083℃，比重は 8.96 で鉄の 7.8 より高い．

銅の硬さ・強さは低いので，機械構造材としては使えない．そこで，さまざまな銅合金がつくられている．代表的なものとして黄銅（Cu-Zn 系合金），青銅（Cu-Sn 系合金），アルミニウム青銅などがある．とくに，青銅はばね材として，またアルミニウム青銅は船舶用プロペラや熱交換器用材料として知られる．表 2.9 にこれらの成分と性質について示す．

表 2.9 代表的銅合金の種類と用途

種類	化学成分 [%]					引張強さ [MPa]	伸び [%]	用途
	Cu	Pb	Fe	Zn	その他			
七三黄銅板（軟質）	68～72	<0.05	<0.05	残り	—	>275 >360 （硬質材）	>40 >28 （硬質材）	時計部品，電球，口金，ラジエータ，一般機械部品
六四黄銅板	58～62	<0.1	<0.07	残り	—	>325	>35	板金加工材，鋳物部品，軸受メタル
青銅鋳物（第2種）	86～90	—	—	3～5	Sn 7～9	>245	>20	一般機械部品，弁，歯車，コック
アルミニウム青銅鋳物（第3種）	80～85	—	3～6	—	Al 8～10 Mn 0.1～1.5 Ni 4～6	>550	>18	高級機械部品，化学工業部品，車両・船舶

2.8.3 チタンおよびチタン合金

チタン（チタニウム，Ti）は灰白色の金属で，比重 4.5 でアルミニウムより重いが鋼より軽い．耐食性に優れ，比強度（引張強さ/比重）が高いので，航空機やロケットなどの機械構造材料として使用される．しかし，電気・熱伝導性が鉄より悪く，冷間加工性，切削加工性などに問題がある．チタンにアルミニウム，クロム，マンガンなどの金属元素を合金することによって強さが向上し，また適当な熱処理を施すことによって機械的性質を改善することができる．表 2.10 に純チタンと代表的なチタン合金の機械的性質を示す．なお，チタン合金は生体材料としても知られている（詳しくは 2.11 節で説明する）．

表 2.10 チタンおよびチタン合金の機械的性質

種別		チタン以外の化学成分 [%]	熱処理	引張強さ [MPa]	伸び [%]	用途
純チタン		Fe 0.2% 以下，O 0.13% 以下など	アーク溶解のまま	300	40	航空機用，化学工業用，原子炉用，生体用，その他耐酸・耐海水用
チタン合金	α 相	Al 5%，Sn 2.5%	焼なまし	840	18	
		Al 8%，Mo 1%，V 1%	焼ならし	1000	17	
	$\alpha+\beta$ 相	Al 6%，V 4%	焼ならし	940	15	
			焼入れ焼戻し	1100	13	
		Al 4%，Mo 3%，V 1%	焼なまし	910	10	
			焼入れ焼戻し	1300	6	
	β 相	V 13%，Cr 11%，Al 13%	焼なまし	910	21	

2.8.4 その他の金属と合金

合金の形で使われる主なものの例として，マグネシウム合金（Mg－Al系，Mg－Al－Zn系など），ニッケル合金（Ni－Cu系，Ni－Cr系など），ジルコニウム（Zr）合金（ジルカロイ－1など）などがある．マグネシウム合金は軽量機材部材として，ニッケル合金は磁石材料や耐熱材料として，ジルコニウム合金は原子炉用構造材料として知られる．

2.9 プラスチック

合成高分子材料のことをプラスチック（plastic）という．図2.1に示したように，天然高分子材料（木材，繊維，皮など）は紀元前の大古から使用されていたのに対し，ナイロンやポリエステルなどのプラスチックは1930年ごろより登場してきたもので，今後ますます用途は増大する．

2.9.1 プラスチックの特徴

プラスチックには，次のような長所がある．

① 軽く，比強度が高い
② 耐食性が優れている
③ 熱・電気絶縁性が大きい
④ 透明で，かつ着色が可能
⑤ 切削・成形加工性良好
⑥ 音・振動を吸収できる
⑦ 電波透過性がある

一方，短所としては次のようなものがある．

① 硬さ・強さが低い
② 変形しやすい
③ 耐熱性・耐寒性に劣る
④ 耐候性（耐紫外線性など）が低い

2.9.2 プラスチックの種類と機械的性質

プラスチックは，熱可塑性プラスチックと熱硬化性プラスチックに大別される．前者は原料を軟化溶融状態にして型に注入した加圧成形のあと，冷却すると硬化し，再加熱によって溶融状態に戻る．一方，後者は成形して硬化したあとの再加熱によっては，軟化せずに溶剤にも溶解しない．表2.11に，それぞれのプラスチックの代表的なものをあげ，機械的性質を示している．引張強さは，10～90 MPa（軟鋼の1/40～

表 2.11　代表的なプラスチックの機械的性質

種　類		比　重	引張強さ [MPa]	伸び [%]	ヤング率 [GPa]
熱可塑性プラスチック	ポリエチレン（高密度）	0.94〜0.96	26〜28	200〜400	0.98
	ポリ塩化ビニル	1.4	48〜55	—	2.6
	ABS	1.04〜1.05	44〜49	2〜4	1.3〜2.7
	ナイロン 66	1.13〜1.15	81	60	2.9
	ナイロン 6	1.13	81	200	2.6
	ポリアセタール	1.41	60	60	2.5
	ポリスチレン（高じん性）	1.04	14〜34	50〜80	1.3〜2.7
	ポリ四フッ化エチレン	2.14〜2.19	18〜41	250〜400	0.39〜0.59
	ポリプロピレン	0.90	34	10〜20	1.08
熱硬化性プラスチック	フェノール樹脂（成形品）	1.36〜1.42	41〜52	—	8.3〜15
	不飽和ポリエステル	1.05〜1.40	41〜82	1.0〜4.5	3.1〜4.8
	ポリウレタン	1.10〜1.30	27〜55	400〜700	—
	エポキシ樹脂	1.11〜2.00	27〜89	1〜6	2.4
	シリコン樹脂（硬質）	1.15〜1.18	11〜25	—	—
	ユリア樹脂（成形品）	1.5	38〜69	—	8.9〜9.6
	メラミン樹脂（成形品）	1.40〜2.00	34〜69	—	6.8〜14
	ポリウレタン（ゴム状）	1.10〜1.30	27〜55	400〜700	—

1/5 程度）であることがわかる．

プラスチックの重要な特徴は，温度によって組織や引張強さが急激に変化することである．すなわち，すべてのプラスチックには固有のガラス転移点 T_g（温度を下げるに従ってプラスチックがゴム状からガラス状に変わる温度）が存在し，それ以下の温度域では，ガラスのようにもろくなり，もはや機械材料として使用に耐えられなくなる．T_g の例を表 2.12 にあげる．なお，引張特性に及ぼす温度の影響を酢酸セルロースを例にとって示したのが図 2.17 である．

表 2.12　代表的なプラスチックの T_g

種　類	T_g [℃]
ポリ塩化ビニル	82
ナイロン 6	47
ポリアクリル酸メチル	5
ポリプロピレン	−18
ポリエチレン	−85
シリコンゴム	−123

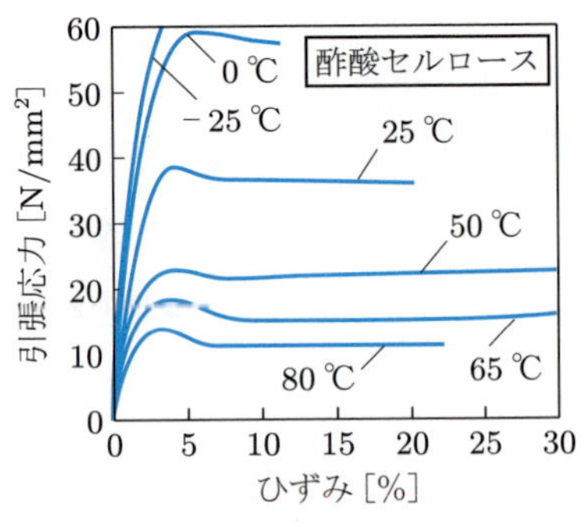

図 2.17　応力－ひずみ曲線に及ぼす温度の影響

2.9.3 強化プラスチック

プラスチックの短所は強度が低いことである．そこで，ガラス繊維や炭素繊維を添加し，強度や弾性率を改善させたものが強化プラスチック（fiber reinforced plastic, FRP）である．すなわち，プラスチックと無機繊維からなる複合材料で，この種ものに今日の先端技術を支える先端材料が多い．図2.18に，さまざまなプラスチックにおけるガラス繊維含有量と引張強さの関係を示す．この図より，含有量30%あたりまで含有量とともに強さが著しく上昇することがわかる．

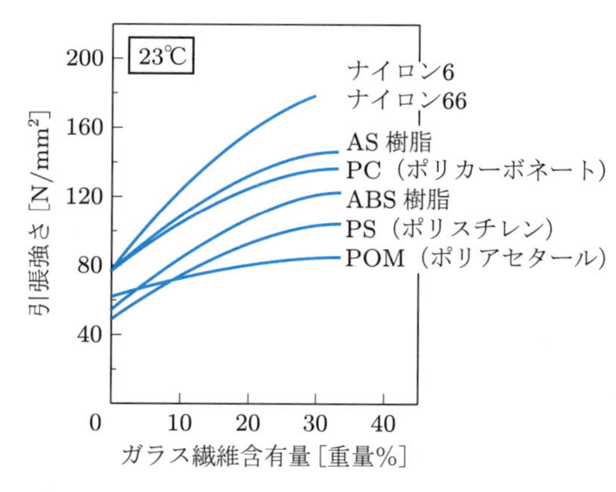

（a）ガラス繊維含有量と引張強さの関係

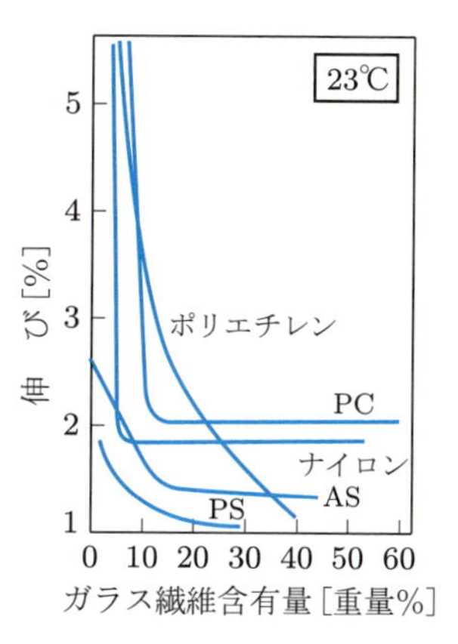

（b）ガラス繊維含有量と伸びの関係

図2.18 各種プラスチックの引張強さおよび伸びに及ぼすガラス繊維含有量の影響

2.10 セラミックス

2.10.1 クラシックセラミックス

セラミックスとは本来，窯業材料，つまり陶磁器のことで，Al_2O_3 や SiO_2 を主成分とした粘土質を1300〜1500℃の高温で焼き固めてつくられるものである．しかし，現在ではこのような陶磁器はクラシックセラミックスとよばれ，これには耐火レンガやガラスなどが含まれる．耐火レンガは SiO_2，Al_2O_3，CaO などからなる酸化物系セラミックスである．

また，ガラスはすべてケイ酸（SiO_2）を主成分とするセラミックスである．SiO_2 を溶融して冷却すると，シリカガラス（石英ガラス）ができる．しかし，実用されているガラスには，さまざまな酸化物（Na_2O，B_2O_2，CaO，PbO など）が加えられ，鉛ガラスのような軟質ガラスからホウケイ酸ガラスなどの硬質ガラスまで，さまざまなガラスが存在する．融点も1000〜1500℃と広範囲にわたっている．

今日，工業的に利用されるセメントの主成分はケイ酸カルシウム（$3CaO \cdot SiO_2$,

$2CaO \cdot SiO_2$）とアルミン酸カルシウム（$3CaO \cdot Al_2O_3$）などをあわせて70%以上含んでおり，これに水を加えると水和反応が進行して硬化する．

機械の据付けなどに用いられるコンクリートは，セメント粉末に砂と骨材（砂利）を1:2:3，1:2:4などの混合割合で，水（水/セメント比0.4〜0.8）とともに混ぜてつくる．コンクリートの引張強さは，圧縮強さに比べ，きわめて低い（約1/10）ので留意する必要がある．

2.10.2 ファインセラミックス

ファインセラミックス（fine ceramics）は，高純度に調整された人工の原料（Al_2O_3，MgO，SiC，Si_3N_4など）を用い，厳密に制御された製造工程によって，適度の強さやさまざまな機能を付与されたセラミックスのことである．ファインセラミックスは品質が均一で緻密であるうえ，さまざまな特性が優れているため，耐熱材料，耐食材料，超硬材料，電子材料，生体材料など，その用途はきわめて多岐にわたっており，今日の先端技術を支えている．

(1) 種類と性質　表2.13に機械材料として用いられる酸化物系，炭化物系，窒化物系ファインセラミックスの代表的なものの性質と用途を示す．これより，種類によって性質に大差があるが，一般に金属に比べてファインセラミックスの長所には次のようなものがある．

表2.13　酸化物系，炭化物系，窒化物系ファインセラミックスの性質と用途

種類		密度 [g/cm³]	融点 [℃]	高度 [モース]	熱伝導率 [cal/(s·cm·℃)]	引張りまたは曲げ強さ [MPa]	圧縮強さ [MPa]	用途別
酸化物系	Al_2O_3	3.97	2050	9	0.015	260〜500（引張り）	3000〜4000	保護管，工具，耐摩耗材料，るつぼ
	MgO	3.58	2800	6	0.016	90〜100（引張り）	700	真空溶解用るつぼ，レンガ
	ZrO_2	5.56	2715	7	0.010	148（引張り）	210	発熱体，工具，るつぼ
炭化物系	WC	15.5	2865	>9	—	—	—	切削工具，耐熱材料，ダイス，金型
	TiC	4.25	3160	8〜9	0.041	—	—	サーメット，超硬摺動部品
	SiC	3.21	2200	9.2	0.10	30（曲げ）	0.29	研磨材，焼成容器
窒化物系	BN	2.77	3000	2	0.030〜0.063	55〜110（曲げ）	280〜310	耐熱治具，研削材，耐熱材料
	Si_3N_4	3.44	1900	>9	0.002〜0.004	106〜150（曲げ）	280〜630	機械部品，耐熱材料，タービン部品

① 融点が高く硬質である
② 高温強度が大
③ 耐酸化性が大
④ 化学的に安定
⑤ 熱・電気絶縁性が大
⑥ 誘電性・圧電性がある
⑦ 透光性がある

短所は次のようなものがある．

① 衝撃抵抗が低い
② 耐熱衝撃性が低い
③ 機械加工性が悪い
④ コストが高い

一方，電子部品用材料として用いられる誘電性，圧電性，半導電性，磁性などの電気特性に優れたファインセラミックスが多数開発されている．

(2) 高温強度　セラミックスの強さは，金属材料に比べて必ずしも高くはないが，1000℃以上の高温度まで高い強度を維持できるという特長がある．図 2.19 (a)，(b) に，アルミナ（焼結体）などの酸化物系および非酸化物系ファインセラミックスを例に高温強度を示している．タービン翼材やエンジン部品材などとして知られる窒化ケイ素（Si_3N_4）や炭化ケイ素（SiC）では，1300℃という高温での使用に耐える．セラミックス中，最も耐熱強度の高いものは黒鉛で，2700℃あたりまでほとんど強度が下がらない．

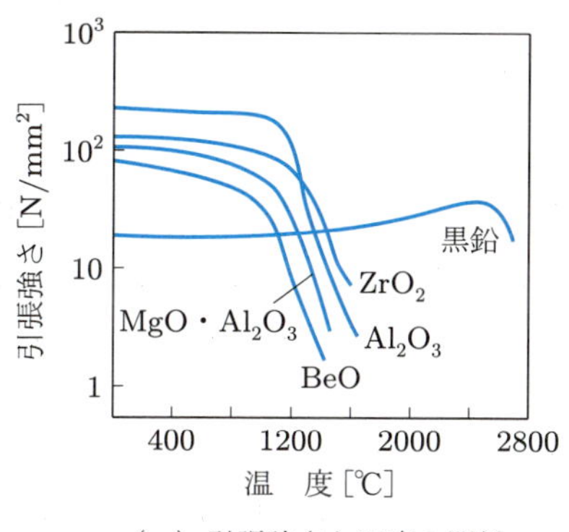

（a）引張強さと温度の関係

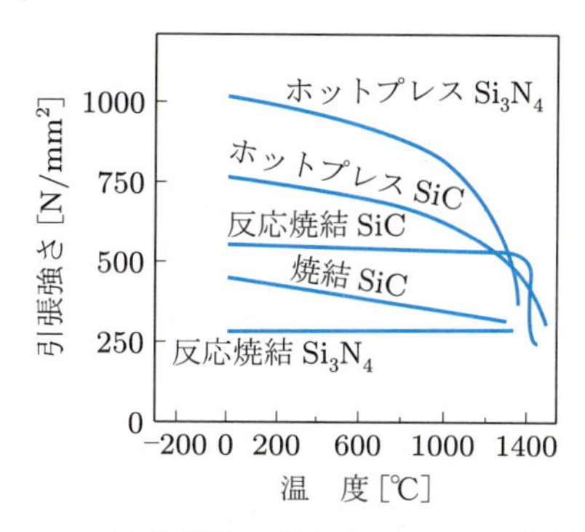

（b）製法の異なる SiC, Si_3N_4 焼結体の強さと温度の関係

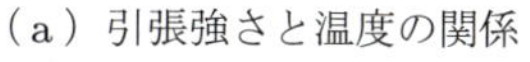

図 2.19　各種セラミックスの高温強度

2.11 生体材料

2.10 節までは，主として機械構造用材料，すなわち機械や部品を設計し，製作する立場からみて必要かつ優れた材料はどれかという観点から，対象となる材料の種類，強度，機械的性質，用途などについて，金属材料，プラスチック，セラミックスを中心に述べてきた．

これに対し，磁性材料や半導体材料などの電気・電子機能材料や光学的機能材料のほか，原子炉用材料，生体材料などが機能性特殊目的材料としてあげられる．このうち，電気・電子機能材料，光学的機能材料，原子炉用材料などについては，それぞれの分野の専門書に多くみられるので，ここでは機械工学の一分野として急速に注目されてきたバイオテクノロジーを支える生体材料（医療材料，または医用材料）について説明する．

生体材料には数多くのものがあるが，よく知られているものに，人工骨，人工関節，人工筋肉，義肢，人工心臓，人工すい臓，補聴器などの材料がある．

このような生体材料は，次の条件を満たす必要がある．

① 生体内安定性（化学反応，生体材料の変質がない）
② 組織との適合性がよい
③ 生体内での耐食性
④ 生体細胞や組織との接着性（なじみ性）
⑤ 抗血液性（血液適合性）
⑥ 軽量で高い強度，しかも長期耐久性をもつ

生体材料としては，生体用金属（biometal），生体用セラミックス（bioceramics），生体用高分子（biopolymer）などが使用されている．

2.11.1 生体用金属

生体用金属のなかには，アルミニウム，チタン，ジルコニウム，クロムなどの均質で強じんで，かつ生体内でのなじみ性もよく，耐食性に富んでいるものがある．とくに，最近は生体修復用金属に対して，表面処理（コーティング）を施すことにより生体内安定性と組織適合性をいっそう改善する試みがある．

現在，比較的よく知られている金属製医用部品・器具としては，義歯，各種の人工骨や人工関節・骨固定具があり，ここでは強度が高くかつ耐食性のよい金属が用いられている．代表的な金属材料としてはステンレス鋼（とくに耐食性が優れているSUS316L ステンレス鋼），Co－Cr－Mo 系合金，チタン合金などがあげられる．チタン合金は比強度が高く耐食性も優れているので，人工関節や人工心臓用ペースメー

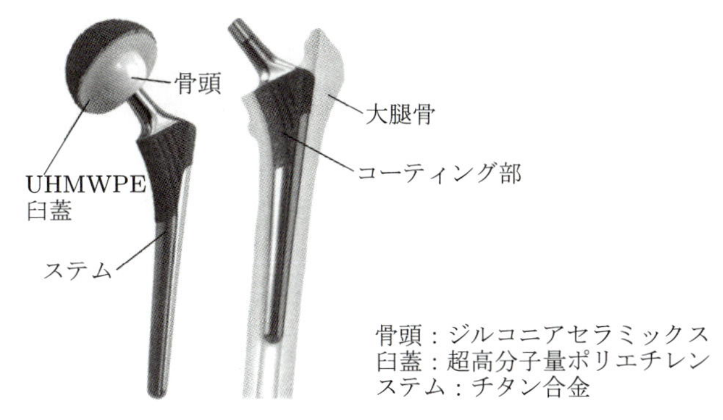

図 2.20 人工股関節用チタン合金製インプラント［日本メディカルマテリアル（株）資料］

カーのケース材などとして使用されている．

図 2.20 に，股関節を折損した人が使用するチタン合金製インプラントの構成を示す．

2.11.2 生体用セラミックス

各種生体用材料のなかで最も安定性の高い材料は，セラミックスのなかに存在する．これらはなじみ性が非常に良好で，耐食性もあり，無害な場合が多い．そのため，人工骨，人工関節，義歯などの材料としてセラミックスは不可欠な材料である．セラミックスのなかでも，単結晶アルミナ，多結晶アルミナ，結晶化ガラス，ジルコニアのほか，アパタイト（リン酸カルシウム）がよく使用されている．サファイアとよばれる単結晶アルミナは強度が高く，義歯として用いられる．

図 2.20 に示した人工股関節にも骨頭部にジルコニアセラミックスが使われ，またハイドロキシアパタイトのコーティング処理が施されている．

2.11.3 生体用高分子材料

1980 年代から，人工骨，人工関節用材料としてシリコン樹脂，ポリエチレン樹脂，フッ素樹脂などがよく使用されているが，その後，さまざまな新しい高分子材料が開発されつつある．とくに，人工関節固定には常温重合のアクリル樹脂，ポリ乳酸などの生分解性ポリマーのほか，耐摩耗性に優れる超高分子量ポリエチレンなどの使用が注目されている．図 2.20 に示した人工股関節臼蓋にも超高分子量ポリエチレンが使用されている．

演習問題

2.1 材料の疲労強さの求め方について述べよ．

2.2 鉄，鋼，鋳鉄の違いを簡単に説明せよ．

2.3 18－8 ステンレス鋼の成分，性質，用途について説明せよ．

2.4 チタン合金の利用について説明せよ.

2.5 プラスチックの長所と短所をそれぞれ三つあげよ.

2.6 強化プラスチックについて説明せよ.

2.7 機械部品用ファインセラミックスについて，三つの例をあげ，それぞれの密度と高温強度について比較せよ.

3 材料力学

自動車，車両，船舶，橋梁などの機械や構造物は，運転中には必ず**荷重**（load）（静的荷重または動的荷重）を受ける．機械も構造物も，すべて単純な機械要素（machine element）からなっており，各要素には**引張荷重**（tension load），**圧縮荷重**（compression load），**曲げ荷重**（bending load），**せん断荷重**（shearing load），**ねじり荷重**（torsion load）が単独あるいは組み合わさった形で作用する．

たとえば，図 3.1 (a) のような単純な構造物に荷重 P が加えられると，棒 A には引張りがはたらき，棒 B には圧縮がかかる．また，図 (b) のような曲げを受ける場合は，部材の上部が引張りを受け，下部には圧縮がかかる．同時に，この棒全体にわたって各断面は下方向に P に等しいせん断を受ける．さらに，図 (c) の場合，すなわち，リベット接手部材を荷重 P で引っ張った場合は，リベット（鋲(びょう)）はせん断力を受ける．機械の設計の立場からは，発生する応力（stress），すなわち単位面積あたりの荷重 [N/mm^2] が，その材料の弾性限度を超えないように安全率をとって寸法を決める．

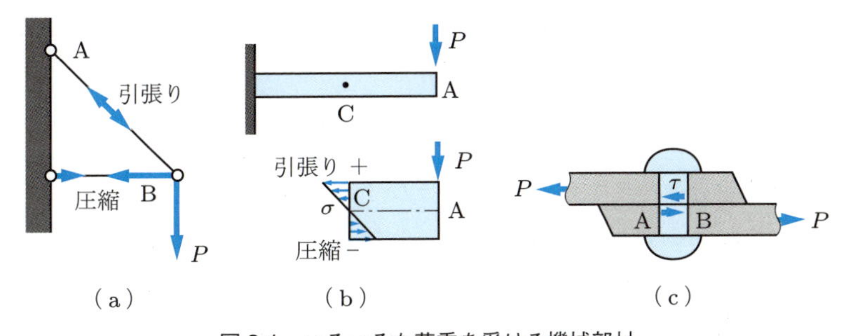

図 3.1 いろいろな荷重を受ける機械部材

これに対し，材料の加工は加工用工具によって，材料に弾性限度を超える塑性域あるいは破断域まで負荷をかけることで実現される．なお，セラミックスなどのぜい性材からなる部材の設計にあたっては，衝撃力に耐えられるように考慮する必要があり，一方，プラスチックなどの粘弾性部材に対しては，クリープ変形を抑えるために設計荷重は十分低くとるものとする．

3.1 応力とひずみの定義

3.1.1 引張り，圧縮，せん断

物体に外力が作用すると，物体内部ではこれに対する抵抗力が生じて外力と平衡を保つ．この抵抗力を断面積で割ったものを**応力**という．図 3.2 で長さ L で断面積 A の棒の両端に引張荷重 P が作用すると，$X-X$ 断面には垂直応力 σ_{t} が生じ，かつ，長さが L' に伸びたとすると，応力 σ_{t} ならびに長さ方向のひずみ ε_{t} はそれぞれ次式のように表される．

$$\sigma_{\mathrm{t}} = \frac{P}{A} \tag{3.1}$$

$$\varepsilon_{\mathrm{t}} = \frac{L' - L}{L} \tag{3.2}$$

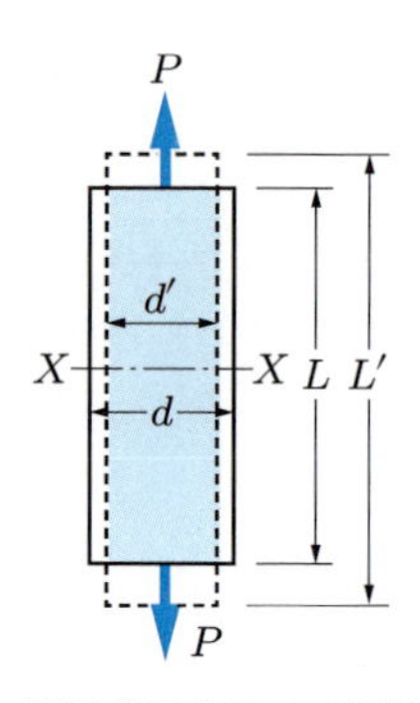

図 3.2　引張荷重を受ける材料の変形

一方，圧縮荷重を受ける場合の応力 σ_{c} とひずみ ε_{c} も，同様に求められる．すなわち，式 (3.1) における P を負の値にとり，また，ひずみの式 (3.2) において $L' < L$ であることによって σ_{c} や ε_{c} がともに負の値として求められる．このように，引張りや圧縮が弾性域内でかかる場合，ともにフックの法則（応力とひずみは比例する）が成立する．

$$\sigma_{\mathrm{t}} = E\varepsilon_{\mathrm{t}}, \quad \sigma_{\mathrm{c}} = E\varepsilon_{\mathrm{c}} \tag{3.3}$$

ここで，E は縦弾性係数（ヤング率）で，表 3.1 のような値である．

さらに，せん断を受ける場合のせん断応力 τ とせん断ひずみ γ の関係を，図 3.3 (a) に示す．すなわち，高さ h の直方体の上下面にせん断力 P が作用し，上面が下面に対して λ だけずれたとすると，γ および τ はそれぞれ次式のように表される．

$$\gamma = \frac{\lambda}{h} \tag{3.4}$$

$$\tau = G\gamma \tag{3.5}$$

表 3.1 代表的機械材料の弾性係数

材　料	縦弾性係数 E [GPa]	横弾性係数 G [GPa]	ポアソン比 ν
軟鋼 (炭素量 0.1〜0.3%)	206	80	0.28〜0.3
硬鋼 (炭素量 0.4〜0.6%)	206	80	0.28〜0.3
Ni - Cr 鋼（熱処理材）	206	80	0.28〜0.3
ばね鋼（熱処理材）	206	80	0.28〜0.3
鋳鉄	98	37	0.1〜0.2
銅	110	46	0.33
七三黄銅	98	39	0.33
青銅	81	28	0.34
アルミニウム	70	26	0.33
プラスチック	4	—	0.30

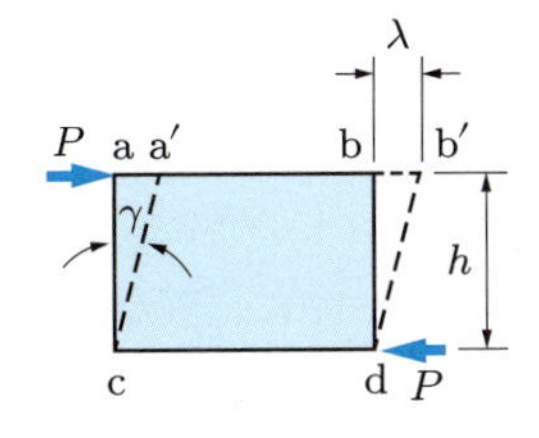

（a）直方体の上下面にせん断力 P がかかる場合

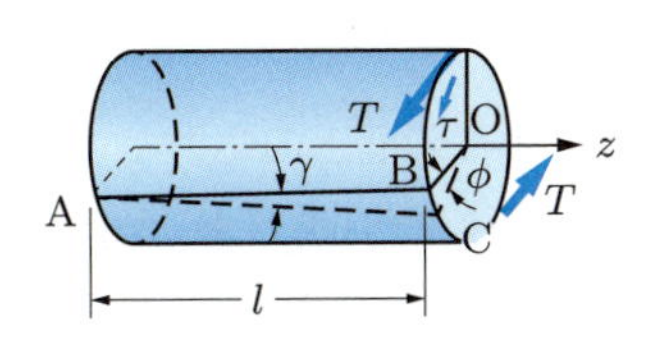

（b）左端を固定した丸棒がトルク T を受ける場合

図 3.3 せん断応力とせん断ひずみの関係

ただし，G は横弾性係数 [N/mm^2] であり（表 3.1），また G と上述の E の間には次のような関係がある．

$$G = \frac{E}{2(1+\nu)} = \frac{mE}{2(m+1)} \tag{3.6}$$

ここで，定数 ν を**ポアソン比**（Poisson's ratio），m をポアソン数（Poisson's number）とよび，材料により定まる値で，通常ポアソン比は 0.25〜0.35 である．ちなみに，図 (b) のように，長さ l，半径 r の丸棒がトルク T を受けて ϕ のねじり角が生じたとすると，丸棒表面に生じるせん断ひずみ γ とせん断応力 τ は，それぞれ次式のように表される．

$$\gamma = \frac{r\phi}{l} \tag{3.7}$$

$$\tau = \frac{Gr\phi}{l} \tag{3.8}$$

なお，ϕ とトルクの関係は 3.6 節で述べる．

例題 3.1　断面積 $1\ \mathrm{cm}^2$，長さ $1\ \mathrm{m}$ の軟鋼の棒の両端に引張荷重 $20000\ \mathrm{N}$ をかけたとき，垂直応力 σ_{t} と棒の伸びを求めよ．

解　垂直応力 σ_{t} は，式 (3.1) より

$$\sigma_{\mathrm{t}} = \frac{P}{A} = \frac{20000}{100} = 200\ [\mathrm{N/mm^2}]$$

となる．また，棒の伸び ΔL は，式 (3.2)，(3.3) より次のように求められる．

$$\Delta L = L\frac{\sigma_{\mathrm{t}}}{E} = 1000 \times \frac{200}{206 \times 10^3} \fallingdotseq 0.97\ [\mathrm{mm}]$$

3.1.2 平面応力状態における応力

図 3.4 (c) のように，z 軸方向の応力成分が 0 で，xy 平面内にのみ応力が生じる場合を平面応力状態という．ここでは，単純に垂直応力だけが生じる場合について二つの例をあげて説明する．

(1) 単軸引張りによる斜面上の応力　図 3.4 (a) に示すように，断面一様な板の相対する一組の面に，垂直に引張力 P_x が作用するとき，x 軸に垂直な断面積を A_x とすると，その面にはたらく引張応力 σ_x は次式のように表される．

$$\sigma_x = \frac{P_x}{A_x} \tag{3.9}$$

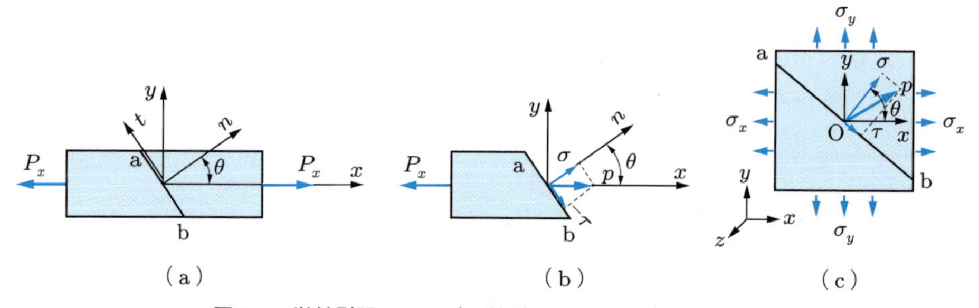

図 3.4　単軸引張りおよび 2 軸引張りによる斜面上の応力

いま，y 軸と θ だけ傾斜した面 ab を考え，この面上に生じる法線方向応力 σ およびせん断応力（接線応力）τ を求めてみる（図 3.4 (b)）．P_x による x 方向の応力は $P_x/(A_x/\cos\theta) = \sigma_x\cos\theta$ であるので，P_x によって ab 上にはたらく σ および τ はそれぞれ次式となる．

$$\sigma = \sigma_x \cos^2\theta \tag{3.10}$$

$$\tau = -\sigma_x \cos\theta \sin\theta \tag{3.11}$$

もし，y 方向に引張力 P_y がかかる場合，ab 面に生じる法線方向応力およびせん断応力はそれぞれ次式のようになる．

$$\sigma = \sigma_y \sin^2\theta \tag{3.12}$$

$$\tau = P\cos\theta = \sigma_y \sin\theta\cos\theta \tag{3.13}$$

したがって，P_x，P_y が同時に作用するとき（図 3.4 (c)）ab 面上にはたらく σ，τ は，それぞれ式 (3.10) と式 (3.12)，および式 (3.11) と式 (3.13) を合成することにより得られ，次式のようになる．

$$\sigma = \sigma_x \cos^2\theta + \sigma_y \sin^2\theta \tag{3.14}$$

$$\tau = -\frac{1}{2}(\sigma_x - \sigma_y)\sin 2\theta \tag{3.15}$$

式 (3.14)，(3.15) より，$\theta = 0$ または $\theta = \pi/2$ で $\sin 2\theta = 0$ で $\tau = 0$ となり，σ は最大または最小となる．これらの最大あるいは最小垂直応力を**主応力**（principal normal stress）とよぶ．また，主応力の生じる断面を主応力面という．$\sigma_x > \sigma_y$ であるとき，σ は $\theta = 0$ で最大（$\sigma = \sigma_x$）となり，$\theta = \pi/2$ で最小（$\sigma = \sigma_y$）となる．一方，τ は $\theta = \pi/4$ または $\theta = (3/4)\pi$ で，最大あるいは最小となる．そのような面を主せん断面，そしてこの面に生じるせん断応力を**主せん断応力**（principal shear stress）という．

(2) 内圧を受ける薄肉円筒の応力　　ボイラ，エンジン，タンクなどの円筒容器のうち，直径に比べて厚さ t がごく薄い場合を薄肉円筒とよぶ．このような薄肉円筒の両端を閉じ，内圧がかかる場合に平面応力状態が得られる．図 3.5 のように，内圧を受ける薄肉円筒の円周方向には σ_θ という引張応力，軸方向には σ_z という引張応力が生じる．これらの値に比べ，円筒の厚さ方向（半径方向）の応力 σ_r はきわめて小さく無視できる．σ_θ と σ_z は次式により求められる．

$$\sigma_\theta = \frac{2pr \cdot 1}{2t \cdot 1} = \frac{pr}{t} \tag{3.16}$$

$$\sigma_z = \frac{p\pi r^2}{2\pi rt} = \frac{pr}{2t} \tag{3.17}$$

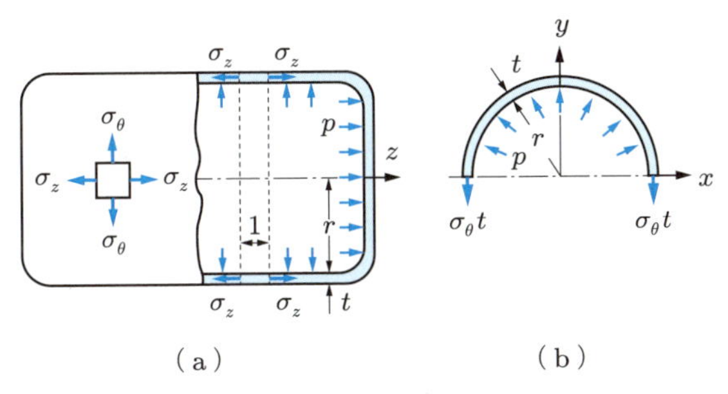

図 3.5　内圧を受ける薄肉円筒にはたらく応力

式 (3.16), (3.17) の誘導のためには, まず薄肉円筒から軸方向 z の長さが1のリングを取り出し, さらにこのリングを軸 z を含む zx 断面で2分して, この半分について2分した面に垂直な y 方向の力の平衡を考える (図3.5 (b)). すなわち, $pr = \sigma_\theta t$ より $\sigma_\theta = pr/t$ が得られ, 次に薄肉円筒を軸に垂直な断面で切断して, その半分について z 方向の力の平衡を考えると, $\pi r^2 p = 2\pi rt\sigma_z$ であることより $\sigma_z = pr/(2t)$ となる.

なお, 式 (3.16), (3.17) より $\sigma_\theta = 2\sigma_z$ であることがわかる. このことは圧力容器が破壊するときは σ_θ によって, つまり縦断面から破断することを意味する.

3.2 はりの曲げと応力

図3.1 (b) でもふれたように, 長方形断面のはりが曲げモーメントを受けて湾曲する場合, 外側は引張りを受けて伸び, 内側は圧縮を受けて縮む. 中央では伸びも縮みもしない面があり, このような面を中立面 (neutral surface) という. 重要なことは, 中立面からの距離に比例してひずみ ε が大きくなり, 応力 σ もそれに従って比例的に増大することである.

さて, 曲げを受けたはりの中立面の曲率半径を ρ とすると, 中立面からの距離 y にある点のひずみ ε および曲げ応力 σ は, それぞれ次式で与えられる (図3.6).

$$\varepsilon = \frac{\mathrm{SS'} - \mathrm{NN'}}{\mathrm{NN'}} = \frac{y}{\rho} \tag{3.18}$$

$$\sigma = E\varepsilon = \frac{Ey}{\rho} \tag{3.19}$$

ただし, E は縦弾性係数である. 外部からこのはりに与えられた曲げモーメント M の値は, 横断面におけるモーメントと等しくなるはずであるから, 次式が成り立つ.

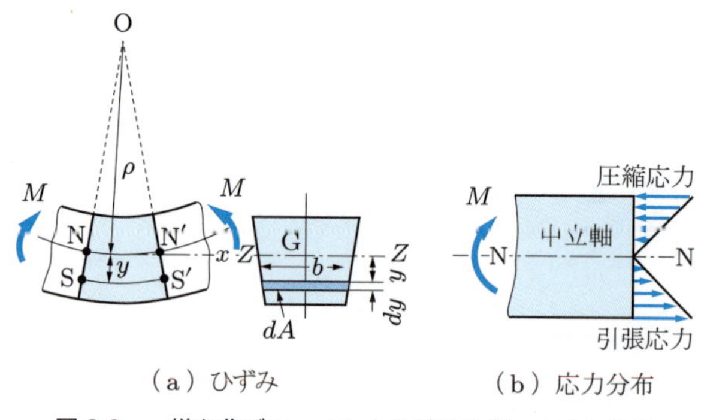

図3.6 一様な曲げモーメントを受ける真っすぐなはり

$$M = \int_A \sigma y \, \mathrm{d}A = \frac{E}{\rho} \int_A y^2 \, \mathrm{d}A \tag{3.20}$$

ここで，$\int_A y^2 \, \mathrm{d}A = I$ とおくと，次式が成り立つ．

$$M = \frac{EI}{\rho} \quad \text{または} \quad \frac{1}{\rho} = \frac{M}{EI} \tag{3.21}$$

また，式 (3.19)，(3.21) より $\sigma = (M/I)y$ が得られる．I を**断面 2 次モーメント** (moment of inertia of area) とよび，はりの断面形状がわかれば，計算または図式で求めることができる．たとえば，高さ h，幅 b の長方形断面をもつはりの I は $bh^3/12$ である．中立面からたわみの凸側の最も遠い周辺までの距離を e_1，凹側の最も遠い周辺までの距離を e_2 とすると，$y = e_1$ あるいは $-e_2$ を当てはめることにより，凸側，凹側表面に存在する最大応力がそれぞれ次式で求められる．

$$\sigma_{\max} = \frac{M}{I} e_1 = \frac{M}{Z_1} \tag{3.22}$$

$$\sigma_{\min} = -\frac{M}{I} e_2 = -\frac{M}{Z_2} \tag{3.23}$$

ここで，Z_1 $(= I/e_1)$ や Z_2 $(= I/e_2)$ のことを**断面係数**という．表 3.2 に，さまざま

表 3.2 各種断面形状の断面 2 次モーメント I および断面係数 Z

断面形状	I	Z
長方形（幅 b，高さ h）	$\frac{1}{12}bh^3$	$\frac{1}{6}bh^2$
三角形（底辺 b，高さ h，e_1，e_2）	$\frac{1}{36}bh^3$	$Z_1 = \frac{1}{24}bh^2,\ Z_2 = \frac{1}{12}bh^2$
円（直径 d）	$\frac{\pi}{64}d^4$	$\frac{\pi}{32}d^3$
中空円（内径 d_1，外径 d_2）	$\frac{\pi}{64}(d_2{}^4 - d_1{}^4)$	$\frac{\pi}{32}\frac{d_2{}^4 - d_1{}^4}{d_2}$
I 形（$\frac{b_1}{2}$，$\frac{b_1}{2}$，h_1，h_2，b_2）	$\frac{b_2h_2{}^3 - b_1h_1{}^3}{12}$	$\frac{b_2h_2{}^3 - b_1h_1{}^3}{6h_2}$

な断面形状のはりの断面2次モーメントおよび断面係数をまとめている．これらの係数を求めることによって，はりの表面にはたらく最大曲げ応力が容易に計算できる．

このようにして求められるはりの表面にはたらく最大曲げ応力が弾性限度以上になると，部材は塑性変形を起こし，極端な場合は破壊する．設計にあたっては，このような計算によって部品の寸法を適正な値に選び，機械部品として十分な強度をもつように心掛けなければならない．この場合，適度の安全率（safety factor）を採用する．鉄鋼部品の設計では安全率として静荷重を受ける場合で3～5ぐらい，繰返し荷重に対しては5～10ぐらいにとられる（詳しくは表5.1で示す）．

例題 3.2　断面が1辺10 mmの正方形のはりに，10000 N · mmの曲げモーメントが作用している．はりの表面に作用する最大応力を求めよ．

解　断面係数 Z は表3.2より

$$Z = \frac{1}{6}bh^2 = \frac{1}{6} \times 10 \times 10^2 \fallingdotseq 166.7 \text{ [mm}^3\text{]}$$

であるので，最大応力は式(3.22)，(3.23)より次のように求められる．

$$\sigma_{\max} = -\sigma_{\min} = \frac{M}{Z} = \frac{10000}{166.7} \fallingdotseq 60.0 \text{ [MPa]}$$

3.3　はりにかかる曲げモーメント

さまざまな支持状態のもとに荷重がかかるはりにおいて，それぞれ，どのような曲げモーメントが作用するかについて述べる．同時にはりにかかるせん断荷重についても考える．ちなみに，はりにかかるせん断力および曲げモーメントの符号は図3.7のようである．また，図3.8にはりの支持の種類を示している．本書では図(a)，(c)の場合について述べる．

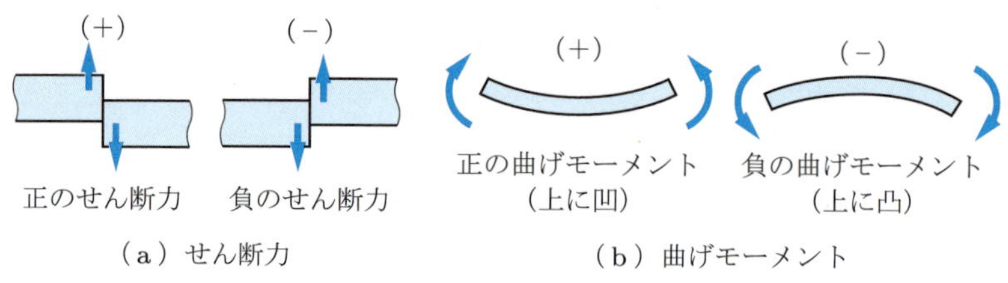

図3.7　はりにかかるせん断力および曲げモーメントにおける符号

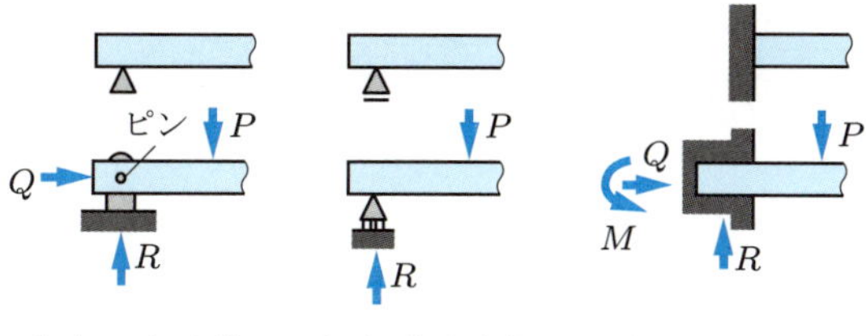

図 3.8 はりの支持方法

3.3.1 片持ちはりの場合

はりの一端を固定支持したはりを片持ちはり（cantilever beam）という．いま，はりの先端に W の集中荷重がかかるときの曲げモーメント図（BMD），ならびにせん断力図（SFD）を図 3.9 (a) に示す．また，図 (b) は片持ちはりに等分布荷重（w/単位長）がかかる場合の曲げモーメントとせん断力図を示している．

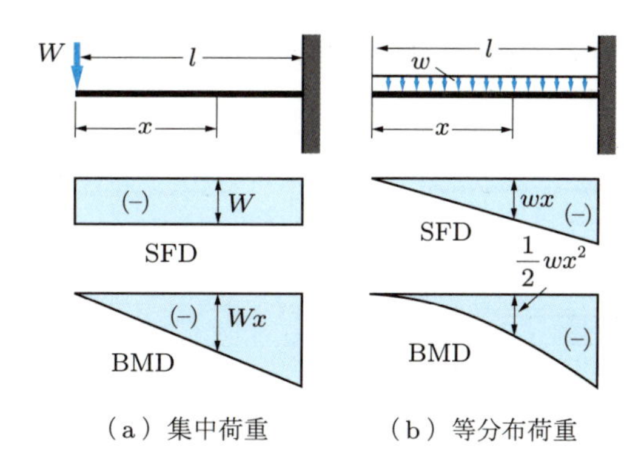

図 3.9 集中荷重および等分布荷重を受ける片持ちはりにはたらくせん断力図と曲げモーメント図

図 3.9 (a) において，はりの先端 A より x の点における曲げモーメント $M = -Wx$，せん断力 $= -W$（x にかかわらず一定）である．一方，図 (b) においては $M = -(1/2)wx^2$，せん断力 $F = -wx$ である．

最大曲げモーメントは集中荷重，分布荷重の場合ともに，はりの根元で起こり，その値はそれぞれ Wl および $(1/2)wl^2$ であり，また，最大せん断力はそれぞれ W，wl である．なお，ちなみに図 3.9 (a) において先端より l' の位置で荷重 W' が加わるときの最大曲げモーメント $M_{\max} = Wl + W'(l - l')$ となり，最大せん断力 $F_{\max} = W + W'$ である．

3.3.2 単純支持はりの場合

はりの一端を回転支持に，他端を移動支持にしたはりを単純支持はりという．いま，はりの両端から l_1，l_2 の距離にある点 C に 1 個の集中荷重 W がかかる場合（図 3.10 (a)）と，はりの全長にわたって等分布荷重がかかる場合（図 (b)）における曲げモーメント図およびせん断力図について考える．まず，集中荷重の場合，両端における反力 R_1，R_2 を知る必要がある．$R_1 + R_2 = W$，$R_1 l_1 = R_2 l_2$ より次式のように反力が得られる．

$$R_1 = \frac{Wl_2}{l}, \quad R_2 = \frac{Wl_1}{l} \tag{3.24}$$

したがって，曲げモーメント M は次式のように与えられる．

$$\left.\begin{aligned} M &= R_1 x = \frac{l_2 W}{l} x \quad (0 < x < l_1) \\ M &= R_2(l - x) = \frac{Wl_1}{l}(l - x) \quad (l_1 < x < l) \end{aligned}\right\} \tag{3.25}$$

これに対し，せん断力 F はそれぞれの区間で R_1，R_2 となる．

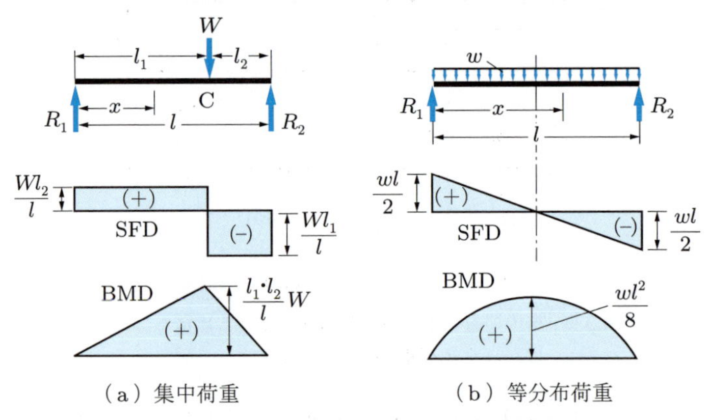

（a）集中荷重　（b）等分布荷重

図 3.10 単純支持はりに集中荷重および等分布荷重がかかる場合のせん断力図と曲げモーメント図

なお，はりの長さ l の間に複数の集中荷重がかかる場合も，同様に，両支点における反力 R_1，R_2 を求めることによって，曲げモーメントとせん断力が計算できる．

次に，はりの全長にわたって等分布荷重がかかる場合（図 3.10 (b)）には，$R_1 = R_2 = wl/2$ であることより，M と F はそれぞれ次のように表される．

$$M = \frac{1}{2}wlx - \frac{1}{2}wx^2 = \frac{1}{2}wx(l - x) \tag{3.26}$$

$$F = \frac{1}{2}wl - wx = \frac{1}{2}w(l - 2x) \tag{3.27}$$

これより，曲げモーメント図は左右対称形の放物線となり，両端で 0，スパンの中央 $x = l/2$ で最大モーメント $M_{\max} = M_{x=l/2} = (1/8)wl^2$ となる．一方，せん断力 F は両端で最大 $(\pm wl/2)$ となり，はりの中央では 0 であることがわかる．

3.4 はりの変形

曲げを受けるはりは，3.2 節で説明したような曲げ応力やせん断応力によって当然のことながら弾性的に変形する．すなわち，たわみを生じる．式 (3.21) より，はりの曲率半径 ρ と曲げモーメント M の間には $1/\rho = M/(EI)$ が成り立つことがわかっている．いま，図 3.11 で $\mathrm{d}s = -\rho\,\mathrm{d}\theta$，$\mathrm{d}y/\mathrm{d}x = \tan\theta$，$\mathrm{d}x/\mathrm{d}s \fallingdotseq \cos\theta$ などの関係より次式が得られる．

$$\begin{aligned}\frac{1}{\rho} &= -\frac{\mathrm{d}\theta}{\mathrm{d}s} = -\frac{\mathrm{d}\theta}{\mathrm{d}x}\frac{\mathrm{d}x}{\mathrm{d}s} = -\frac{\mathrm{d}^2y/\mathrm{d}x^2}{\{1+(\mathrm{d}y/\mathrm{d}x)^2\}^{3/2}} \\ &\fallingdotseq -\frac{\mathrm{d}^2y/\mathrm{d}x^2}{(1+0)^{3/2}} = -\frac{\mathrm{d}^2y}{\mathrm{d}x^2}\end{aligned} \tag{3.28}$$

すなわち，$1/\rho$ は式 (3.28) のように，近似的に $-(\mathrm{d}^2y/\mathrm{d}x^2)$ に等しくなる．したがって，次のような微分方程式が得られる．

$$\frac{\mathrm{d}^2y}{\mathrm{d}x^2} = -\frac{M}{EI} \tag{3.29}$$

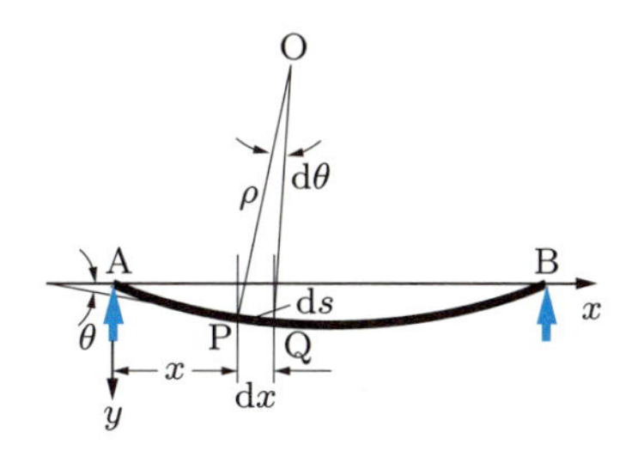

図 3.11　はりの変形

さまざまな曲げモーメントを受けるはりの変位 y が，式 (3.29) を解くことによって求められる．すなわち，$y = f(x)$ が得られる．

3.4.1 片持ちはりのたわみ

図 3.12 (a) のようなはりの先端に集中荷重を受ける場合は，式 (3.29) によって次式が得られる．

$$\frac{\mathrm{d}^2y}{\mathrm{d}x^2} = -\frac{M}{EI} = \frac{Wx}{EI} \tag{3.30}$$

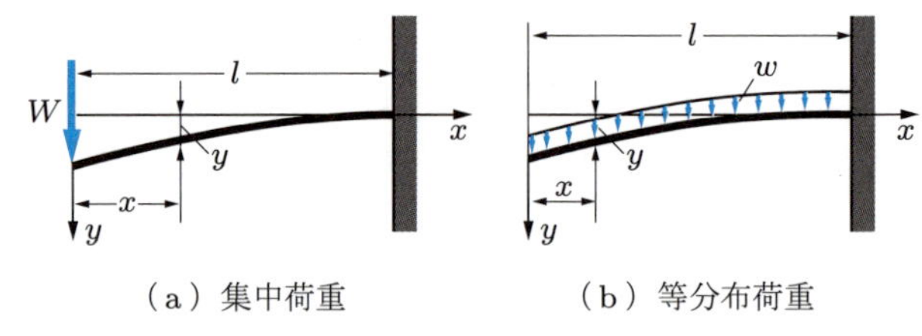

（a）集中荷重　　（b）等分布荷重

図 3.12 集中荷重および等分布荷重を受ける片持ちはりのたわみ

$$\frac{\mathrm{d}y}{\mathrm{d}x} = \frac{W}{2EI}(x^2 - l^2) \tag{3.31}$$

$$y = \frac{W}{6EI}(x^3 - 3l^2x + 2l^3) \tag{3.32}$$

積分して $x = l$ で $\mathrm{d}y/\mathrm{d}x = 0$ の条件によって式 (3.31) が得られ，さらに積分して $x = l$ で $y = 0$ であることより，式 (3.32) が得られる．また，最大たわみと最大たわみ角はともに自由端（$x = 0$）において生じ，それらの値はそれぞれ次式のようになる．

$$y_{\mathrm{max}} = \frac{Wl^3}{3EI} \tag{3.33}$$

$$\left(\frac{\mathrm{d}y}{\mathrm{d}x}\right)_{\mathrm{max}} = -\frac{Wl^2}{2EI} \tag{3.34}$$

次に，片持ちはりの全長にわたり，単位長さあたり w の等分布荷重がかかる場合（図 3.12 (b)）には，曲げモーメント $M = -wx^2/2$ であるので，次のようなたわみ方程式が得られる．

$$\frac{\mathrm{d}^2y}{\mathrm{d}x^2} = -\frac{M}{EI} = \frac{wx^2}{2EI} \tag{3.35}$$

固定条件を考慮することにより，次のようにたわみ y が求められる．

$$y = \frac{w}{24EI}(x^4 - 4l^3x + 3l^4) \tag{3.36}$$

同時に，y_{max}（自由端）および最大たわみ角 $(\mathrm{d}y/\mathrm{d}x)_{\mathrm{max}}$（自由端）が，それぞれ次のようになる．

$$y_{\mathrm{max}} = \frac{wl^4}{8EI} \tag{3.37}$$

$$\left(\frac{\mathrm{d}y}{\mathrm{d}x}\right)_{\mathrm{max}} = -\frac{wl^3}{6EI} \tag{3.38}$$

次に，図 3.13 のように，片持ちはりの自由端に曲げモーメント M_0 が作用する場合，まず曲げモーメント M は，はりの全長にわたって $M = M_0$（一定）であり，固定端から距離 x の点におけるたわみ角ならびにたわみ y はそれぞれ次式によって与えられる．

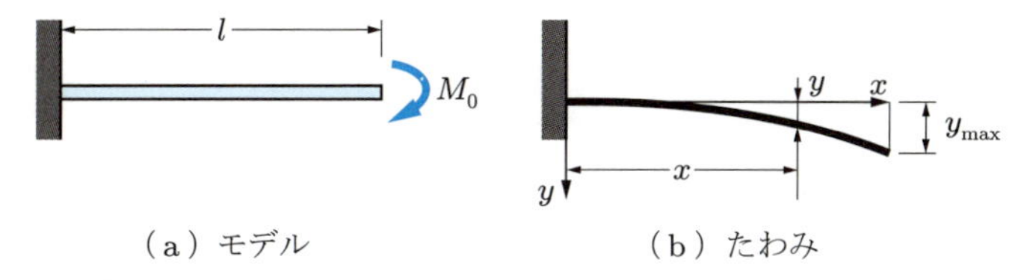

図 3.13　先端に曲げモーメント M_0 がかかる片持ちはり

$$\frac{\mathrm{d}y}{\mathrm{d}x} = \frac{M_0 x}{EI} \tag{3.39}$$

$$y = \frac{M_0 x^2}{2EI} \tag{3.40}$$

したがって，自由端での最大たわみ角 $(\mathrm{d}y/\mathrm{d}x)_{\max} = M_0 l/(EI)$，たわみは $y_{\max} = M_0 l^2/(2EI)$ となる．

3.4.2 単純支持はりのたわみ

長さ l の単純支持はりにおいて，中央に 1 個の集中荷重 W が作用するときの中央のたわみ（図 3.14）は，式 (3.33) において $W \to W/2$，$l \to l/2$ とおくことによって得られるたわみと等しいはずである．すなわち，次のようになる．

$$y_{\max} = \frac{(W/2)(l/2)^3}{3EI} = \frac{Wl^3}{48EI} \tag{3.41}$$

はりのたわみ角 $(\mathrm{d}y/\mathrm{d}x)$ は $x = 0$ で最大となり，その値は次のようになる．

$$\left(\frac{\mathrm{d}y}{\mathrm{d}x}\right)_{\max} = \frac{(W/2)(l/2)^2}{2EI} = \frac{Wl^2}{16EI} \tag{3.42}$$

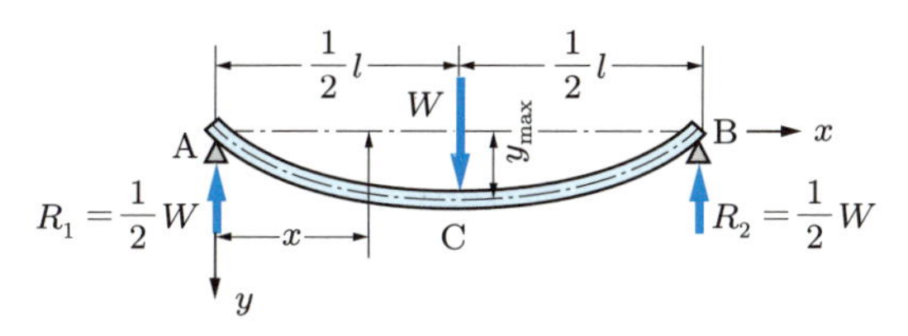

図 3.14　単純支持はりの中央に集中荷重がかかる場合のたわみ

なお，単純支持はりに等分布荷重 w がかかる場合のたわみ y の誘導は省略するが，はり中央の最大たわみ $y_{\max}$ や両端における最大たわみ角 $(\mathrm{d}y/\mathrm{d}x)_{\max}$ は，それぞれ次のようになる．

$$y_{\max} = \frac{5}{384}\frac{wl^4}{EI} \tag{3.43}$$

$$\left(\frac{\mathrm{d}y}{\mathrm{d}x}\right)_{\max} = \frac{wl^3}{24EI} \tag{3.44}$$

例題 3.3　図 3.14 に示す単純支持はりにおいて，長さ 2 m の軟鋼のはりの中央に質量 50 kg の負荷をかけたとき，はりの中央のたわみを求めよ．ただし，はりの断面は一辺が 20 mm の正方形であるものとする．

解　軟鋼の縦弾性係数 E は，表 3.1 より 206 GPa である．また，はりの断面 2 次モーメント I は表 3.2 より

$$I = \frac{1}{12}bh^3 = \frac{1}{12} \times 20 \times 20^3 \fallingdotseq 13330 \ [\mathrm{mm}^4]$$

である．したがって，はりの中央のたわみ $y_{\max}$ は，式 (3.41) より次のようになる．

$$y_{\max} = \frac{Wl^3}{48EI} = \frac{50 \times 9.8 \times 2000^3}{48 \times 206 \times 10^3 \times 13330} \fallingdotseq 29.7 \ [\mathrm{mm}]$$

3.5 圧縮荷重を受ける柱の座屈

機械要素や構造物には圧縮荷重を受ける真直な棒（柱）が多く，棒の長さが柱の断面寸法に比べて大きいときは，軸荷重がある値に達すると曲げによるたわみが急激に増加し，破壊にいたる（図 3.15）．この現象は**座屈**（buckling）とよばれ，そのときの荷重を座屈荷重（buckling load）P_{cr} という．P_{cr} は次式の**オイラーの公式**によって求められる．

$$P_{\mathrm{cr}} = n\frac{\pi^2 EI}{l^2} \tag{3.45}$$

ここで，l は柱の長さ，n は柱の端末条件により定まる係数で，通常，両端回転可能の場合 $n = 1$（図 (a)），両端回転拘束の場合 $n = 4$（図 (b)），下端固定上端自由の場合 $n = 1/4$ である．

（a）両端回転可能

（b）両端回転拘束

（c）下端固定上端自由

図 3.15　長柱の端末条件

例題 3.4　両端回転拘束で支持された断面が直径 2 mm，長さ 50 cm の丸棒の座屈荷重を求めよ．ただし，丸棒は軟鋼とする．

解　軟鋼の縦弾性係数 E は，表 3.1 より 206 GPa である．また，丸棒の断面 2 次モーメント I は表 3.2 より

$$I = \frac{\pi}{64}d^4 = \frac{\pi}{64} \times 2^4 \fallingdotseq 0.7854 \ [\mathrm{mm}^4]$$

である．したがって，式 (3.45) から，座屈荷重 P_{cr} は次のようになる．

$$P_{\mathrm{cr}} = 4\frac{\pi^2 EI}{l^2} = 4 \times \frac{\pi^2 \times 206 \times 10^3 \times 0.7854}{500^2} \fallingdotseq 25.5 \ [\mathrm{N}]$$

3.6 軸のねじり

半径 r，長さ l の真直丸棒が左端を固定され，右端にトルク T をかけてねじられる場合（図 3.3）の丸棒外周のせん断ひずみ γ は，式 (3.7) で説明したように $\gamma = (\phi/l)r$ で与えられ，棒の単位長さあたりのねじれ角（比ねじれ角）を $\theta = \phi/l$ とすると，$\gamma = \theta r$ と表される．これによって，丸棒の表面にはたらくせん断応力 τ は次式となる．

$$\tau = G\theta r \tag{3.46}$$

トルク T は，任意の横断面に作用するせん断応力によって生じるモーメントの総和であるから（図 3.16），次式となる．

$$T = \int_0^R \tau(2\pi r)r\,\mathrm{d}r = 2\pi\int_0^{R\theta} \tau\left(\frac{\gamma}{\theta}\right)^2 \frac{\mathrm{d}\gamma}{\theta} = \frac{2\pi}{\theta^3}\int_0^{R\theta} \tau\gamma^2\,\mathrm{d}\gamma \tag{3.47}$$

弾性変形範囲内においては，$\tau = G\gamma$（G: 横弾性係数）の関係が成立するので，次式が成り立つ．

$$T = \frac{2\pi}{\theta^3}\int_0^{R\theta} G\gamma^3\,\mathrm{d}\gamma = \frac{2\pi}{\theta^3}G\frac{(R\theta)^4}{4} = \frac{\pi}{32}d^4 G\theta \tag{3.48}$$

$$\therefore G = T\frac{1}{\pi R^4\theta/2} = \frac{T}{I_{\mathrm{p}}\theta} = \frac{Tl}{I_{\mathrm{p}}\phi} \tag{3.49}$$

ただし，I_{p} は断面 2 次極モーメントである．また，

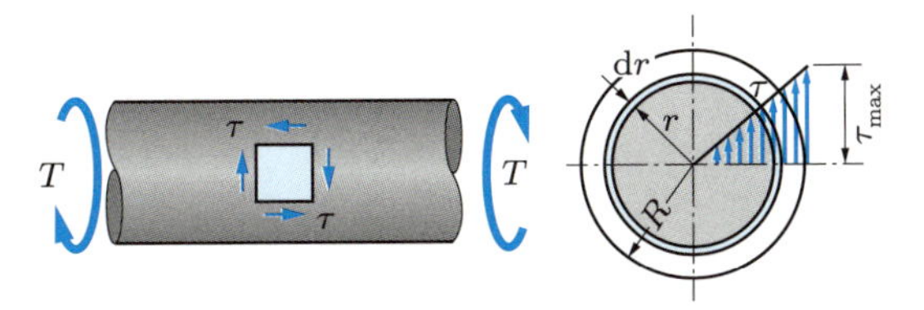

図 3.16　トルク T を受ける丸棒断面のせん断応力の分布

$$\theta = \frac{\phi}{l} = \frac{32T}{\pi d^4 G} \tag{3.50}$$

より，内径 d_{i} の中空軸では次式となる．

$$\theta = \frac{\phi}{l} = \frac{32T}{\pi(d^4 - {d_{\mathrm{i}}}^4)G} \tag{3.51}$$

したがって，せん断応力は

$$\tau = G\theta r = G\frac{32T}{\pi d^4 G}r = \frac{32rT}{\pi d^4} \tag{3.52}$$

$$\tau_{\max} = \tau_{r=d/2} = \frac{16T}{\pi d^3} \tag{3.53}$$

となる．なお，内径 d_{i} の中空軸では次式となる．

$$\tau_{\max} = \frac{16dT}{\pi(d^4 - {d_{\mathrm{i}}}^4)} \tag{3.54}$$

3.7 回転円板に生じる応力

半径 R で厚さの一様な円板が，それに垂直な対称軸のまわりに角速度 ω で回転するとき，密度を ρ，ポアソン比 ν とすると，回転円板の中心から r の点における半径方向の応力 σ_r，および円周方向の応力 σ_θ はそれぞれ次式によって求められる（図 3.17）．

$$\sigma_r = \frac{\rho\omega^2}{8}(3+\nu)(R^2 - r^2) \tag{3.55}$$

$$\sigma_\theta = \frac{\rho\omega^2}{8}\{(3+\nu)R^2 - (1+3\nu)r^2\} \tag{3.56}$$

回転円板の中心 $(r=0)$ では，σ_r，σ_θ とも最大値を示し，その値は次のようになる．

$$(\sigma_r)_{\max} = (\sigma_\theta)_{\max} = \frac{\rho\omega^2}{8}(3+\nu)R^2 \tag{3.57}$$

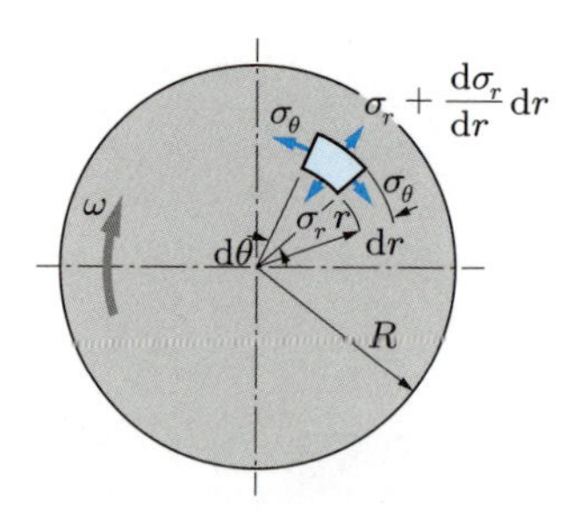

図 3.17 回転円板に生じる応力

3.8 熱応力

長さ l, 線膨張係数 α, 縦弾性係数 E の棒の温度が t_1 から t_2 まで上昇したとき，棒は $\delta = \alpha l(t_2 - t_1)$ だけ伸び，熱ひずみ $\varepsilon_t = \alpha(t_2 - t_1)$ である．もし，この棒の両端が拘束されたまま加熱されるとき，棒のなかには応力（圧縮応力）が発生する．この応力 σ を熱応力（thermal stress）といい，次のように求められる．

$$\sigma = -E\frac{\varepsilon_t}{1+\varepsilon_t} = -\frac{\alpha E(t_2 - t_1)}{1+\alpha(t_2 - t_1)} \tag{3.58}$$

ただし，$\alpha \ll 1$ であるので，近似的に $\sigma = -\alpha E(t_2 - t_1)$ で表される．

次に，図 3.18 に示す α や E の異なる棒がそれぞれの両端で結合され相互の伸縮を拘束されているが，全体の伸縮は可能な場合，温度が一様に ΔT [℃] だけ上昇したときに生じる熱応力を求めることを考える．棒の横断面積は棒 a が A_a，棒 b は 2 本合わせて A_b とする．また，伸びを λ とする．棒 a および b の線膨張係数を α_a および α_b（$\alpha_\mathrm{a} > \alpha_\mathrm{b}$）とする．棒 a は $(\alpha_\mathrm{a}\Delta Tl - \lambda)$ だけ縮み，b は $(\lambda - \alpha_\mathrm{b}\Delta Tl)$ だけ伸びた状態となるので，このときに生じる熱応力 σ_a および σ_b は次のようになる．

$$\left.\begin{aligned}\sigma_\mathrm{a} &= -E_\mathrm{a}\varepsilon_\mathrm{a} = -E_\mathrm{a}\frac{\alpha_\mathrm{a}\Delta Tl - \lambda}{l} \quad \text{（圧縮）}\\ \sigma_\mathrm{b} &= E_\mathrm{b}\varepsilon_\mathrm{b} = E_\mathrm{b}\frac{\lambda - \alpha_\mathrm{b}\Delta Tl}{l} \quad \text{（引張り）}\end{aligned}\right\} \tag{3.59}$$

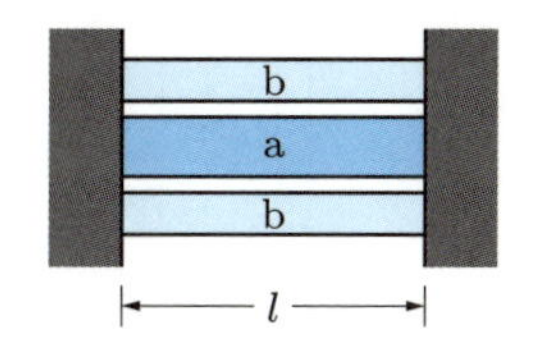

図 3.18　両端が拘束された 3 本の棒に発生する熱応力

例題 3.5　図 3.18 において，温度が一様に ΔT [℃] だけ上昇したときの棒 a，b の伸び λ と，そのときに発生する圧縮応力 σ_a，引張応力 σ_b を求めよ．

解　棒 a，b はそれぞれ熱によって異なる長さだけ伸びるが，相互の伸縮を拘束されているので同じ伸び λ となった状態でつり合っている．$\alpha_\mathrm{a} > \alpha_\mathrm{b}$ だから棒 a には圧縮力，棒 b には引張力が発生し，それらはつり合っているので $\sigma_\mathrm{a}A_\mathrm{a} + \sigma_\mathrm{b}A_\mathrm{b} = 0$ の関係が成り立つ．これに式 (3.59) を代入して整理すると，伸び λ は次式で求められる．

$$\lambda = \frac{(E_\mathrm{a}A_\mathrm{a}\alpha_\mathrm{a} + E_\mathrm{b}A_\mathrm{b}\alpha_\mathrm{b})\Delta Tl}{E_\mathrm{a}A_\mathrm{a} + E_\mathrm{b}A_\mathrm{b}}$$

これを式 (3.59) に戻すと，圧縮応力 σ_a，引張応力 σ_b が次のように求められる．

$$\sigma_{\mathrm{a}} = -\frac{E_{\mathrm{a}}(\alpha_{\mathrm{a}} - \alpha_{\mathrm{b}})\Delta T}{1 + (A_{\mathrm{a}}E_{\mathrm{a}})/(A_{\mathrm{b}}E_{\mathrm{b}})}, \quad \sigma_{\mathrm{b}} = \frac{E_{\mathrm{b}}(\alpha_{\mathrm{a}} - \alpha_{\mathrm{b}})\Delta T}{1 + (A_{\mathrm{b}}E_{\mathrm{b}})/(A_{\mathrm{a}}E_{\mathrm{a}})} \left(= -\frac{A_{\mathrm{a}}}{A_{\mathrm{b}}}\sigma_{\mathrm{a}}\right)$$

3.9 衝撃引張りによる応力

図3.19のように長さl，断面積Aの棒の上端を固定し，重さWのおもりを高さhの位置から落下させたときの軸方向の衝撃引張応力は，ひずみエネルギー法で容易に求められる．棒に発生する衝撃引張応力をσとすると，棒内に蓄えられるエネルギーUは次式で与えられる．

$$U = \frac{1}{2}\sigma\varepsilon Al = \frac{1}{2}\frac{\sigma^2}{E}Al \tag{3.60}$$

一方，$U = Wh$であるから，σは次式となる．

$$\sigma = \sqrt{\frac{2EU}{Al}} = \sigma_{\mathrm{s}}\sqrt{\frac{2h}{\lambda_{\mathrm{s}}}} \tag{3.61}$$

ただし，$\lambda_{\mathrm{s}} = Wl/(AE)$（静的伸び）である．通常，$\lambda_{\mathrm{s}} \ll h$であるから，衝撃応力$\sigma$は静的応力$\sigma_{\mathrm{s}}$に比べて著しく大きくなることがわかる．

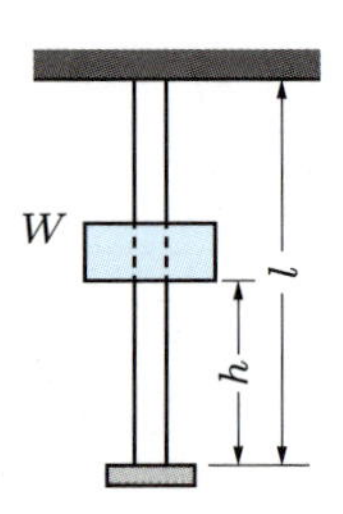

図3.19　衝撃荷重を受ける棒

演習問題

3.1 直径12 mmの軟鋼棒に15000 Nの引張荷重をかけたときの引張応力σならびに引張ひずみεを求めよ．

3.2 内半径200 mm，厚さ0.5 mmの薄肉円筒が10気圧の内圧を受ける場合，両端から離れた円筒部分の円周方向応力σ_θと軸方向応力σ_zを求めよ．

3.3 長さ300 mmの片持ちはりの先端ならびに固定端より200 mmの位置に，それぞれ，100，200 Nの集中荷重が作用する場合の固定端における曲げモーメントMならびにせん断力Fを求めよ．

3.4 図3.20のような複雑はりの1箇所に荷重Pがかかる場合，はり全体にわたる曲げモーメント図を描け．

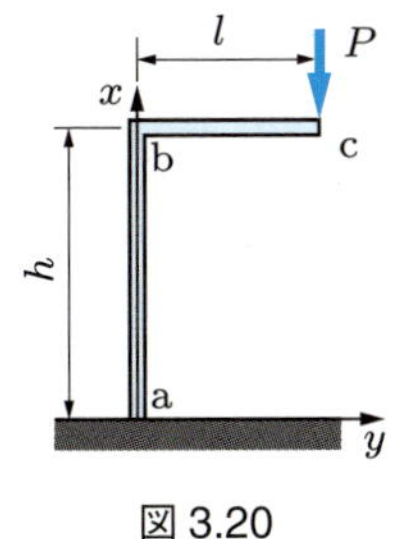

図 3.20

3.5 断面の幅 $b = 20$ [mm]，高さ $h = 30$ [mm] の長方形はりのある位置に，曲げモーメント $M = 500\,\mathrm{N \cdot m}$ がかかるときのはり表面の引張応力 σ を計算せよ．

3.6 高さ h，幅 b の長方形断面をもつ長さ l の単純支持はりの中央の点 O に荷重 W がかかるとき，点 O における曲げモーメント M およびたわみ y を求める式を書け．

3.7 直径 8 mm の鋼の円柱に $10\,\mathrm{N \cdot m}$ のトルク T がかかるとき，円柱表面に生じるせん断応力 $\tau_{\max}$ を求めよ．

4 機構学

機械はいくつかの要素を組み合わせて成り立ち，外部から動力を供給して要素のひとつを運動させたとき，それと接触するほかの部分が一定の運動をして有効な仕事をする．このような要素の組合せを，**機構**（mechanism）という．

この章では，機構を構成する各要素の形状や配置や運動について学ぶ．

4.1 対偶と節

機構に一定の運動をさせるためには，ほかの物体と接触させてその運動を制限しなければならない．この接触部分の組合せを**対偶**（pair）という．図 4.1 にいろいろな対偶の例を示す．対偶には次の 3 種類がある．

① **すべり対偶**：図 (a) のように，ひとつの直線運動だけをする．
② **回り対偶**：図 (b) のように，ひとつの軸のまわりの回転運動だけをする．
③ **ねじ対偶**：図 (c) のように，ひとつのらせん運動だけをする．

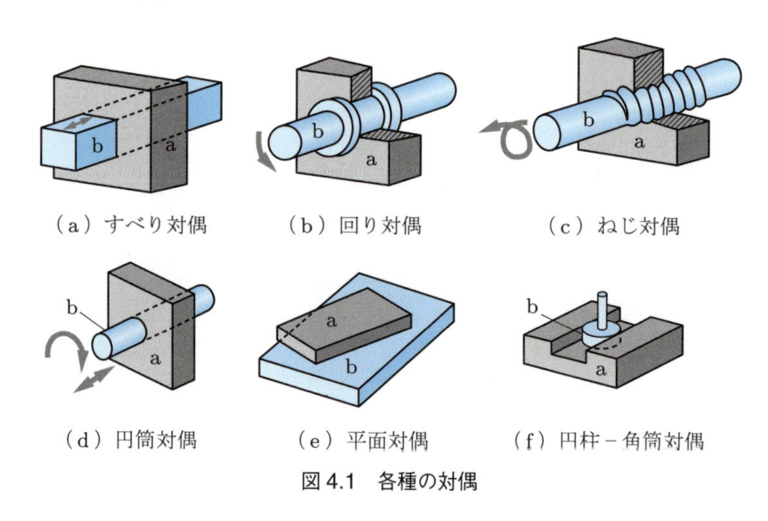

（a）すべり対偶　（b）回り対偶　（c）ねじ対偶
（d）円筒対偶　（e）平面対偶　（f）円柱－角筒対偶

図 4.1　各種の対偶

そして，図 4.1 (d) の対偶では回転と直線運動ができるが，図 (c) の場合は，それがさらに制限されて，ひとつの回転運動だけになる．この，ひとつだけの運動しかできない対偶を**限定対偶**といい，その運動の自由度は 1 であるという．機械は本来一定の運動をするものなので，機構には限定対偶が多い．

さて，代表的な対偶の自由度を調べてみる．図 4.1 (e) では，自由度は直進が 2，垂直軸のまわりの回転が 1 で合計 3 である．機構はほとんどの場合，重力のもとにあるので，垂直方向の直進はすでに拘束されていると考える．

複数の物体が対偶を成しているとき，それぞれを**節**とよぶ．節と節の接触部分には面，線，点の場合がある．

4.2 平面運動の自由度

平面内を動く機構の自由度を考える．機構を構成する各要素にはそれぞれ，前後の直進，左右の直進，垂直軸のまわりの回転の合計 3 個の自由度が考えられる．

また，機構が仕事をするためには，要素のひとつは固定されていないといけない．そうでないと，相手から受ける反力のために自分自身が動き，仕事ができないからである．したがって，E 個の要素があるとき，動ける要素は $(E-1)$ 個となり，これらの自由度の総数は $3(E-1)$ である．

次に，各要素は結合して対偶を構成するから，自由度が減少する．対偶の自由度が 1 ということは，完全に自由な状態つまり自由度 3 から，2 だけ減少したことになる．同様に，自由度が 2 ということは，自由度が 1 だけ減少したことになる．以上をまとめると，自由度 1 の対偶が P_1 個，自由度 2 の対偶が P_2 個のとき，全体の自由度は $(2 \times P_1 + P_2)$ だけ減少する．

結局，平面内を運動する機構の自由度を F とすると，次のようになる．

$$F = 3(E-1) - (2P_1 + P_2) \qquad (4.1)$$

この平面運動機構が限定対偶のときは，$F = 1$ なので，これを式 (4.1) に代入すると，次式のように要素の数と対偶の自由度の関係を求めることができる．

$$3E - 2P_1 - P_2 = 4 \qquad (4.2)$$

例題 4.1 図 4.1 のすべり対偶と円筒対偶の自由度を求めよ．

解 すべり対偶の要素の数は 2 個 $(E = 2)$，自由度 1 の対偶は直線運動のみで 1 個 $(P_1 = 1)$，自由度 2 の対偶はないので 0 個 $(P_2 = 0)$ である．これらより，この機構の自由度は，

$$F = 3(2-1) - (2 \times 1 + 0) = 1$$

となる．また，円筒対偶は要素の数が 2 個 $(E = 2)$，自由度 1 の対偶はないので 0 個 $(P_1 = 0)$，自由度 2 の対偶は回転運動と直線運動があるので 1 個 $(P_2 = 1)$ である．これより，この機構の自由度は次のようになる．

$$F = 3(2-1) - (2 \times 0 + 1) = 2$$

4.3 リンク機構

細長い棒を回り対偶やすべり対偶で組み合わせた機構を**リンク機構**（link mechanism）といい，それぞれの棒をリンクという．図4.2のように，四つのリンクa〜dが四つの回り対偶によって結合された機構を4節回転連鎖といい，これに，すべり運動をするスライダを加えて，いろいろな機構が実用されている．

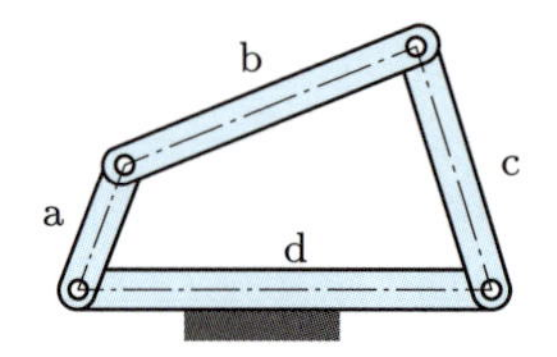

図4.2　4節回転連鎖

4.3.1 てこクランク機構

図4.3は4節回転連鎖が運動するところで，図(a)において最も短いリンクをaとし，これと対偶をなすリンクdを固定し，aを回転させると，bを媒介してcに運動が伝えられ，cは揺動（首振り）運動をする．回転するリンクaのことを**クランク**（crank），揺動運動するcを**てこ**（lever），二つのリンクを連結するリンクbを**連接棒**という．そして，この機構を**てこクランク機構**という．

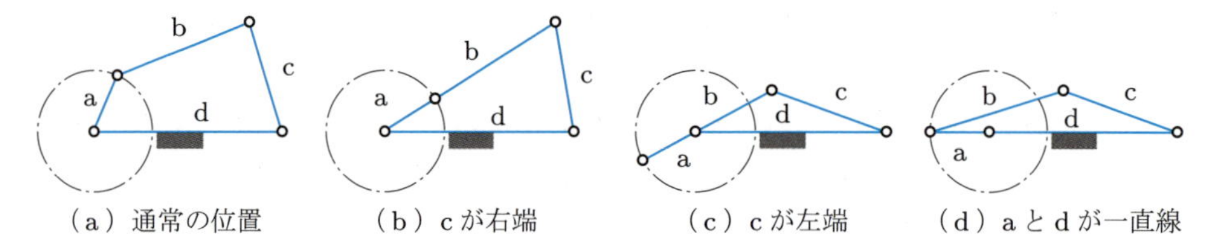

図4.3　てこクランク機構

このリンク機構で，l_{a}，l_{b}，l_{c}，l_{d}を各リンクの長さとし，てこクランク機構が成り立つ条件を考える．図4.3(b)のように，cが一番右にくるのはaとbが一直線になったときである．そのときにつくられる三角形の2辺の和は1辺より長いという条件から，次式が成り立つ．

$$l_{\mathrm{a}} + l_{\mathrm{b}} < l_{\mathrm{c}} + l_{\mathrm{d}} \tag{4.3}$$

また，cが一番左にくるのは図(c)のaとbが重なるときで，このとき

$$l_{\mathrm{b}} - l_{\mathrm{a}} + l_{\mathrm{d}} > l_{\mathrm{c}}$$

が成り立つ．これより，次のようになる．

$$l_{\mathrm{a}} + l_{\mathrm{c}} < l_{\mathrm{b}} + l_{\mathrm{d}} \tag{4.4}$$

同様に，図 (d) について a と d が一直線になる場合を考えると，

$$l_a + l_d < l_b + l_c \tag{4.5}$$

の関係が成り立つ．これらに，極限の条件として等号も付けた式が，最も短いリンク a が回転を続けることのできる条件で，これをグラスホフの定理という．

なお，図 4.3 (b) の位置では，c を動力により回転する節，すなわち原動節として反時計方向に回そうとすると，クランク a は，時計方向にも，反時計方向にも回転できる．このような点を思案点（change point）という．

例題 4.2 図 4.3 (a) のリンク機構が，てこクランク機構として成り立つためのリンク b の最大と最小の値を求めよ．ただし，$l_a = 30$，$l_c = 90$，$l_d = 60$ cm とする．

解 与えられた数値を式 (4.3)〜(4.5) に代入すると，次式を得る．

$$60 < l_b < 120 \text{ [cm]}$$

4.3.2 スライダクランク機構

図 4.4 のように，四つの対偶のうち，三つが回り対偶，ひとつがすべり対偶である連鎖を**スライダクランク機構**という．図で d と a，a と b，b と c は回り対偶を成し，c と d はすべり対偶をなす．

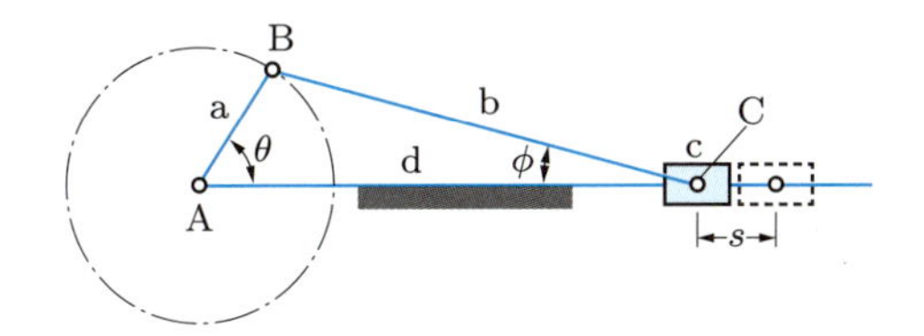

図 4.4 スライダクランク機構

a はクランク，c は d に沿ってすべるのでスライダという．いま，リンク d を固定し，a をクランクとして A を中心に回転させると，スライダ c は d に沿って往復運動をする．これを往復スライダクランク機構という．実際には，クランクを原動節とした圧縮機や，スライダを原動節としたエンジンの機構などがある．

4.3.3 早戻り機構

図 4.5 で，クランク a は固定中心 A のまわりに回転し，リンク b はスライダ d の影響を受けて BC_1 と BC_2 の間を揺動運動する．リンク b の揺動運動によってスライダ e が往復運動をする．いま，クランク a が図の $A_1A_2A_3$ 間を回転する間に，スライダ e は図の右 → 左に移動する．a が $A_3A_4A_1$ と回転する間には，e は左 → 右に移動して最初の位置に戻る．クランク a が一定速度で回転すると，e は右 → 左にはゆっく

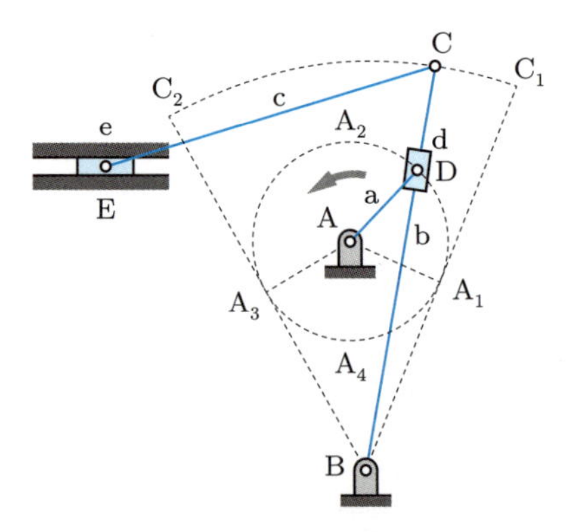

図 4.5　早戻り機構

り時間をかけて移動し，左 → 右に速く戻る．そこで，e に工具を取り付け，右 → 左の移動時にゆっくり切削作業をさせ，左 → 右には速く戻す．このような機構は工作機械によく使われる．

4.3.4 トグル機構

図 4.6 (a) のように，“く”の字形になった二つのリンク a，b で，A を固定中心とし，スライダ c が AC 上を移動するものをトグル機構という．いま，B に横向きに力 F を加えるとき，リンク b の方向に生じる力を W とすると，モーメントのつり合いの条件から $F \times \mathrm{AD} = W \times \mathrm{AE}$ となる．また，リンク b の点 C がすべる方向に生じる分力は $W\cos\alpha$ なので，

$$W\cos\alpha = \frac{F \times \mathrm{AD}\cos\alpha}{\mathrm{AE}} \tag{4.6}$$

となる．リンクの連結点 B が線 AC に近づくほど，AE は小さくなり，AD と $\cos\alpha$

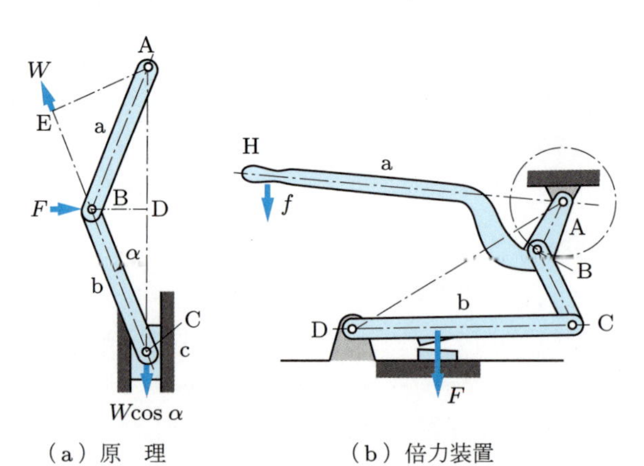

（a）原　理　　（b）倍力装置

図 4.6　トグル機構

は大きくなるので，この分力は非常に大きくなる．

図 4.6 (b) はトグル機構の応用で，パンチ（穿孔器）などにみられる倍力装置である．ハンドル a の点 H に加わる力 f はてこの原理で拡大されて B に現れ，それがトグル機構によってさらに拡大されて C に与えられ，それがまた，てこ b によって増大されて大きな力 F を生じる．

4.4 巻掛け伝動装置

原動軸の回転を従動軸に伝えるのに，両軸に車を設けて，これにベルトのような屈曲可能なものを張り渡す仕組みを巻掛け伝動といい，構造が簡単なのでよく使用される．巻掛け用の要素としては，ベルト，ロープ，チェーンなどがある．

4.4.1 滑　車

図 4.7 (a) の定滑車では，ロープを力 F で下に引くことによって，重さ W の荷物を上昇させることができる．図 (b) の動滑車で，w を動滑車の自重とすると，重さ W の荷物を $(W+w)/2$ の力で引き上げることができる．ただし，ロープを引く距離は負荷の移動距離の 2 倍になり，荷物と動滑車を引き上げる仕事量は変わらない．

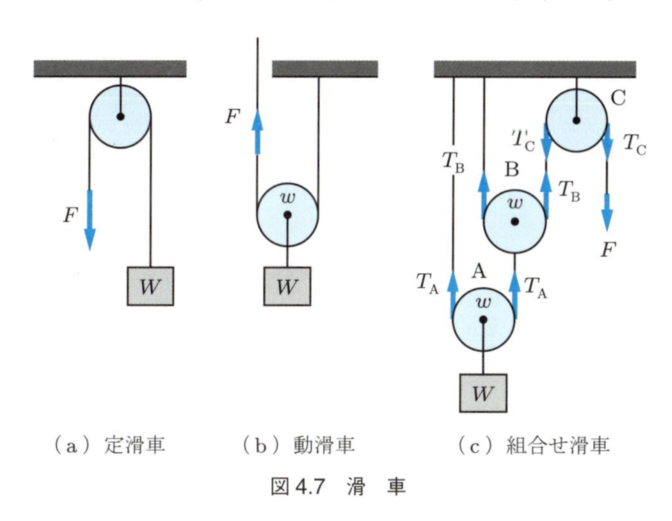

（a）定滑車　（b）動滑車　（c）組合せ滑車

図 4.7　滑　車

図 4.7 (c) は，定滑車と動滑車を組み合わせた組合せ滑車の例である．エレベータにもこのような組合せ滑車が使われている．

例題 4.3　図 4.7 (c) の 3 個の滑車 A，B，C の組合せで，重さ W [N] の荷物を吊り上げるのに必要な力を求めよ．ただし，動滑車 A，B の自重はともに w [N] とする．

解　ロープを引く力を F とし，各滑車において，負荷 W，動滑車の自重 w，ロープの張力 T_A，T_B，T_C の間のつり合いを求めると，次式が成り立つ．

$$\text{滑車 A について：} T_A = \frac{1}{2}(W + w)$$

$$\text{滑車 B について：} T_B = \frac{1}{2}(T_A + w)$$

$$\text{滑車 C について：} F = T_C = T_B$$

これより，$F = (W + 3w)/4$ [N] を得る．

4.4.2 ベルト伝動

図 4.8 (a) のように原動車と従動車間にベルトをかけると両軸が同方向に回転する．これを平行掛け（open belting）といい，これに対し，図 (b) のようにかけたものを，十字掛け（cross belting）といい，両軸は反対方向に回転する．ベルトとプーリの間では摩擦によって伝動が行われるので，大きな力を伝えるのは難しく，また，両者の間には多少すべりがあり，回転比が正確でない．一方，すべりが衝撃を吸収するという長所もあり，また騒音が少ない．

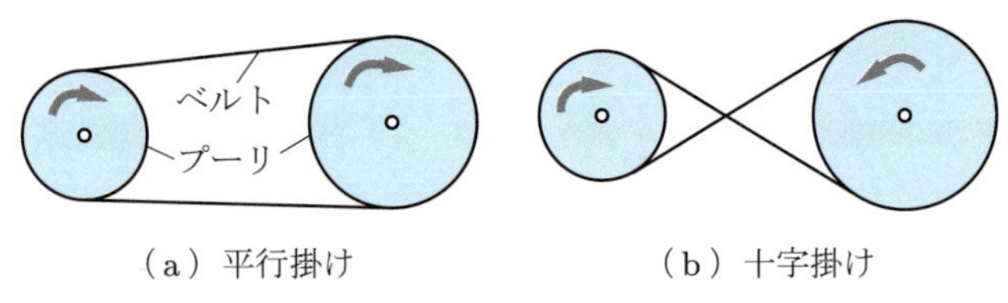

図 4.8　ベルト伝動

4.4.3 V ベルト

プーリに V 字形の溝を付け，ベルトを溝にあう台形断面にした図 4.9 の V ベルトでは，ベルトとプーリがよく密着し，摩擦が大きくてすべりにくい．自動車のエンジンの回転を取り出して発電機を駆動するという，確実な伝動が必要な場合にも使用されている．

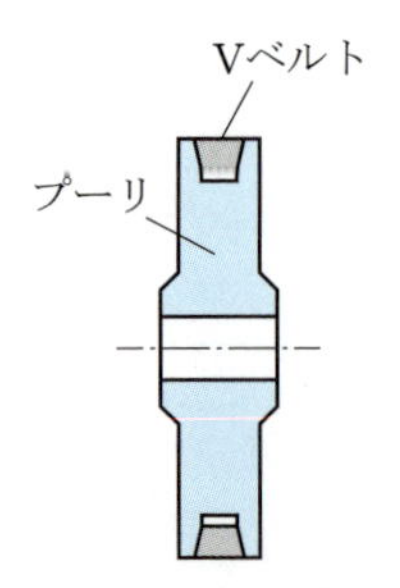

図 4.9　V ベルト（断面）

4.4.4 チェーン

チェーン（chain）は，ひとつひとつのリンクが原動車および従動車となるスプロケットに付いている歯にかかって伝動するもので，速度比を確実に保つことができ，大きな動力を伝達することもできる．しかし，運転中に騒音や振動が大きく，高速運転には適していない．図 4.10 に自転車などに使われてよく知られているチェーンの例を示す．

図 4.10　チェーン［宮田工業（株）資料］

4.5 摩擦伝動装置

4.5.1 摩擦車

原動軸に取り付けた円板と従動軸に取り付けた円板を接触させ，両者の間の摩擦力を利用するものを摩擦車という．図 4.11 でキャプスタンを電動機で駆動すると，あそび車を経てターンテーブルが回転する．これらの三つの車の間の力の伝達はすべて摩擦による．なお，あそび車を上下させて，キャプスタンの各段を選択し，変速できる．

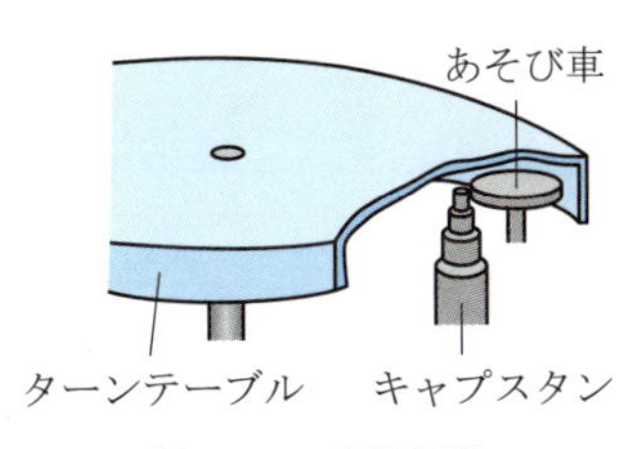

図 4.11　摩擦伝動

摩擦車による伝動ではすべりは避けられないので，正確な変速比を求めたり，大出力の伝達を行うことはできない．一方，構造が簡単で，すべりによって振動が緩和され，また騒音の発生も少ない．テープレコーダのような音響機器あるいはコピー機の紙送りなどには，非常に適した伝動方法である．

摩擦伝動を行うためには両車の接触部分に圧力が必要である．いま，図 4.12 で二つの摩擦車の接触部分の摩擦係数を μ，外部から加えた押し合う力を P，生じた摩擦力を F とすると，

$$F \leqq \mu P \tag{4.7}$$

で，最大摩擦力は μP である．従動側の負荷がこれ以上大きくなると，接触部分にすべりを生じて伝動ができなくなる．

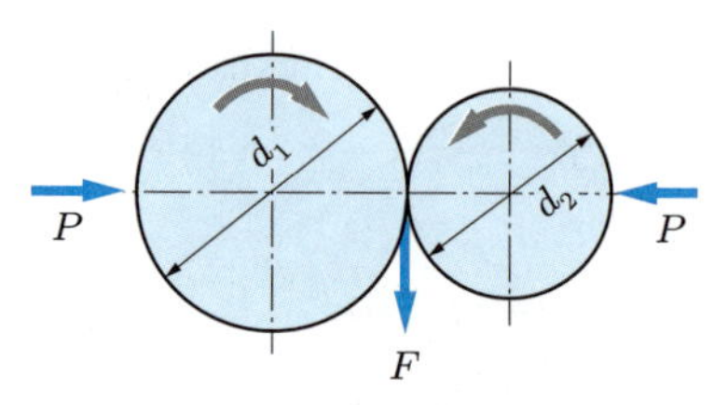

図 4.12　平行摩擦車

また，図 4.12 で両車の回転数を n_1，n_2 [rpm]，直径を d_1，d_2 [mm] とするとき，原動車・従動車間にすべりがなければ，両車の角速度比は一定で，両車の回転周距離は等しいので，

$$\pi d_1 n_1 = \pi d_2 n_2$$

の関係がある．

例題 4.4　図 4.12 で，軸間距離 200 mm の平行 2 軸間に円板摩擦車で回転を伝える．原動車は 300 rpm，従動車は 100 rpm で回転しているとき，両車を押し付ける力が 250 N，両車間の摩擦係数が 0.2 のとき，最大伝達動力 W [W] はいくらか．

解　両車間の押し合う力を P [N]，伝達力を F [N]，両車間の円周速度を v [m/s] とすると，次の関係がある．

$$W = Fv$$

題意の $d_1/d_2 = n_2/n_1 = 100/300$ および $d_1 + d_2 = 400$ [mm] から，

$$d_1 = 100 \text{ [mm]}, \quad d_2 = 300 \text{ [mm]}$$

となる．そこで，次式が成り立つ．

$$v = \frac{\pi d_1 n_1}{60} = \frac{3.142 \times 0.1 \times 300}{60} \fallingdotseq 1.57 \text{ [m/s]}$$

また，最大伝達力 F は，摩擦係数を μ とすると，

$$F = \mu P = 0.2 \times 250 = 50 \text{ [N]}$$

となる．したがって，求める伝達動力は次式となる．

$$W = Fv = 50 \times 1.57 = 78.5 \text{ [W]}$$

4.5.2 ブレーキ

機械の運動を減速させるか，停止させるものをブレーキ（brake）という．運動エネルギーを，摩擦によって熱エネルギーに変えるものが多い．

ブレーキの形状には，バンド，ドラム，ディスクなど，いろいろあるが，図 4.13 は回転するブレーキ輪に摩擦ブロックを押し付ける最も簡単な構造のもので，単ブロックブレーキとよばれる．ブレーキ力の計算式は，ブレーキ棒の支点の位置や，ブレーキ輪の回転方向によりそれぞれ異なる．

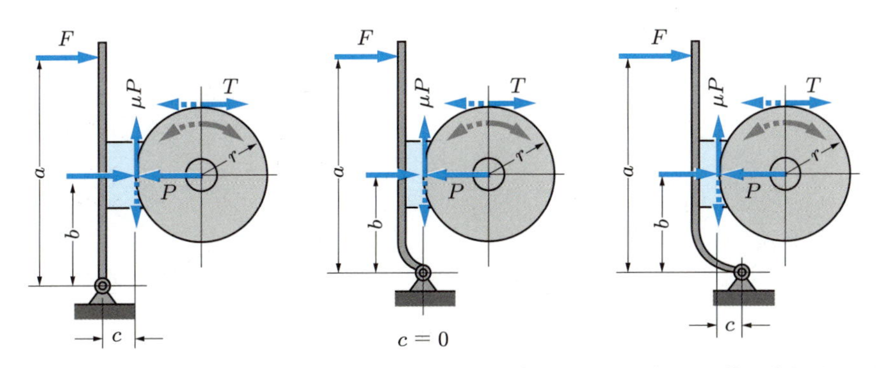

（a）ブレーキ棒が直線（$c \neq 0$）　（b）ブレーキ棒が湾曲　（c）ブレーキ棒が湾曲（$c \neq 0$）

図 4.13　単ブロックブレーキ

例題 4.5　図 4.13 (c) の形式の単ブロックブレーキで，ブレーキ輪に M の駆動トルクが右回りにはたらいている場合，ブレーキの腕に加える力 F の大きさを求めよ．ただし，$M = 250$ [N · m]，$r = 400$ [mm]，$a = 1200$ [mm]，$b = 400$ [mm]，$c = 50$ [mm] とし，制動面の摩擦係数 $\mu = 0.2$ とする．

解　図の場合，ブレーキの支点にはたらく時計回りの回転モーメントは $Fa + \mu Pc$ であり，反時計回りのモーメントが Pb で両者はつり合うので，次式が成り立つ．

$$Fa + \mu Pc = Pb$$

ここで，P はブレーキ片をブレーキ輪に押し付ける力とする．

一方，ブレーキ輪周にはたらく接線力を T とすると，$M = Tr = \mu Pr$ の関係があるので，次式が成り立つ．

$$P = \frac{M}{\mu r} = \frac{250}{0.2 \times 0.4} = 3125 \text{ [N]}$$

したがって，ブレーキの腕に加える力 F は次式となる．

$$F = \frac{P(b - \mu c)}{a} = \frac{3125 \times (400 - 0.2 \times 50)}{1200} = 1016 \text{ [N]}$$

4.6 歯　車

4.5.1 項で説明した摩擦車では，大きな動力が伝えられず，また，すべりがあるため，正確な回転比を保つことは難しかった．そこで，図 4.14 のように転がり接触をする二つの車の間に凹凸を設けて，これを互いにかみ合わせてすべりを防止する．これが**歯車**（gear）である．歯車は計器用の直径数 mm の小さいものから，船舶用タービンの減速機に使われる直径数 m の大型のものまで，ほとんどの機械に広く使われ，その種類も多い．主なものを 4.6.2 項で説明する．

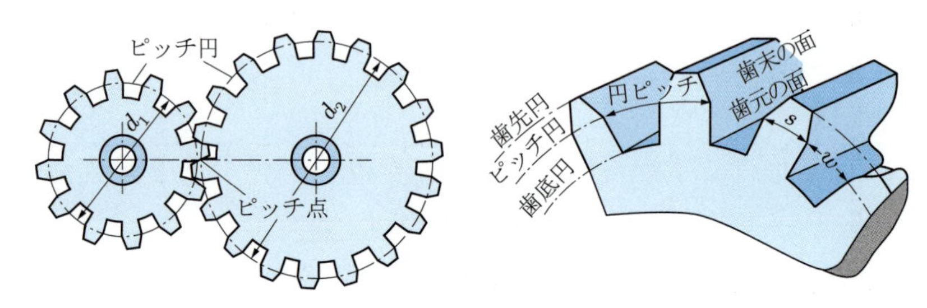

図 4.14　歯　車

4.6.1 歯車の基礎

(1) 歯車各部の名称　　転がり接触をする一対の歯車を，互いに転がり接触する一対の円で対応させる．この円を**ピッチ円**（pitch circle）という．

また，図 4.14 で，各歯の先端を通る円を歯先円といい，歯の根元を連ねてつくった円を歯底円という．歯の厚さ s，および歯の空げき w はいずれもピッチ円上で測った円弧の長さで，また $(w-s)$ をバックラッシュ（back lash）という．ピッチ円の直径 d [mm] を**歯数** z で割った値を**モジュール**といい，直径と同じ単位で表す．したがって，モジュールを m [mm] とすれば次式が得られる．

$$m = \frac{d}{z} \tag{4.8}$$

例題 4.6　ピッチ円の直径 160 mm，歯数 32 枚の歯車のモジュールを求めよ．

解　式 (4.8) から，次式となる．

$$m = \frac{d}{z} = \frac{160}{32} = 5 \text{ [mm]}$$

(2) 回転速度比　　かみ合っている一対の歯車で，n_1，n_2 を各歯車の回転数 [rpm]，d_1，d_2 をそれぞれのピッチ円の直径 [mm] とする．回転数にピッチ円の半径をかけたものはピッチ円周上での周速度に比例し，両歯車について等しくなければならないから次式が得られる．

$$\frac{n_1 d_1}{2} = \frac{n_2 d_2}{2}$$

これを変形すると，回転数の比である回転速度比は次式となる．

$$\frac{n_1}{n_2} = \frac{d_2}{d_1} \tag{4.9}$$

すなわち，かみ合う歯車の回転速度比は，ピッチ円の直径に反比例する．

また，図 4.14 で円ピッチとはピッチ円周上で測った隣り合う歯と歯の間の距離で，$\pi d/z$ となる．かみ合う両歯車では円ピッチは等しいので，

$$\frac{\pi d_1}{z_1} = \frac{\pi d_2}{z_2}$$

となる．これを変形したものと式 (4.9) より，次式が成り立つ．

$$\frac{n_1}{n_2} = \frac{d_2}{d_1} = \frac{z_2}{z_1} \tag{4.10}$$

つまり，かみ合う歯車の回転速度比は，歯数にも反比例する．

4.6.2 各種歯車

(1) 平歯車とラック，ピニオン　図 4.15 (a) のものは**平歯車**といい，最も普通に使われる歯車である．両車の回転方向は反対になる．図 (b) のように，図 (a) の片方の歯車の直径が限りなく大きくなって，周が直線とみなされるものを**ラック**といい，ラックとかみ合う小車を**ピニオン**という．ピニオンの回転運動によってラックの直動が得られるので，ひとつの回転・直動変換機構である．

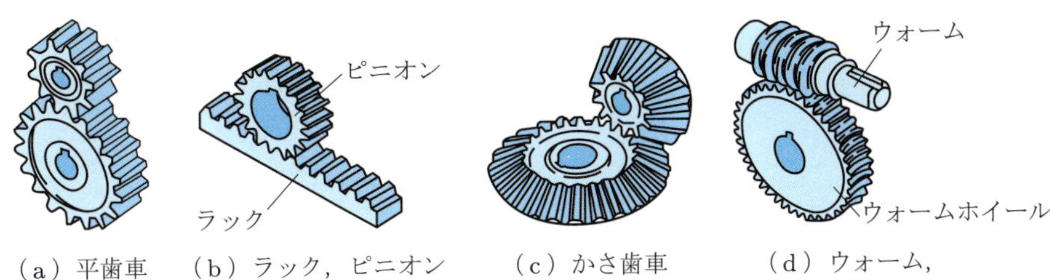

図 4.15　各種の歯車

(2) かさ歯車　2 軸が交差する場合の伝動に最も多く用いられるのが，図 4.15 (c) のかさ歯車で，円すいと円すいの摩擦車に歯を付けたものである．

(3) ウォーム，ウォームホイール　図 4.15 (d) のように，90° の角度でかみ合う一方の歯車が直径の小さいねじ形の場合，これをウォーム（worm）といい，ウォームとかみ合う歯数の多いほうをウォームホイールという．ウォームホイールとウォーム

のかみ合う接触面積が大きいので，大きな荷重に耐えられ，また大きな回転比を容易に得られる．

(4) 歯車列　3枚以上の歯車を組み合わせて原動側と従動側の間に所要の回転比を得ることがある．これを**歯車列**という．図4.16 (a) はA，B，Cの3枚の平歯車のかみ合いを示す．A，B，Cの歯数をそれぞれz_A，z_B，z_Cとし，回転数をn_A，n_B，n_Cとすると，AとCの回転速度比r_{AC}は

$$r_{AC} = \frac{z_A}{z_B}\frac{z_B}{z_C} = \frac{z_A}{z_C} \tag{4.11}$$

となり，Bは単にC車の回転方向を変えるのみで，AとCの回転速度比には関係しない．一方，図 (b) では，軸1に取り付けた歯車Aと軸2の歯車Bがかみ合い，さらにBと同軸の軸2に取り付けた歯車Cが軸3に取り付けた歯車Dとかみ合っている．歯車AとBの間では

$$\frac{n_B}{n_A} = \frac{z_A}{z_B}$$

が成り立ち，また歯車CとDの間では，

$$\frac{n_D}{n_C} = \frac{z_C}{z_D}$$

が成り立つ．上の二つの式を辺々かけ合わせると，この歯車列の回転速度比r_{AD}は，次式となる．

$$r_{AD} = \frac{n_D}{n_A} = \frac{n_B}{n_A}\frac{n_D}{n_C} = \frac{z_A}{z_B}\frac{z_C}{z_D} \tag{4.12}$$

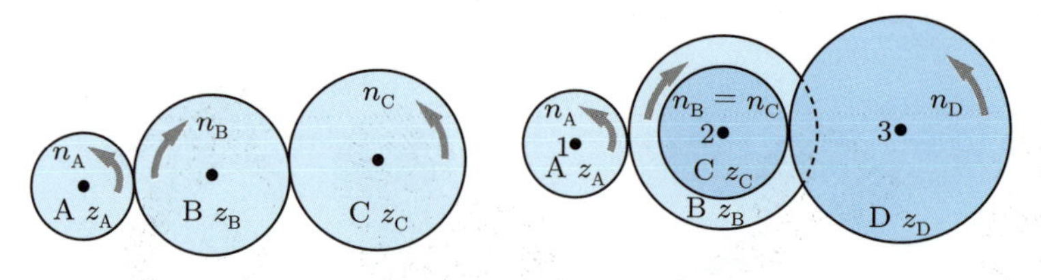

（a）AとB，BとCがかみ合い　（b）AとB，CとDがかみ合い

図4.16　歯車列

(5) 差動歯車列　図4.17 (a) のように，かみ合う一組の歯車A，Bの一方のBが，Aの歯車軸を中心にして公転するとき，公転する歯車Bを**遊星歯車**（planet gear），中心の歯車Aを**太陽歯車**（sun gear）といい，この歯車列を遊星歯車列という．

いま，太陽歯車Aにも回転を与えると，遊星歯車Bは公転以外にAの回転の影響も受ける．このように，太陽歯車A，遊星歯車Bおよびこれらを結ぶアームCのうち，いずれか二つに回転を与えると，他のひとつは，両者の作用を同時に受けて回転する．このような歯車列を**差動歯車列**（differential gear train）という．

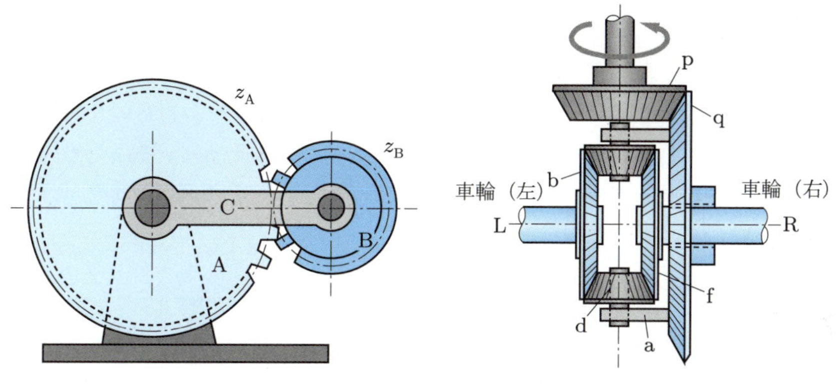

（a）差動歯車列

（b）自動車の車輪駆動用差動歯車装置

図 4.17　差動歯車列とその応用装置

図 4.17 (a) で，歯車 A，B がアーム C によって結ばれているとき，アーム C を A の中心のまわりに回転させる．A が n_A 回転し，アーム C が n_C 回転するとき，B の回転数 n_B を求めるのは，一度には考えにくいから，次のようにするとよい．

まず，A，B，C 間を固定したまま，n_C 回転する．これによってどの歯車も n_C 回転したことになる．次に，アーム C を固定し，中心を固定した歯車列として，A を $(n_A - n_C)$ 回転する．つまり，前の回転と打ち消し合って，A が n_A 回転するようにする．すると，B は $-(n_A - n_C)z_A/z_B$ 回転する．ここで，z_A，z_B は A，B の歯数とし，回転方向には正負を付け，反時計方向の回転を正とする．

求める B の回転数は，前の回転数 n_C に上の回転数を加えたものである．すなわち，

$$n_B = n_C - (n_A - n_C)\frac{z_A}{z_B} = \left(1 + \frac{z_A}{z_B}\right)n_C - \frac{z_A}{z_B}n_A \tag{4.13}$$

となる．以上の関係は，次の例題 4.7 のように，表の形にまとめるとわかりやすい．

例題 4.7　図 4.17 で，$z_A = 60$，$z_B = 30$ とする．A を反時計方向に 2 回転すると同時にアーム C を時計方向に 1 回転するとき，B はどのように回転するか．

解　計算すると表 4.1 のようになる．すなわち，B は時計方向に 7 回転する．

表 4.1　差動歯車列の計算

要　素	A	B	C
全体一体	−1	−1	−1
アーム固定	3	$-3 \times \dfrac{60}{30}$	0
合成回転	2	−7	−1

図 4.17 (b) は，自動車の車輪の駆動に実用される差動歯車列で，エンジンの回転はかさ歯車 p，q に伝わり，q のアーム a は左右の車輪軸 L，R のまわりを回転する．a 上の遊星歯車 d により太陽歯車 b，f が回転して，車輪軸 L，R を回転させる．自動車が直進しているときは，b，d，f は一体で，両車輪軸はアーム a と同じ回転数で回転する．自動車が曲がるときは，内側の車輪の抵抗が大きくなり，そのため内側の回転数は小さくなり，外側の回転数は大きくなる．しかし，その平均の回転数はアームの回転数に等しく一定で都合がよい．

4.7 カム

図 4.18 のように，特殊な形状の板 a が原動節になって回転すると，従動節 b は上下に複雑な動きをする．このような特殊な形状の原動節に回転や直線運動を与えて，従動節に複雑な運動をさせる装置をカム装置といい，特殊な形状をもった節を**カム**（cam）という．

図 4.19 に各種のカムを示す．図 (a) のカムを板カムといい，内燃機関の弁の開閉などに使用される．図 (b) は円筒カムといい，カムと従動節の接触点の軌跡が立体曲

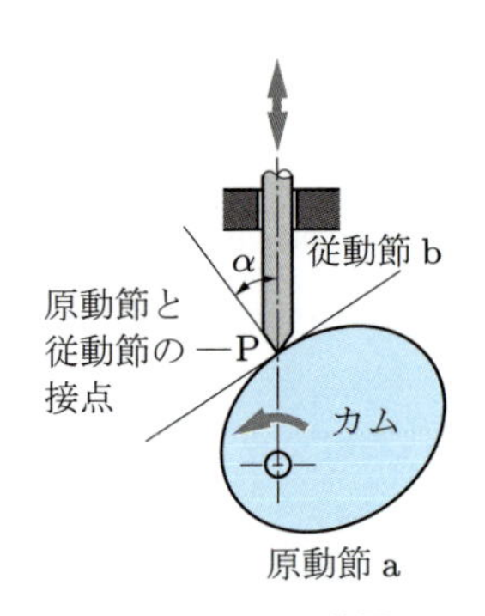

図 4.18　カム装置

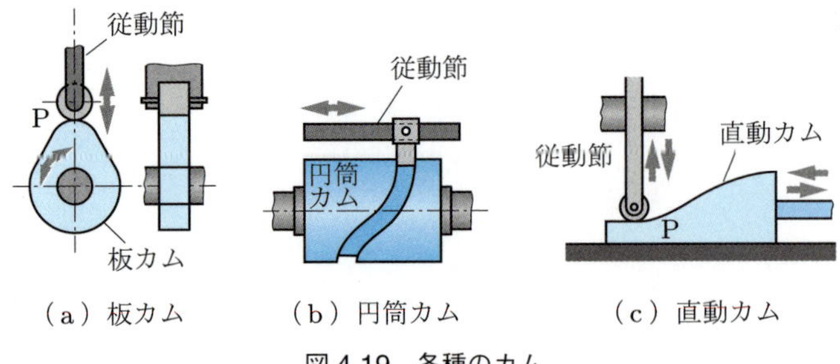

（a）板カム　（b）円筒カム　（c）直動カム

図 4.19　各種のカム

線であるので，立体カムともいう．図 (c) はカムの水平直動の往復運動によって従動節に垂直往復運動を与えるもので，直動カムとよぶ．

カムと従動節の接触点では，摩擦による摩耗を生じやすい．そこで，図 4.19 (a), (c) のように従動節にローラを付ける場合もある．

また，図 4.18 のカムと従動節の接点 P において，カムの輪郭曲線に立てた法線と，従動節の軸線のなす角 α をカムの圧力角という．この圧力角が大きくなると，カムが従動節の軸と直角方向に従動節に与える分力が大きくなり，伝動の効率が悪くなるので，圧力角は一般に 30° 以内にしている．

演習問題

4.1 図 4.1 (f) の対偶の運動の種類と自由度を示せ．

4.2 図 4.13 (a) の単ブロックブレーキで，ブレーキ輪が時計回りのとき，ブレーキにはたらく力 F を求めよ．ただし，P をブレーキ片をブレーキ輪に押し付ける力，μ をブレーキ輪とブレーキ片の摩擦係数，a，b，c をそれぞれ図示部分の長さとする．

4.3 モジュール $m = 3$ mm の 1 組の平歯車がかみ合って原動軸の速度を 1/3 にして従動軸に伝えている．軸間距離が 150 mm として，原動側と従動側の歯車の歯数を求めよ（両歯車のピッチ円の直径を D_1，D_2 とすると，軸間距離は $(D_1 + D_2)/2$ となることを利用せよ）．

4.4 図 4.16 (b) の歯車列で，それぞれの歯数が $z_A = 10$，$z_B = 40$，$z_C = 11$，$z_D = 66$ のとき，A を 60 回転させると D が何回転するかを求めよ．

4.5 原動側の回転運動から従動側の直線運動を得る機構を三つあげよ．

4.6 1.3 節を参照し，図 4.10 の自転車の四つの主要部（入力部，伝達部，出力部，保持部）はそれぞれ何かを示せ．

5 機械設計・製図

機械設計は実際の製造過程で非常に重要な位置を占めている．製品は材料の調達，製造，検査，組立てなどの段階（図 1.2 参照）を経てつくられるので，部品数 100 で製作したものが 80 で製作できればコストが大きく違う．このようなことが，設計の段階でほぼ決まってしまうことを十分に認識しなければならない．

設計によって決定された機械部品は，日本工業規格（JIS）に従って図面に表現され，製造工場だけでなく部品調達部門，検査部門，企画部門などのいろいろな部門で多くの人が利用する．また，実際の部品は 3 次元だが，これを 2 次元に置き換えて理解し，部品相互の位置関係を十分に理解しておかなければ，矛盾のない図面を短時間に描くことはできない．

5.1 機械要素設計

機械装置を分解すると，軸や歯車などの主要な機械要素に分けられる．それらにおける基本的な強度設計は，一般に材料力学で学ぶ基礎式に経験を加味した実用式で行われる．この節では，ねじ，軸，軸受，キー，歯車などの強度計算を中心に，設計の最も基礎的なことがらについて述べる．その他，慣性モーメントと設計についてもふれる．

5.1.1 許容応力と安全率

機械要素の強度の検討では，材料の破壊を防ぐために，材料にはたらく最大応力がその材料の**許容応力**（allowable stress）を超えないように形状や寸法を決定する．許容応力は次式で定義される．

$$\text{許容応力} = \frac{\text{材料の強度}}{\text{安全率}} \tag{5.1}$$

材料の強度とは，それ以上の応力が作用すると材料が破壊される応力で，材料試験で得られる．また，**安全率**（safety factor）は，一般に表 5.1 の値を参考にする．一般的な鉄鋼の常温での許容応力を表 5.2 に示す．表より，軟鋼で強度が不足する場合には Ni－Cr 鋼で検討すればよいことがわかる．

一方，材料に繰り返して力がはたらく場合は，静的強度より低い荷重で破壊される（疲労破壊，2.2.2 項 (4) 参照）ので，使用応力が疲労限度を超えないように設計しな

表 5.1　安全率

材　料		鋼	鋳鉄	木材
静荷重		3	4	7
繰返し荷重	片振り	5	6	10
	両振り	8	10	15

表 5.2　許容応力 [N/mm^2]

応　力	荷　重	鋳　鉄	軟　鋼	Ni－Cr 鋼
引張り	a	30	90～150	120～180
	b	18～20	50～100	80～120
	c	10～15	30～60	40～90
せん断	a	30	72～120	96～144
	b	18～20	43～80	64～96
	c	10～18	24～48	32～72

a: 静荷重
b: 荷重の大きさが周期的変動
c: 荷重の大きさと方向が周期的変動

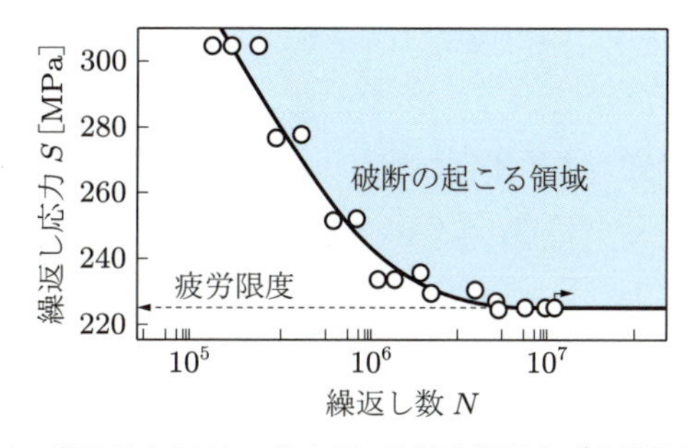

図 5.1　炭素量 0.34% の炭素鋼の片持ち回転曲げ疲労試験結果

ければならない．たとえば，図 5.1 に示した炭素量 0.34% の炭素鋼の片持ち回転曲げ疲労試験結果では，約 225 MPa 以下の応力であれば，負荷が繰返し作用しても破壊されないことがわかる．

5.1.2　ねじ

(1) 種類と用途　図 5.2 のように，直角三角形の紙を円筒に巻き付けたときのらせんに沿って溝をつくると，ねじ（screw thread）になる．右巻きにすると右ねじ，左巻きにすると左ねじになる．一般には右ねじが多く，左ねじは機械が右回転する部分で回転による緩みを避ける場合などに使われる．ねじの 1 回転で進む距離 l をリード

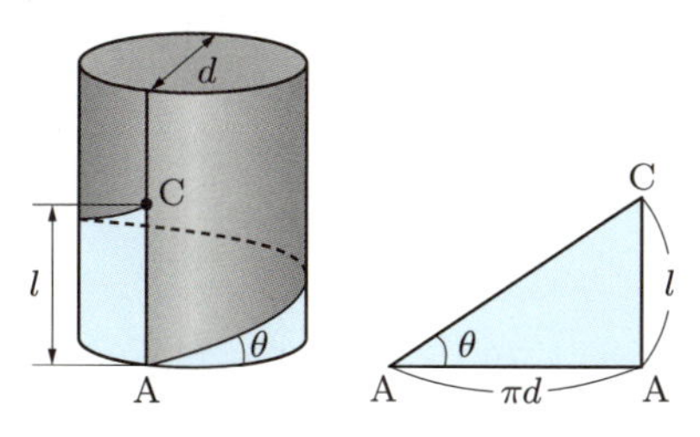

図 5.2　ねじ（右ねじ）と斜面の対応

(lead)，角 θ をリード角（lead angle）といい，円筒の直径 d とは次式の関係になる．

$$\tan\theta = \frac{l}{\pi d} \tag{5.2}$$

隣り合うねじ山間の距離 p を，ピッチ（pitch）という．**リードとピッチ**には，次式の関係があり，n を**条数**という．

$$l = np \tag{5.3}$$

一般には $n = 1$ で，1条ねじとよぶ．$n > 1$ のとき，多条ねじという．

一般に使われているメートル並目ねじのよびの表し方は M16 × 2 のように示し，16 はおねじの外径，2 はピッチを示す．ねじ山断面の形を変えることにより図 5.3 の各種のねじが得られる．主として三角ねじは締付用に，台形ねじは旋盤などの親ねじに，角ねじはプレス機械などの大きな力が必要なところに，ボールねじは運動用に使用される．

(2) 引張荷重，せん断荷重が作用するねじ　図 5.4 のように，連結部分に引張力 F やせん断力 F_s が作用する場合には，その力をねじの谷の直径で支えられるようなねじを選ぶ．許容引張応力を σ_a，ねじの谷径を D，引張力を F とすると，次式が成り立つ．

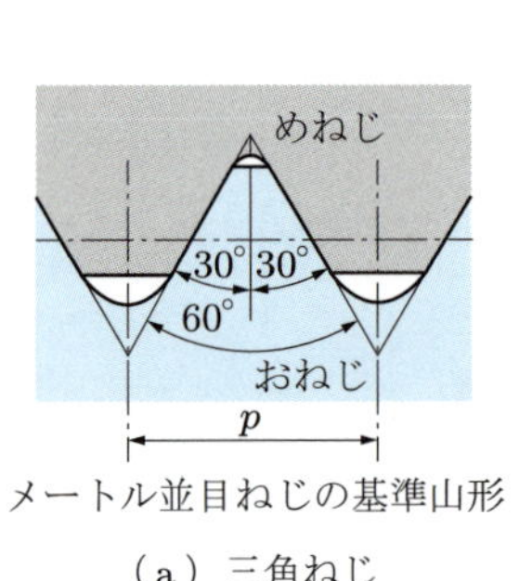

（a）三角ねじ

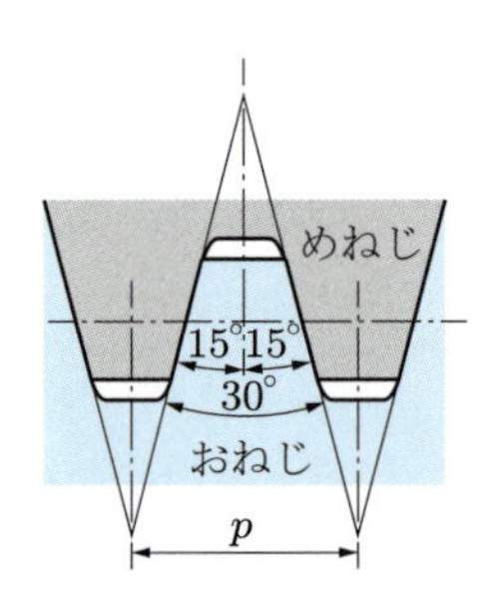

（b）台形ねじ

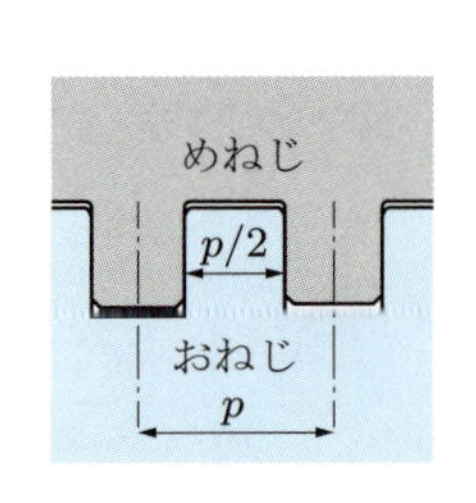

（c）角ねじ

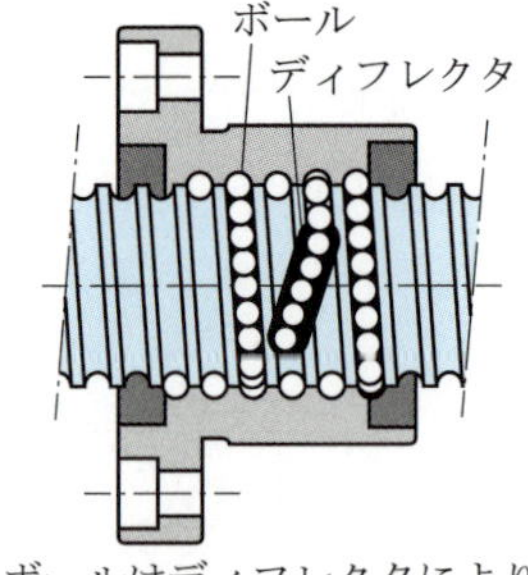

（d）ボールねじ

図 5.3　さまざまなねじ

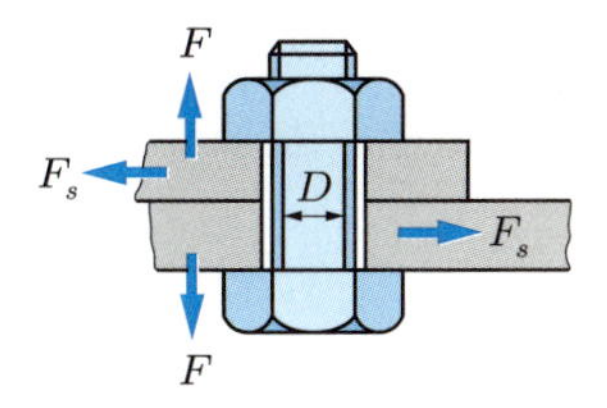

図 5.4　ねじに作用する力

$$F = \frac{\pi}{4} D^2 \sigma_a$$

これより，谷径は次式になり，この値より大きな谷径のねじを規格より選択する．

$$D = \sqrt{\frac{4F}{\pi \sigma_a}} \tag{5.4}$$

また，せん断力 F_s をねじ部で受ける場合は，式 (5.4) の F を F_s に，また σ_a を τ_s（許容せん断応力）に置き換えればよい．

(3) ねじに作用する力とトルク　角ねじの斜面における力の関係を図 5.5 に示す．上方からの力 W を押し上げるための力 P は，ねじを回すトルク T によって生じるので，水平方向に作用する．斜面方向 HH′ の力のつり合い式をつくって P と T を求めると，それぞれ次式となる．

HH′ 方向のつり合い式：$P\cos\theta = \mu V + W\sin\theta$

$$V = P\sin\theta + W\cos\theta$$

$$P = \frac{\tan\theta + \tan\rho}{1 - \tan\theta\tan\rho} W = W\tan(\rho + \theta) \tag{5.5}$$

$$T = \frac{D_2}{2} P = \frac{D_2}{2} W\tan(\rho + \theta) \tag{5.6}$$

ここで，V は斜面に垂直方向の力，θ はねじのリード角，D_2 はねじの有効径（ねじ山の幅とねじ溝の幅が等しくなる軸の直径．角ねじでは，ねじ山高さの半分の位置にな

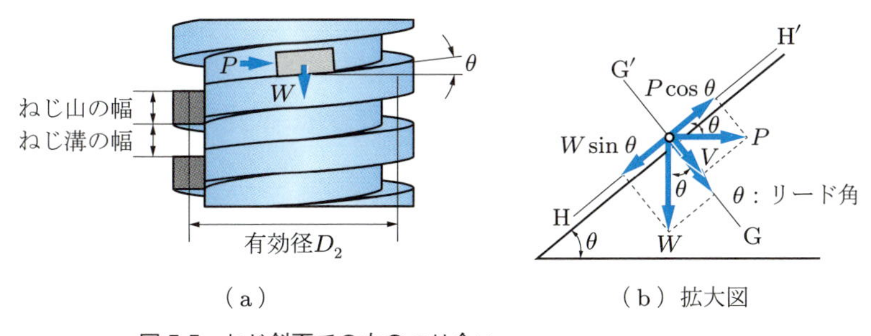

図 5.5　ねじ斜面での力のつり合い
((b) の θ は図をみやすくするため大きくしている)

る)，摩擦係数 $\mu = \tan\rho$（鋼ねじでは $\mu \fallingdotseq 0.15$〜0.2，ρ は摩擦角）である．なお，W を下ろすときは式 (5.6) 中の $\tan(\rho+\theta)$ は $\tan(\rho-\theta)$ となる．

三角ねじの場合は，図 5.3 (a) に示すように，ねじ山の角度が $2\phi = 60°$ なので，摩擦力に関わる斜面に垂直な力の方向が W や P の方向と異なり，見掛けの摩擦係数 μ' が次式で表される．分母の $\cos\phi < 1$ だから $\mu' > \mu$ となり，角ねじより緩みにくくなる．

$$\tan\rho' = \mu' = \frac{\mu}{\cos\phi} \tag{5.7}$$

ここで，μ' は見掛けの摩擦係数，ρ' は見掛けの摩擦角である．

式 (5.6) は，荷重 W が作用するねじの回転のために必要なトルクだが，ボルトを締め付けるときには，このほかにボルト頭の座面と被締付材の接触面に摩擦があるため，この摩擦力に対するトルクがさらに必要となる．μ_a をボルト頭座面と被締付材の摩擦係数，D_a をボルト頭座面の平均直径とすると，軸方向に荷重 W が作用するボルトを締め付けるのに必要なトルク T は，有効径での力に半径をかけた値と，ボルト頭座面での荷重に半径をかけた値なので，次式になる．

$$T = \frac{D_2}{2} W \tan(\rho' + \theta) + \frac{D_a}{2} W \mu_a \tag{5.8}$$

例題 5.1 ボルトを締め付けていくと，ボルトには引張力が作用する．このとき，ボルトで支えられる引張荷重 =（材料の降伏応力）×（谷径での断面積）である．以下の問いに答えよ．

(1) M20 × 2.5 のボルトで支えられる引張荷重を求めよ．谷径は 17.3 mm，降伏応力は 250 MPa とする．

(2) その引張荷重をボルトに発生させるのに必要なトルクを求めよ．ねじの有効径を 18.4 mm，ねじ面およびねじ座面における摩擦係数を 0.15，ボルト座面の有効直径は 25 mm とする．

解 (1) 250 [MPa] = 250×10^6 [Pa] = 250 [N/mm^2] である．したがって，支持できる荷重はこれに谷での断面積をかけて，次式となる．

$$\frac{250 \times \pi \times 17.3^2}{4} \fallingdotseq 58.8 \text{ [kN]}$$

(2) ねじのリード角 θ は $\tan\theta = 2.5/(\pi \times 18.4)$ より $\theta \fallingdotseq 2.48°$，見掛けの摩擦角 ρ' は式 (5.7) より $\rho' = \tan^{-1}(0.15/\cos 30°) \fallingdotseq 9.8°$，締付トルクは式 (5.8) より次式となる．

$$T = 58.8\left\{\frac{18.4}{2}\tan(2.48 + 9.8) + 0.15 \times \frac{25}{2}\right\} \fallingdotseq 228 \text{ [N·m]}$$

5.1.3 キ　ー

キー（key）は歯車やベルト車などを回転軸に取り付けるとき，図 5.6 (a) のように使う．また，その断面は図 (b) のようになる．キーの幅を b，高さを h，長さを l，軸の直径を d，伝達トルクを T とする．図 5.7 のように，軸が時計方向に回転するとき，キーの下部は軸のキー溝面から右向きの圧縮力を受け，キーの上部は同様にボスのキー溝面から反対方向の圧縮力を受ける．また，キーの中央部はせん断力を受ける．トルク T によって，キーの幅 b と長さ l の面に生じるせん断応力 τ は次式となる．

$$\tau = \frac{T/(d/2)}{bl} = \frac{2T}{dbl}$$

また，圧縮応力 σ は次式となる．

$$\sigma = \frac{T/(d/2)}{(h/2)l} = \frac{4T}{dhl}$$

これらの値が材料の許容応力より小さくなるように，キーの寸法を検討する．

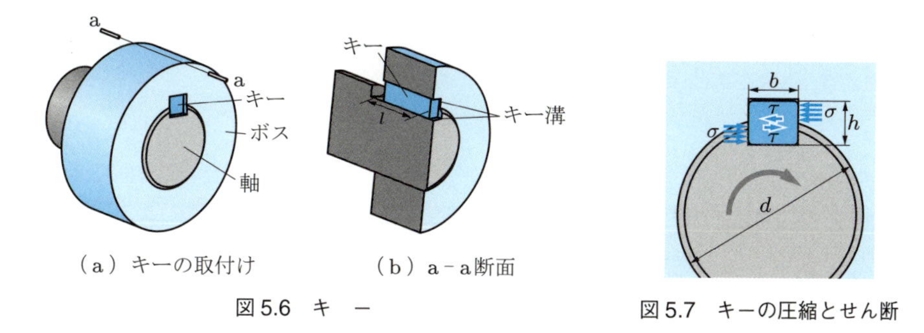

（a）キーの取付け　（b）a - a断面

図 5.6　キ　ー

図 5.7　キーの圧縮とせん断

5.1.4 歯　車

(1) 動力の伝達　図 5.8 の歯車列で原動軸の歯車 A (回転数 n_{A}，トルク T_{A}，歯数 z_{A}，ピッチ円の直径 d_{A}) から従動軸の歯車 B (同様に n_{B}，T_{B}，z_{B}，d_{B}) に回転が伝

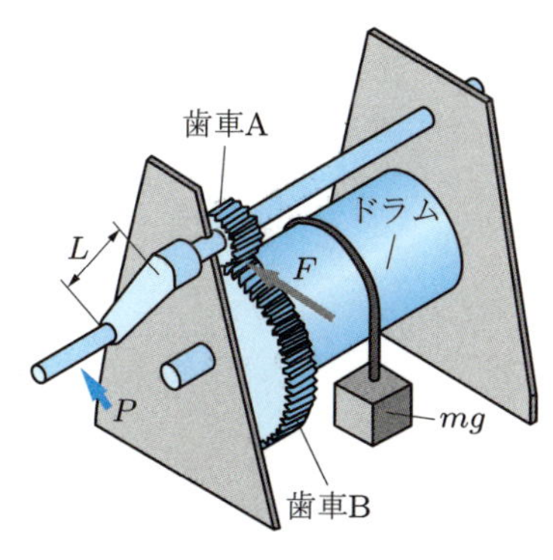

図 5.8　歯車列

達されるときを考える．各軸のトルクは $T_{\mathrm{A}} = Fd_{\mathrm{A}}/2$，$T_{\mathrm{B}} = Fd_{\mathrm{B}}/2$ である．また，式 (4.10) より次式となる．

$$T_{\mathrm{B}} = \frac{z_{\mathrm{B}}}{z_{\mathrm{A}}} T_{\mathrm{A}} \tag{5.9}$$

$$n_{\mathrm{B}} = \frac{z_{\mathrm{A}}}{z_{\mathrm{B}}} n_{\mathrm{A}} \tag{5.10}$$

式 (5.9)，(5.10) より，歯数の比 $(z_{\mathrm{A}}/z_{\mathrm{B}})$ が1より小さいときには，原動軸の回転数よりも従動軸側の回転数のほうが下がるが，トルクは大きくなる．ウインチは，この関係を使って小さい力で大きなものを動かしている．

例題 5.2　図5.8のウインチで，$P = 150$ [N]，$L = 500$ [mm]，ドラム直径 $D = 1600$ [mm] のとき，質量 $m = 300$ [kg] を持ち上げるのに必要な歯車AとBの歯数の比はいくらか．

解　歯車Aの軸に生じるトルク T_{A} は $T_{\mathrm{A}} = P \times L = 150 \times 500 = 75000$ [N・mm]，同様に，歯車Bの軸では $T_{\mathrm{B}} = mg \times d/2 = 300 \times 9.8 \times 800 = 2352000$ [N・mm] である．したがって，式 (5.9) より次式となる．

$$\frac{z_{\mathrm{A}}}{z_{\mathrm{B}}} = \frac{T_{\mathrm{A}}}{T_{\mathrm{B}}} = \frac{75000}{2352000} = \frac{1}{31.36}$$

ここで，$z_{\mathrm{A}}/z_{\mathrm{B}}$ を $1/31$ とするとトルク T_{B} が不足して，負荷を持ち上げることができなくなるので，$z_{\mathrm{A}}/z_{\mathrm{B}} = 1/32$ にする必要がある．

(2) 歯車の曲げ強さと面圧強さ　一対の歯車のかみ合いは，図5.9のACに沿って紙面に垂直な歯面上を接触位置が移動するようにして行われる．そして，歯車の強度検討では，作用線上に沿って相手の歯車から力を受け，最も壊れやすい歯先の点Aで接触したときを検討する．F_{v} は歯車の中心方向に向かう力の成分で，図5.9の面BCを通して歯車軸に垂直に作用する力となるので，軸直径の計算で考慮する．一方，F_{h} は図5.9の面BCを片持ちはりの根元としたはりの先端に作用する力となるので，歯車の曲げ強さと面圧強さについて検討する．

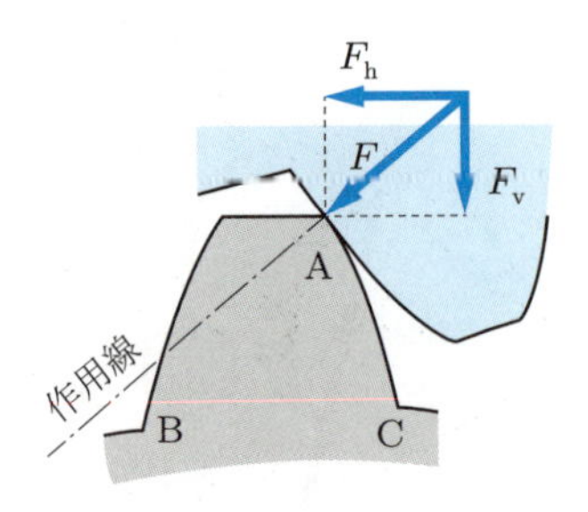

図5.9　歯面にはたらく力

歯車の先端Aにはたらく分力 F_{h} によって，歯車の歯は曲げられ，その力を歯元の面BCで支えるとして求めた曲げ強さの式（ルイスの式）が次式となる．

$$F_{\mathrm{h1}} = \pi \sigma_{\mathrm{a}} m b y$$

ここで，σ_{a} は許容曲げ応力，m は歯車のモジュール，b は歯車の歯幅，y は歯形係数である．歯形係数は，ルイスの式を経験値と合わせるための補正係数で，歯数12のときに0.078，歯数50のときに0.130と，歯数とともに増加する．次に，歯面の接触位置では接触応力が繰返し作用するので，歯面の強度が求められる．歯車の接触を二つの平行な円柱の接触とみなしたヘルツの応力式によって，面圧強さの式 F_{h2} は次式で与えられる．

$$F_{\mathrm{h2}} = f_{\mathrm{v}} k d b \frac{2 z_2}{z_1 + z_2}$$

ここで，f_{v} は速度係数で，速度が大きくなると値が小さくなる．また，k は接触応力係数で，接触する歯車の歯面の硬さによって異なる．d はピッチ円の直径，b は歯幅，z は歯数である．以上のように，F_{h} が F_{h1} と F_{h2} の値を超えないように設計する．

5.1.5 軸

(1) 軸の負荷状態の分類　負荷状態が図5.10の三つの基本的な場合を考える．図(a)では負荷 W が軸に固定されずに空回りするように付けられた場合で，最大曲げモーメントの部分で破壊されない軸径を選ぶ．図(b)は動力伝達のためのねじりと負荷 W が軸受の近くで作用する場合で，ねじりが曲げより強く影響する場合である．図(c)では力 F が軸受から離れて作用するため，ねじりと曲げの両者を考慮する場合である．

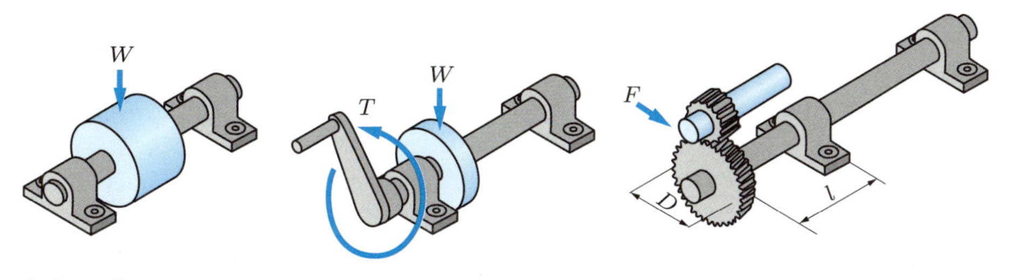

（a）曲げモーメントを受ける軸　（b）ねじりモーメントを受ける軸　（c）曲げモーメントとねじりモーメントを受ける軸

図5.10 軸径の計算における主な負荷

ここで，d は軸径 [mm]，D は歯車のピッチ円直径，T はねじりモーメント [N · mm]，M は最大曲げモーメント [N · mm]，n は軸の回転数 [rpm]，τ_{a} は許容ねじり応力 [N/mm^2]，σ_{a} は許容曲げ応力 [N/mm^2]，l はオーバーハング長さ [mm]，G は横弾性係数 [N/mm^2]，θ はねじれ角 [rad]，L は動力 [kW] として，それぞれの場合について説明する．

(2) 曲げモーメントを受ける軸　図5.10 (a) の場合，材料の最大曲げモーメントと軸径の関係は次式で与えられるので，この直径より大きな軸を選ぶ．

$$d = \sqrt[3]{\frac{32M}{\pi\sigma_{\mathrm{a}}}} \tag{5.11}$$

(3) ねじりモーメントを受ける軸　まず，伝達される動力と軸に発生するトルクの関係を図5.10 (c) で考える．直径 D [mm] の位置で力 F [N] が作用し，n [rpm] で回転して動力 L [kW] が伝達されるとする．動力は単位時間あたりの仕事量なので，次式が成り立つ．

$$\begin{aligned} L \times 10^3 &= \frac{\text{仕事}}{\text{時間}} = \frac{\text{力} \times \text{距離}}{\text{時間}} = \text{力} \times \text{速度} \\ &= F \times \frac{\pi D n}{1000 \times 60} = F\left(\frac{D}{2 \times 1000}\right)\frac{2\pi n}{60} = T\frac{2\pi n}{60} \end{aligned}$$

$$\therefore T = \frac{60L}{2\pi n} \times 10^6 \ [\mathrm{N \cdot mm}] \tag{5.12}$$

図5.10 (b) におけるねじりモーメント T とねじれ角 θ を考慮した軸径は，次のいずれかの式となる．

$$d = \sqrt[3]{\frac{16T}{\pi\tau_a}} \tag{5.13}$$

$$d = \sqrt[4]{\frac{32T}{\pi G\theta}} \tag{5.14}$$

一般には式 (5.13) でよいが，ねじれ角の許容値を考慮する場合は式 (5.14) を使う．普通の伝動軸では，θ は軸の長さ 1 m について 0.0044 rad 以下で設計される．

(4) ねじりモーメントと曲げモーメントを同時に受ける軸　図5.10 (c) の場合，軟鋼軸のような延性材料では，

$$T_{\mathrm{e}} = \sqrt{M^2 + T^2} \tag{5.15}$$

の**相当ねじりモーメント**が単独に軸に作用するものとして，式 (5.13)，(5.14) で $T = T_{\mathrm{e}}$ として軸径を決める．一方，焼入れ材や鋳鉄などのぜい性材料では，

$$M_{\mathrm{e}} = \frac{1}{2}\left(M + \sqrt{M^2 + T^2}\right) \tag{5.16}$$

の**相当曲げモーメント**が単独に曲げモーメントとして作用するものとして，式 (5.11) で $M = M_{\mathrm{e}}$ として計算する．

例題 5.3 図 5.10 (c) で $F = 250$ [N]，$D = 400$ [mm]，$l = 450$ [mm] のとき，相当ねじりモーメントと相当曲げモーメントで検討した場合の軸径を求めよ．ただし，軸の許容ねじり応力は 3 MPa，許容曲げ応力は 4.5 MPa とする．

解 ねじりモーメントは $T = F \times D/2 = 250 \times 200 = 5 \times 10^4$ [N · mm]，曲げモーメント M は $M = F \times l = 250 \times 450 = 11.25 \times 10^4$ [N · mm] である．したがって，相当ねじりモーメントは，式 (5.15) より次式となる．

$$T_{\mathrm{e}} = \sqrt{(11.25 \times 10^4)^2 + (5 \times 10^4)^2} \fallingdotseq 12.311 \times 10^4 \ [\mathrm{N \cdot mm}]$$

軸径は，ねじりモーメントを受ける場合の式 (5.13) より次式となる．

$$d_{\mathrm{t}} = \sqrt[3]{\frac{16 \times 12.311 \times 10^4}{\pi \times 3}} \fallingdotseq 59.3 \ [\mathrm{mm}]$$

相当曲げモーメントは，式 (5.16) より次式となる．

$$M_{\mathrm{e}} = \frac{1}{2}(M + \sqrt{M^2 + T^2}\,) = \frac{1}{2}(11.25 \times 10^4 + 12.311 \times 10^4)$$
$$\fallingdotseq 11.78 \times 10^4 \ [\mathrm{N \cdot mm}]$$

軸径は，曲げモーメントを受ける場合の式 (5.11) より次式となる．

$$d_{\mathrm{m}} = \sqrt[3]{\frac{32 \times 11.78 \times 10^4}{\pi \times 4.5}} \fallingdotseq 64.36 \ [\mathrm{mm}]$$

相当曲げモーメントによる直径のほうが大きいので，64.36 mm より大きな直径にする．

5.1.6 軸継手

(1) 軸継手の種類 軸と軸を連結するための機械要素を軸継手（shaft coupling）という．図 5.11 に示す固定軸継手（軸心にずれがない），たわみ軸継手（軸心がわずかにずれる）などがある．一方，回転中に連結・切断できる軸継手をクラッチという．

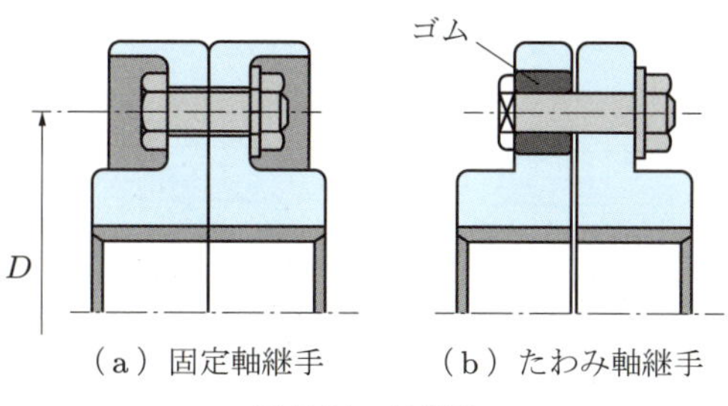

図 5.11 軸継手

(2) フランジ型固定軸継手の強度 図 5.11 (a) でボルト径 d，ボルトの中心円の径 D，ボルト本数 n，ボルトの許容せん断応力 τ_{a}，伝達トルク T，ボルトに生じるせん断応力 τ とする．n 本のボルトで伝達トルク T によるせん断力を支える条件式を立てる.

$$T = \frac{\pi}{4}d^2\tau n\frac{D}{2} \text{ より } \tau = \frac{8T}{\pi n d^2 D}$$

ボルトが折れないために $\tau < \tau_a$ となるように検討する.

5.1.7 軸　受

(1) 軸受の種類　回転軸を支える機械要素を軸受（bearing）という．表5.3のように，油膜を介して軸と軸受が接触する**すべり軸受**（sliding bearing）と，玉やころを介して接触する**転がり軸受**（rolling bearing）に大別される.

表5.3　軸受の分類

	ラジアル軸受	スラスト軸受	テーパ軸受
すべり軸受			
転がり軸受	負荷		

転がり軸受は規格化された製品があって使いやすい利点があるが，騒音，衝撃，回転精度などの問題がある．一方，すべり軸受は潤滑を十分に行えば静粛で回転精度が高い長所があるが，潤滑装置の保守管理が必要である.

また，負荷の作用方向によって大別され，負荷が軸に対して直角に作用する場合には**ラジアル軸受**，軸方向に作用する場合は**スラスト軸受**，軸方向・軸直角方向に同時に作用する場合は**テーパ軸受**を使う.

(2) すべり軸受　単体すべり軸受を図5.12 (a) に示す．最も簡単なものには，軸受

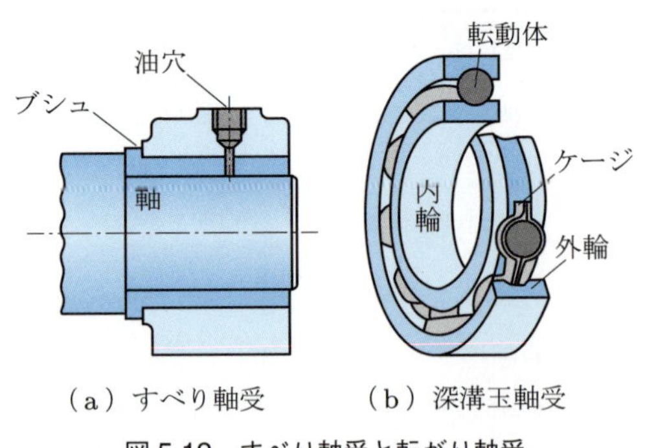

（a）すべり軸受　（b）深溝玉軸受

図5.12　すべり軸受と転がり軸受

の穴に軸を入れるだけのものもある．また，軸と軸受の間にブシュを入れる場合もある．ブシュは青銅やホワイトメタルなどの軟質金属でつくられ，軸受を保護して消耗時は交換する．このほかに，上下に分割できる分割型すべり軸受や自動給油のオイルリング軸受などがある．設計では，油膜が切れないように軸受圧力や回転数などの使用条件を検討する．

(3) 転がり軸受　転がり軸受の代表的な例である深溝玉軸受の構造を図 5.12 (b) に示す．ケージ（保持器）のなかに金属製の転動体が入り，それを内輪と外輪で挟んでいる．転がり軸受には，大別して転動体が鋼球の玉軸受と，ころの場合のころ軸受があり，使用にあたっては，規格化された製品のなかから選ぶ．選択するときは，軸受にかかる負荷，使用回転数，連続使用時間などを考慮する．

5.1.8 慣性モーメントと設計

図 5.13 の電動ウインチは動力（モータ），動力伝達部（歯車），運動制御部（ブレーキ），回転軸で構成される．たとえば，負荷が最高速度に達する時間や，決められた時間で停止させるのに必要なブレーキトルクなどを検討する場合は，装置全体の回転のしにくさを表す慣性モーメント（詳しくは 6.2 節で説明する）とトルクを検討する．

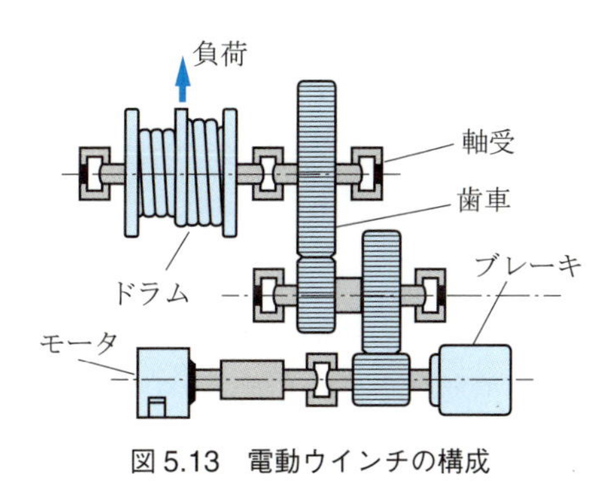

図 5.13　電動ウインチの構成

直線運動と回転運動はその物理量が次式となり，質量が慣性モーメントに，加速度が角加速度に対応している．

$$\left.\begin{array}{l}\text{力 } F = \text{質量 } m \times \text{加速度 } \alpha \\ \text{トルク } T = \text{慣性モーメント } I \times \text{角加速度 } \dot{\omega} \\ \text{直線運動エネルギー} = \dfrac{1}{2}mv^2 \\ \text{回転運動エネルギー} = \dfrac{1}{2}I\omega^2 \end{array}\right\} \tag{5.17}$$

ここで，角加速度は角速度 ω を時間で 1 回微分したもので $\dot{\omega} = \mathrm{d}\omega/\mathrm{d}t$ である．

式 (5.17) の第2式より装置全体の慣性モーメント I を大きく設計すると，角加速度 $\dot{\omega}$ が小さくなり，負荷が最高速度に達する時間が長くかかることになる．時間 t での関係は，式 (5.17) 第2式を解いて次式になる．

$$t = \frac{I}{T}(\omega - \omega_0) \tag{5.18}$$

図 5.13 の例で簡単に説明する．トルクには回転速度を上げる方向に作用するモータトルクのほかに，下げる方向に作用する負荷トルクや摩擦抵抗トルクがあるので，上げる方向のトルクを正とする．

慣性モーメントは負荷，軸，歯車などの個々の装置について求める．次に，これらの個々のトルクと慣性モーメントを，エネルギー保存則によってモータ軸での値に換算する．換算された結果を式 (5.18) に代入すれば，角速度 ω に達する時間が得られる．

例題 5.4　図 5.13 の例で，モータが回転を始めてから定常角速度 20 rad/s に到達するまでの時間を求めよ．なお，トルクや慣性モーメントはモータ軸に換算して次の値とする．モータトルク $T_\mathrm{m} = 20$ [N·m]，負荷トルク $T_\mathrm{L} = 8$ [N·m]，軸受などの摩擦抵抗トルク $T_\mathrm{f} = 2$ [N·m]，ブレーキトルク $T_\mathrm{B} = 0$，装置全体の慣性モーメント $I_\mathrm{D} = 2.5$ [kg·m^2]，巻上げ負荷の慣性モーメント $I_\mathrm{W} = 1.5$ [kg·m^2]．

解　式 (5.18) を使う．T_m 以外は減速作用なので負となることに注意する．

$$t = \frac{I}{T}(\omega - \omega_0) = \frac{2.5 + 1.5}{20 - 8 - 2 - 0}(20 - 0) = 8 \text{ [s]}$$

5.2　機械製図

3次元の品物を2次元で表すために投影法が考案され，複雑な部品でも紙の上に自由に表現できるようになった．図面はエンジニアが自分の考えを伝えるための手段であるので，十分に身に付ける必要がある．ここでは，基本的な製図の方法と製品精度に関連する事項について述べる．

5.2.1　製図の基礎

機械製図では，投影法として図 5.14 に示す**第三角法**を使う．品物の形状が最もよくわかる方向からみたものを**正面図**とし，右からみた図（**右側面図**），左からみた図（**左側面図**），上からみた図（**平面図**）とし，それぞれを正面図の面に展開する．また，斜め上方向から品物をみたように描く等角投影図の追加によって，形状の理解を助けることもある．

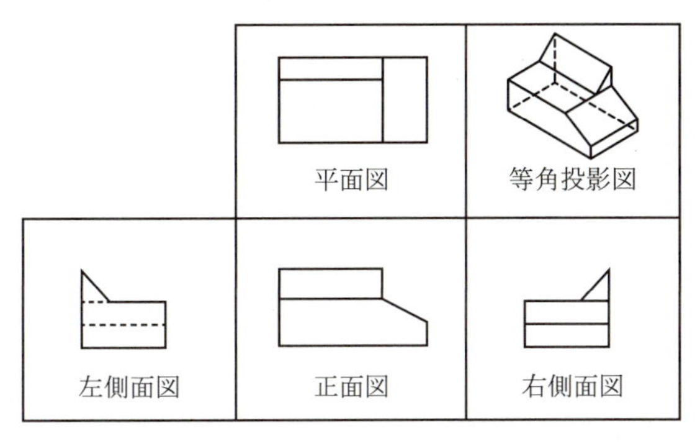

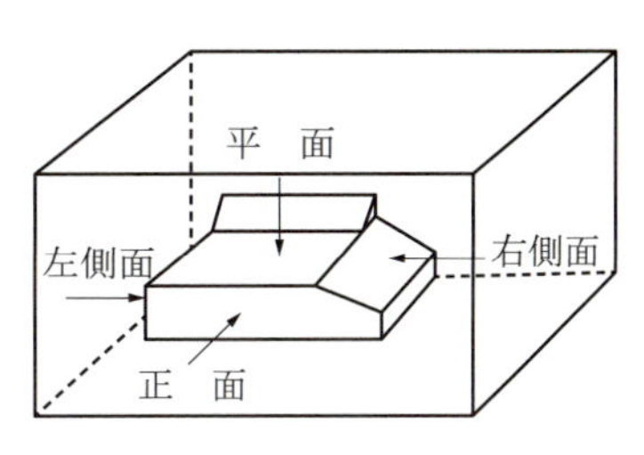

図 5.14 第三角法による製図

製図には，必要とする明瞭さおよび細かさを保つことができる最小の用紙を使う．表 5.4 に示すように，図面では線の種類や太さによって意味合いが異なるので，その規定により表現しなければならない．

表 5.4 主な線の使い方

線の種類	定　義	一般的用途	線の太さ
━━━━	太い実線	みえる部分の外形線	線の太さは0.25, 0.35, 0.5, 0.7, 1, 1.4 mmから選ぶ．太線と細線の比は2:1以上とする．
────	細い実線	寸法線，引出線	
------	細い破線	隠れた部分の外形線	
─·─·─	細い一点鎖線	図形の中心線	
─··─··─	細い二点鎖線	想像線	
〜〜〜	フリーハンドの細い実線	取去り部分の境界線	
//////	細い実線(ハッチング)	断面の切り口	
━─·─┛┏─·─━	細い一点鎖線の端部と角部を太線	断面位置	

品物に中空の部分がある場合は隠れ線で表すが，多くの線が重なってかえって不明瞭になることが多い．このようなときは，断面図で示したほうがわかりやすい．対称形の品物は，図 5.15 のように外形図の半分と全断面図の半分を組み合わせて示すこともある．このとき，両者の境目に外形線は入れず，また切断箇所を示す切断線は省略する．断面図では，切断された面だけでなくその向こう側にあるものはすべて描くことが原則である．基本中心線でない位置での断面図では，切断の位置と断面をみる方向を必ず記入する．なお，JIS では図 5.16 に示した歯車の歯，アーム，リブなどの要素は長手方向に切断しないので注意する．

ボルト，歯車，軸受などの正確な形状や寸法などが必要でない組立図中では，図 5.17 の簡略図示方法が認められている．

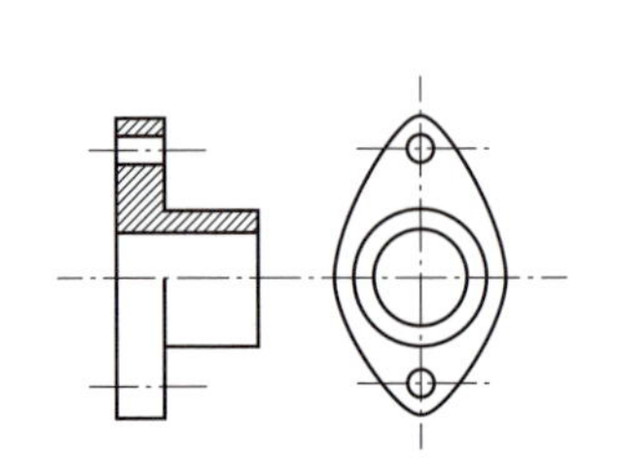

図 5.15 対称形部品の片側断面図

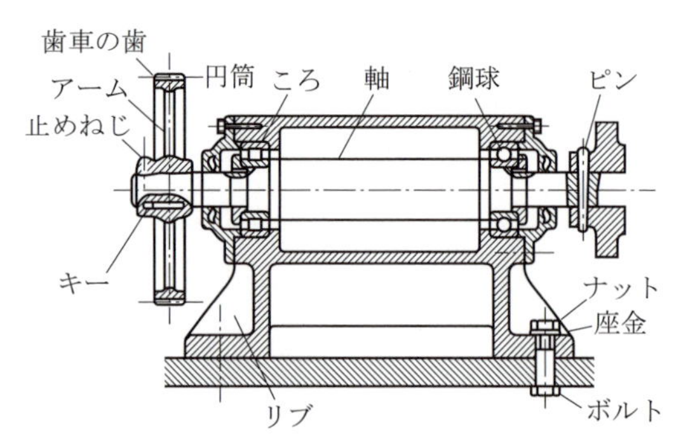

図 5.16 切断しない要素

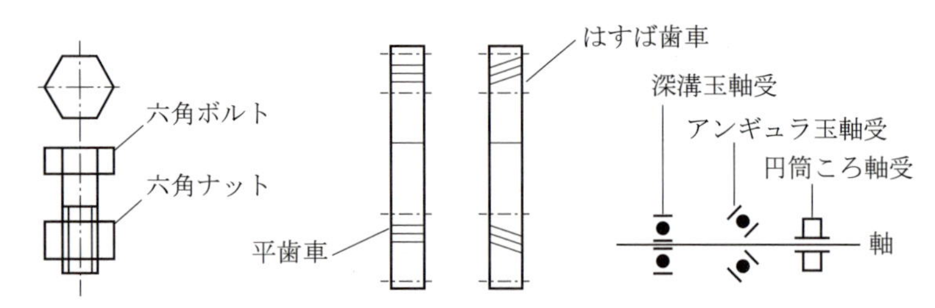

図 5.17 機械部品の簡略図示方法

5.2.2 はめあいと表面粗さ

穴と軸がはまりあう場合に，穴の内径と軸の外径寸法によって，緩いはめあい（**すきまばめ**），強いはめあい（**しまりばめ**），および両者の中間のはめあい（**中間ばめ**）がある．穴の内径と軸の外径をはめあい記号で表す．

図 5.18 の例をもとに述べる．$\phi 40$ を**基準寸法**とよぶ．それに続く英文字は**基礎となる寸法許容差**を示し，公差を基準寸法からどの位置にとるかを示し，その値は JIS B 0401 で基礎となる寸法許容差として示される．概念的には図 5.19 となる．穴は大文字，軸は小文字を使う．

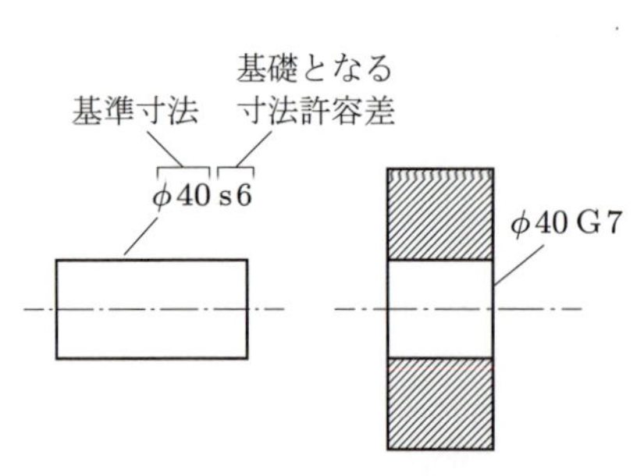

図 5.18 はめあいの表し方

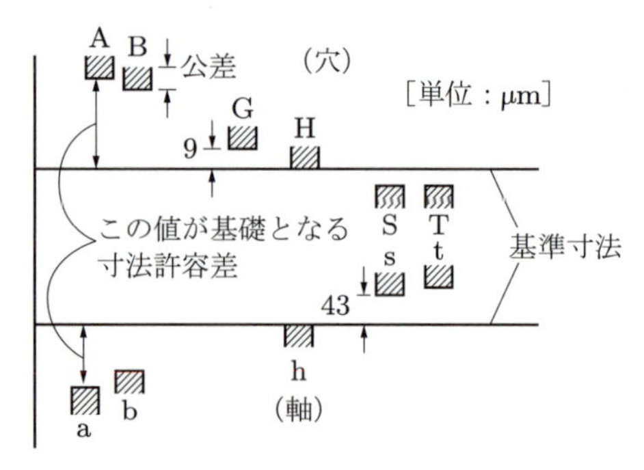

図 5.19 基礎となる寸法許容差のとり方

この例の場合，軸は基準寸法より外側に 43 μm，穴も基準寸法より外側に 9 μm から公差をとる．**公差**とは加工時に，その値以内の誤差で仕上げることを指示するものである．その値は基準寸法ごとに 1 級から 18 級まで定められる．この例では軸は 6 級で 16 μm，穴は 7 級で 25 μm である．以上をまとめると図 5.20 になり，穴の内径は 40.018～40.068 mm，軸の外径は 40.086～40.118 mm で穴の最大寸法より軸の最小寸法のほうが大きいので，最小しめしろが 9 μm，最大しめしろが 50 μm のしまりばめになっている．

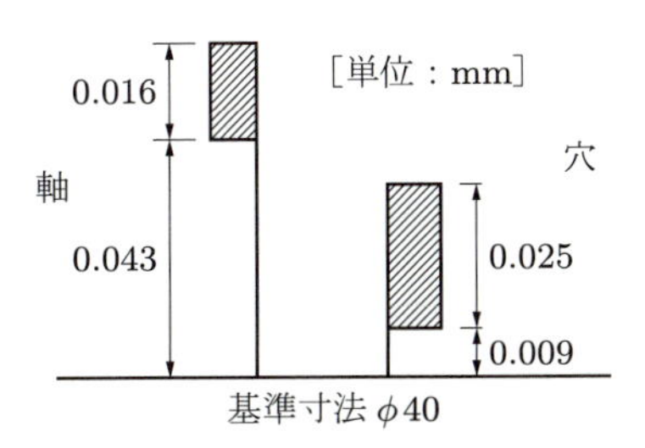

図 5.20　基礎となる寸法許容差と公差

以上のようにしてさまざまなはめあいを得るが，実際には H 穴を基準に軸の外径を変化させる穴基準はめあいを使用することが多い．この逆を軸基準はめあいという．

面と面がすべる摺動面となる機械部品では表面の凹凸を小さくしなければならないが，単なる外表面では凹凸が問題とならない部品もある．大きな波の凹凸をうねり，微小な凹凸を粗さとよぶ．部品の表面は，うねりの上に粗さの成分が重なっていると考える．表面の凹凸を測定した波形を位相補償形高域フィルタに通してうねり成分を除去し，高周波数成分だけを記録した曲線を粗さ曲線とよぶ．JIS では 14 種類の表面性状が定義されているが，ここでは，基準長さにおける粗さ曲線を使って定義される最大高さ粗さ Rz と算術平均粗さ Ra について，図 5.21 に示す．Rz は，山高さ Zp の最大値と谷深さ Zv の最大値の和で定義される．Ra は，粗さ曲線の絶対値の平均

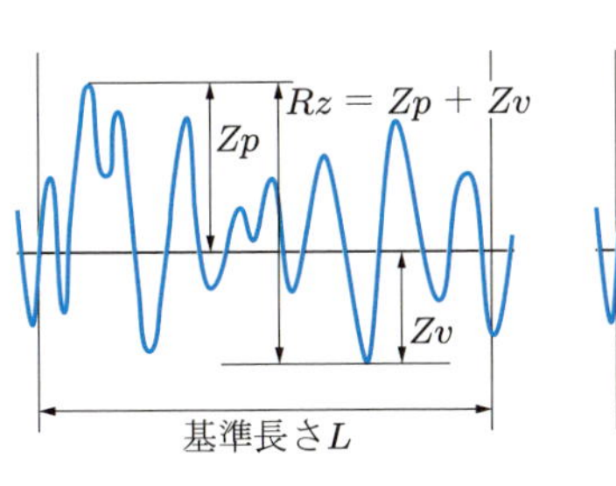

（a）最大高さ粗さRz

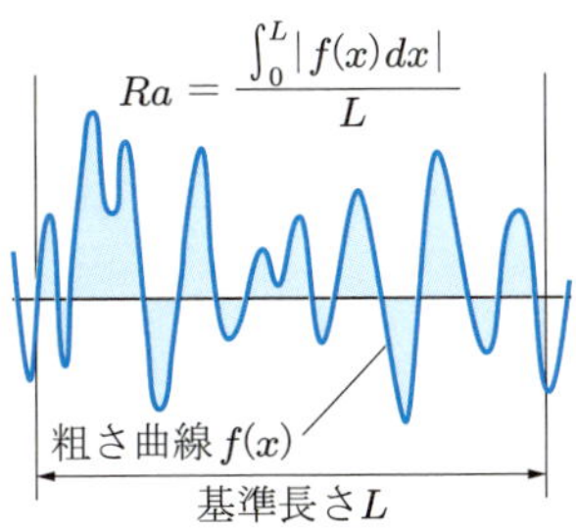

（b）算術平均粗さRa

図 5.21　表面粗さの定義

で定義される．

表面粗さ，除去加工の要否などの面の肌の表示方法を表 5.5 に示す．対象とする面の外側から 60° に開いた長さの異なる線を引き，a の場所に Ra の粗さの数値を記入する．機械部品の製図例を図 5.22 に示す．

表 5.5　面の肌の図示方法

除去加工の要否を問わない	除去加工を要する	除去加工を許さず	加工方法を指示
	a		旋盤 a

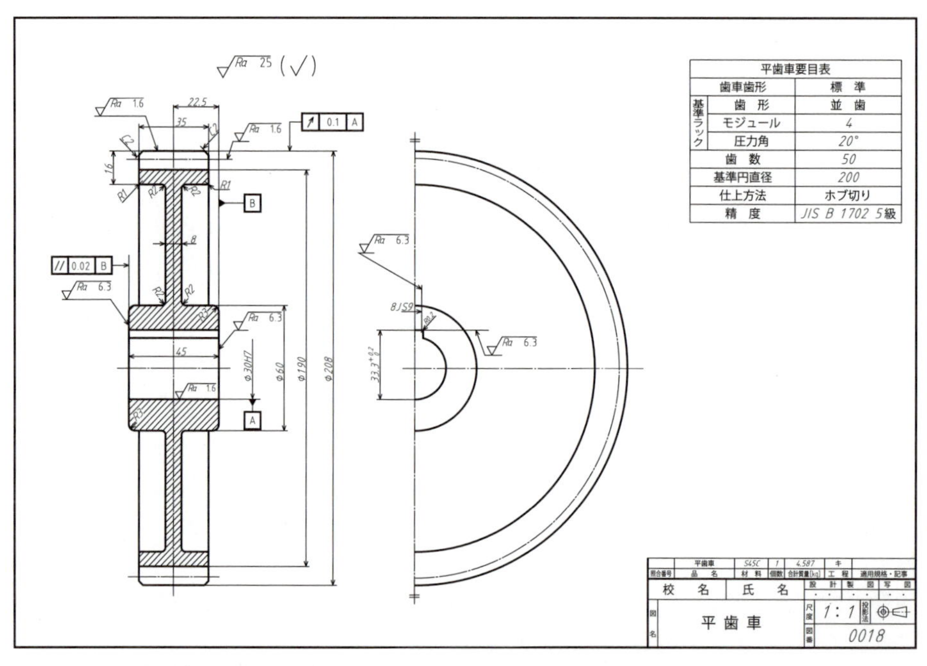

図 5.22　機械部品の製図 [吉澤武男 監，ほか 8 名，新編 JIS 機械製図，第 5 版，森北出版，2014]

演習問題

5.1 図 5.23 に示すように，アルミ製の部品が天井に取り付けられて，下向きに 2 kN の荷重を支えるとき，直径 D と頭の高さ H の寸法を求めよ．ただし，部品の引張り強さを 180 MPa，せん断強さを 123 MPa，安全率を 3 とする．

5.2 腕の長さ 300 mm のスパナに 49 N の力を加えて，2 枚の板をねじで締め付けたときの締付力を求めよ．ただし，ねじの有効径 18.4 mm，ピッチ 2.5 mm，摩擦係数 0.2 とする．

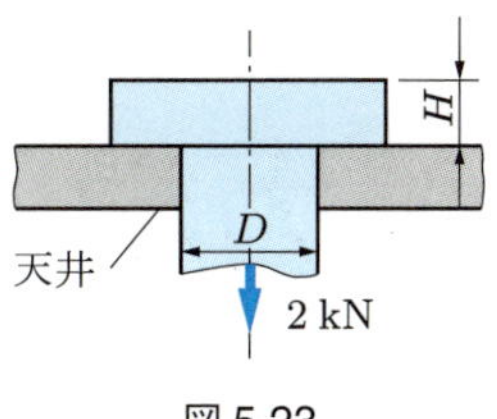

図 5.23

5.3 内圧 2 MPa が作用する内径 300 mm の圧力容器のふたを，8 本のボルトで固定する．ボルトの引張り強さを 600 MPa，安全率を 5 としたときボルトの直径を求めよ．

5.4 250 rpm で回転する直径 55 mm の軸で 20 kW の動力を伝達するのに，幅 15 mm，高さ 10 mm のキーを使用する．安全なキーの長さを求めよ．キーの許容せん断応力は 34 MPa，許容圧縮応力は 98 MPa とする．

5.5 両端を単純支持された直径 60 mm，長さ 1000 mm の丸棒がある．一端から 600 mm の位置に集中荷重 F が作用するとき，丸棒が支えることのできる荷重の値を求めよ．ただし，棒の許容曲げ応力を 80 MPa とする．

5.6 450 rpm で 500 kW の動力を伝達している中実軸の直径を求めよ．ただし，軸の許容ねじり応力を 50 MPa とする．

5.7 第三角法で描いた図 5.24，5.25 の立体形状を等角投影法で描け．

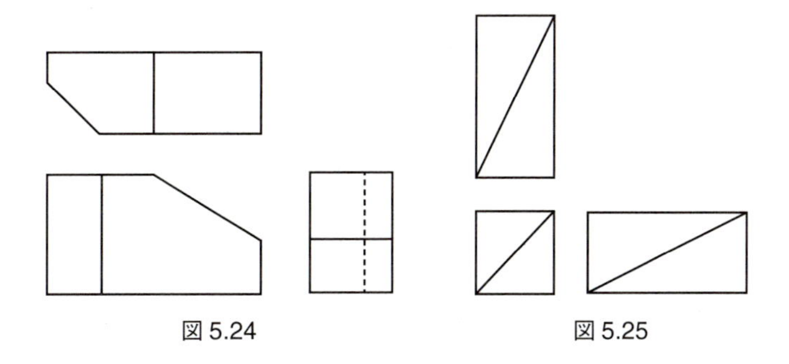

図 5.24　　図 5.25

6 機械力学

機械は，一般に，運動をともなういくつかの機構（要素）により構成されている．機械の要素が決められた運動をすることで，機械としての望ましい動作が得られる．機械力学とは，これらの要素が力を受けてどのように運動するかを調べるものである．

さて，機械は単純な動きをするものから，複雑な動きをするものまでいろいろあるが，主として，直線（往復）運動と回転運動を行う要素から構成される．図 6.1 に自動車などのエンジンの例を示す．この場合，連接棒を介することで，ピストンの往復運動をクランクによりシャフトの回転運動に変換するという決められた機構に基づいて運動し，その結果，振動 (vibration) が生じる．図の場合，ピストンの往復運動による振動や，クランクやシャフトの回転による振動が発生し，それらの振動が大きくなると，機械を破壊してしまう危険性もある．

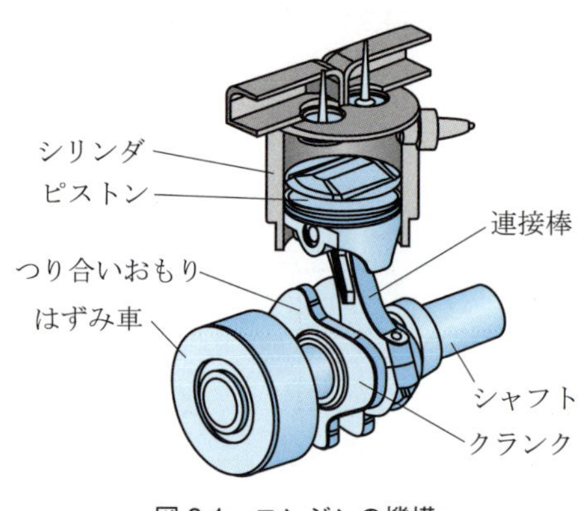

図 6.1　エンジンの機構

6.1 往復機械の力学

往復運動を回転運動に変換する例として，自動車のエンジンなどの内燃機関や大型船舶のエンジンなどの蒸気機関などがある．また，逆に回転運動を往復運動に変換するものとして，ポンプや空気圧縮機などがある．往復運動をともなう機械を往復機械という．

基本的な往復機械の機構を図 6.2 に示す．シャフトを回転させてクランクに一定の**角速度**（angular velocity）ω を与えたとき，時間の経過とともにピストンがどのよ

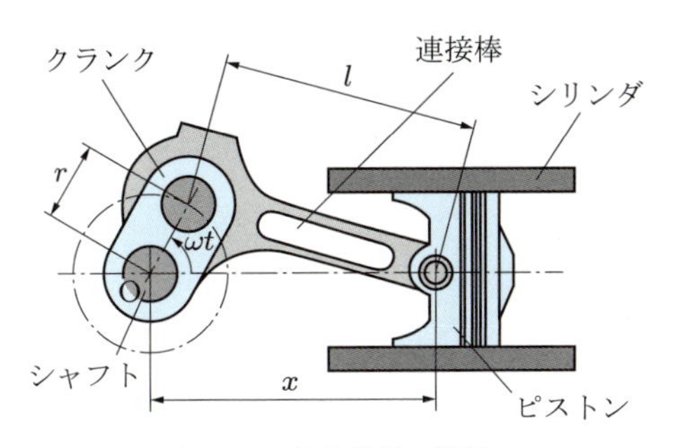

図 6.2 往復機械の機構

うに運動するのかを求めてみる．ピストンの運動を表すものとして，ピストンの基準点からの位置（あるいは変位），速度，加速度がある．

図 6.2 の幾何学的関係から，クランクの回転中心 O から測ったピストンの位置 x について，次の関係が得られる．

$$x = r\cos\omega t + l\sqrt{1-(\lambda\sin\omega t)^2} \tag{6.1}$$

ここで，t は時間，ωt は時間 t に対するクランクの角度を表す．また，$\lambda = r/l$ は**クランク比**または**傾度**とよばれる．一般に，クランク比 λ は 1/3〜1/5 であるので，式 (6.1) は次式のように近似される．

$$x \fallingdotseq r\left(\frac{1}{\lambda} - \frac{1}{4}\lambda + \cos\omega t + \frac{\lambda}{4}\cos 2\omega t\right) \tag{6.2}$$

式 (6.2) は，図 6.3 に示すように，ピストンの位置 x が時間とともに周期的に変化していることを表している．ピストンの速度は，時間に対する位置の変化がどのようになっていくのかを表すもので，時間 t における位置曲線の接線の傾きとして表される．したがって，速度は位置 x を時間 t で微分すれば求められる．式 (6.2) を時間 t

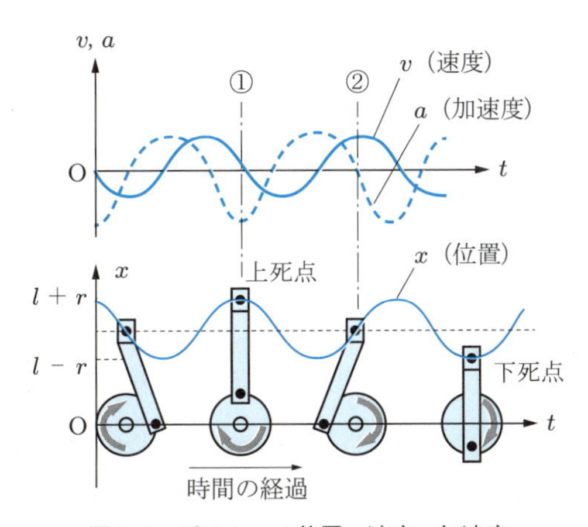

図 6.3 ピストンの位置・速度・加速度

で微分すると，ピストンの速度 v は次のようになる．

$$v = -r\omega\left(\sin\omega t + \frac{1}{2}\lambda\sin 2\omega t\right) \tag{6.3}$$

加速度は，時間に対する速度の変化がどのようになっていくのかを表すもので，時間 t における速度曲線の接線の傾きとして表される．したがって，加速度は速度 v を時間 t で微分すれば求められる．式 (6.3) を時間 t で微分すると，ピストンの加速度 a は次のようになる．

$$a = -r\omega^2(\cos\omega t + \lambda\cos 2\omega t) \tag{6.4}$$

加速度は速度を変化させようとする力に比例するため，加速度自体が力を表すものと考えてよい．図 6.3 の ① の時点では，ピストンの位置は最大で速度は 0 であり，一時停止した状態となっているが，加速度が負に最大であるため，ピストンを引き戻そうとする力が最も大きくなっている．また，② の時点では，ピストンの位置は 0 で速度は最大であり，最も高速で運動しているが，加速度は 0 であるからピストンに力は加わっていない．

ここで，ピストンの最大の位置を**上死点**（top dead center）といい，それとは反対に，ピストンの最小の位置を**下死点**（bottom dead center）という．上・下二つの死点では，ピストンの直線運動をクランクの回転運動に変換しようとしたときに，ピストンにどれだけ大きな力を加えても，クランクを回転させる力を発生させることはできない．

さて，ピストンとシリンダの間に**摩擦**（friction）がないものとして，図 6.4 のように，質量 m の物体であるピストンに力 F を加えた場合の力関係を考える．物体の加速度が 0，たとえば，図 (a) のように壁に物体を沿わせて左から力をかけると，物体を介して右側の壁に力 F が伝わる．しかし，図 (b) のように物体に力 F をかけたときに物体が加速度 a で運動しているときには，力の一部は物体を加速するための**慣性力**（inertia force）（質量 × 加速度 = ma）として費やされ，残りの力 F_r が物体の右側に伝わる．このとき

$$ma = F - F_r \tag{6.5}$$

となり，加速度 a は力 $(F - F_r)$ に比例し，その比例定数が質量 m となる．とくに，式 (6.5) を**運動方程式**（cquation of motion）とよぶ．ピストンの右側に力 F_r が伝

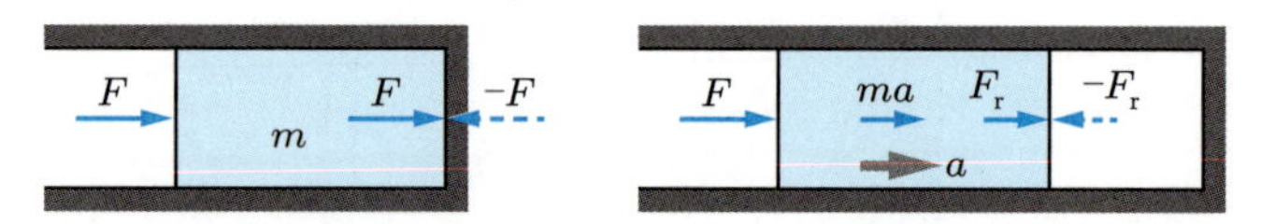

（a）物体が壁に沿っている場合　（b）物体が運動している場合

図 6.4　物体に力をかけたときの力関係

わっているとき，逆にピストンの右側を外部から押す同じ大きさの力が存在する．前者を力の**作用**（action）といい，後者を力の**反作用**（reaction）という．

実際には，摩擦はいたる所に存在しており，機械が運動する際に無視できなくなる場合も多い．その場合，力の一部は熱に変化して発熱したり，高周波数の振動（びびり振動）が生じたりする．また，ピストンが往復運動すると，クランクの中心軸に往復の力による振動が発生する．これらの振動は，機械の各部品の寿命を縮めたり，摩耗を早めたり，破壊を誘発したりする．

6.2 回転機械の力学

回転運動を行うものとして，6.1 節で説明したエンジンのクランクやシャフトだけでなく，風車，自動車などの車輪，モータ，ジェットエンジンなど，さまざまなところで回転する機械，すなわち回転機械が使用されている．シャフトなどを回転させるためには，回転力である**トルク**（torque）を与えなければならない．直径 d の自動車のハンドルを両手で互いに反対向きの力 F をかけて回転させると，シャフトにかかるトルク T は $T = Fd$ で表される．

回転機械は図 6.5 のように，シャフトにロータが取り付けられたものとしてモデル化できる．シャフトに一定のトルク T をかけた場合，材質が同じロータで質量の異なる場合を比較すると，質量の小さなロータはすぐに高速回転になる（回転しやすい）が，質量の大きいロータはなかなか回転数が上がらない（回転しにくい）．

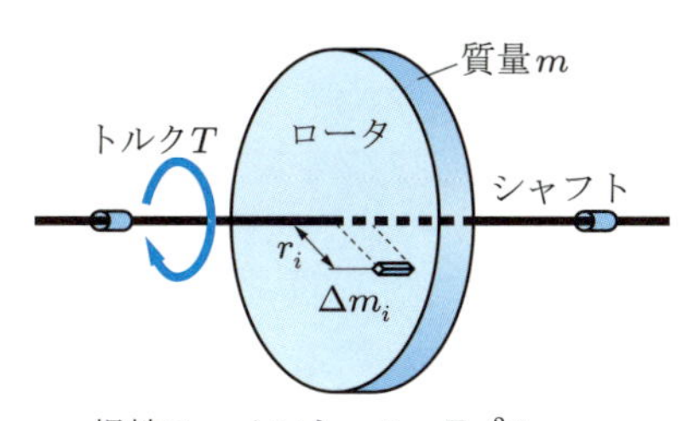

図 6.5　回転機械のモデル

このように，ロータに対して，回転のしにくさを表すものが**慣性モーメント**（moment of inertia）である．ロータ内の i 番目の微小質量 Δm_i，その微小質量までの回転中心からの距離を r_i とすると，回転軸まわりの慣性モーメント I は，$r_i{}^2 \Delta m_i$ をすべての i について加え合わせたものとなり，

$$I = \sum_i r_i{}^2 \Delta m_i \tag{6.6}$$

となる．微小質量 Δm_i をもっと小さくし，その極限をとると次式となる．

$$I = \int r^2 \, \mathrm{d}m \tag{6.7}$$

6.2.1 回転軸の危険速度

ロータが回転するとき，ロータの重心とシャフトの軸中心が一致している場合は問題ないが，そうでない場合，遠心力の影響によって，ある回転数で激しく振動して非常に危険である．

図 6.6 のように質量 m のロータが，その重心 G とシャフトの軸中心 S が**偏心**（eccentricity）e だけずれた状態で角速度 ω で回転しているものとする．シャフトのロータ取付部の横方向のばね定数を k とし，シャフトのたわみを r とすると，遠心力により $m(r+e)\omega^2$ の力が回転軸から離れる方向にはたらくが，それをシャフトが引き戻そうとするために，回転軸方向に kr の力がはたらき，両者はつり合った状態で回転する．したがって，次の関係が成り立つ．

$$m(r+e)\omega^2 = kr \qquad \therefore r = \frac{me\omega^2}{k - m\omega^2} \tag{6.8}$$

式 (6.8) から，もし分母が 0，すなわち角速度が $\omega = \sqrt{k/m}$ であるならば，シャフトのたわみは $r = \infty$ となり，激しい振れ回りが生じる．この状態を**共振**（resonance）といい，このときの角速度を**危険速度**（critical speed of revolution）という．

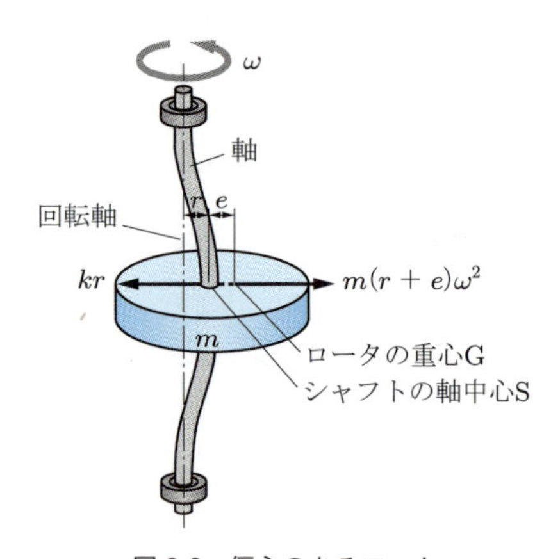

図 6.6　偏心のあるロータ

例題 6.1　図 6.6 に示すロータをモータで回転させて，1000 rpm にしたい．ロータの質量を 2 kg，シャフトの横方向のばね定数を 8000 N/m としたとき，この運転は安全であるかどうかを調べよ．

解　危険速度 ω は

$$\omega = \sqrt{\frac{k}{m}} = \sqrt{\frac{8000}{2}} \fallingdotseq 63.25\ [\mathrm{rad/s}] = 63.25 \times \frac{60}{2\pi} \fallingdotseq 604\ [\mathrm{rpm}]$$

となり，1000 rpm まで加速する途中で危険速度を通過することになる．したがって，危険速度付近では共振が生じる可能性が高いため，非常に危険である．

6.2.2 回転体のつり合い

物体が回転するとき，物体内部の各点にはたらく遠心力の総和は，全質量が重心に集中したと考えたときの遠心力に等しくなる．したがって，図 6.7 のように，シャフトがたわまない状態で質量 m のロータが角速度 ω で回転しており，さらに偏心 e があると，回転軸から重心に向かう遠心力の大きさは $me\omega^2$ となる．これが，**不つり合いの力**（unbalanced force）である．

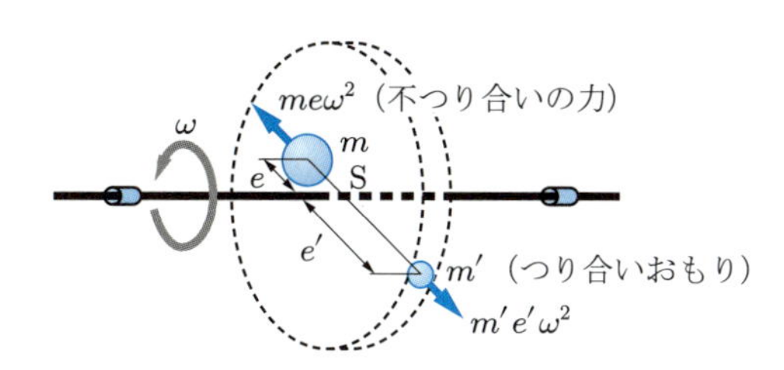

図 6.7　つり合いおもりを取り付けたロータ

このように不つり合いの力があると，危険速度でなくてもロータの角速度に対応した振動が生じる．さらに，シャフトが少しでもたわむ場合は，危険速度において共振が発生する．このような現象が起こらないようにするには，不つり合いの力を打ち消すように，向きが反対で同じ遠心力を生じるつり合いおもりを付加すればよい．つり合いおもりの質量を m'，回転軸からのつり合いおもりの重心までの距離を e' とすると，

$$me\omega^2 = m'e'\omega^2 \qquad \therefore me = m'e' \tag{6.9}$$

であれば不つり合いの力は打ち消され，なめらかなロータの回転が得られる．このように不つり合いの力が発生している場所の反対側に，つり合いおもりを付けてつり合いをとることを，**静つり合せ**（static balancing）という．また，me を**不つり合い**（unbalance）とよぶ．この原理は，図 6.1 のクランクなどに実用されている．

偏心による不つり合いは，ロータのシャフトを水平に支持すると重力により不つり合いの重心が軸の真下に移動するので，容易に確認できる．物体を回転させずに静的に不つり合いを確認できるので，**静不つり合い**（static unbalance）という．

例題 6.2　図 6.8 に示すように，質量 M，長さ L で半径 r の円柱のロータにおいて，偏心 e の不つり合いがロータの左端面および右端面からそれぞれ l_1，l_2 だけ離れた位置に検出されている．このとき，ロータの両端面の円周上に取り付ける不つり合いおもりの質量を求めよ．

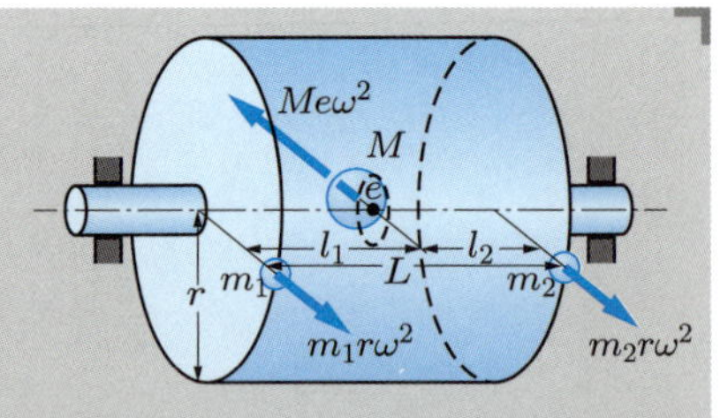

図 6.8　不つり合いがある円柱のロータ

解　偏心と反対の位置に取り付ける不つり合いおもりの質量を，図のように m_1，m_2 とする．遠心力のつり合い，および重心回りのモーメントのつり合いは，それぞれ次式となる．

$$m_1r\omega^2 + m_2r\omega^2 = Me\omega^2,\quad m_1r\omega^2 l_1 = m_2r\omega^2 l_2$$

この二つの式より，求める不つり合いおもりの質量は次のようになる．

$$m_1 = \frac{l_2}{L}\frac{e}{r}M,\quad m_2 = \frac{l_1}{L}\frac{e}{r}M$$

静不つり合いに対して動不つり合いがある．たとえば，図 6.9 のように，ロータの重心が回転軸上にはあるがロータが傾いている場合，静的なつり合いはとれている．しかし，シャフトを回転させると振動が発生する．これは，遠心力により図のように互いに反対向きの遠心力 F が生じ，ロータを重心 G を中心として回転させようとするトルク T（$= Fe$）が発生するからである．このトルクは，シャフトが回転したときにはじめて発生するので，**動不つり合い**（dynamic unbalance）という．

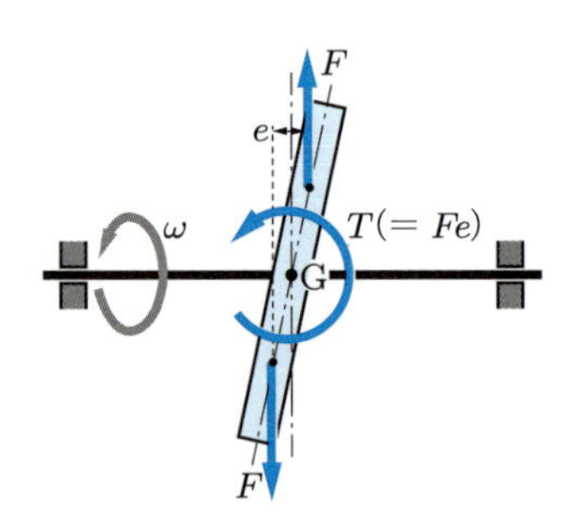

図 6.9　傾いたロータの動不つり合い

6.2.3 はずみ車

ピストンクランク機構の場合，ピストンの往復運動からシャフトのなめらかな回転運動を得るのが望ましいが，たとえば，エンジンにおいてはピストンの往復運動やシリンダ内でのガソリンの燃焼，排気などによりクランクに与える回転力が変動するため，シャフトの角速度も変化する．また，ピストンが死点にあるとき，クランクはどちらにでも回転できるため，回転方向が確定しない．

図6.1に示した**はずみ車**（flywheel）は慣性モーメントの大きなロータで，シャフト回転の負荷変動を少なくしたり，一方向の回転を得たりするために設けられる．はずみ車が回転しているときは，それなりの回転運動エネルギーを蓄えている．シャフトの角速度が変動しようとすると，それに応じてはずみ車の回転運動エネルギーを放出あるいは蓄積して，シャフトの回転数を一定に保とうとする．

さて，図6.10のように，シャフトの駆動側（クランク）と負荷側のトルクを，それぞれ T_d，T_l とし，はずみ車とロータの慣性モーメントをそれぞれ I_f，I_r，シャフトの角速度を ω とする．ただし，シャフトとクランクの慣性モーメントはロータの慣性モーメントに含まれているものとする．慣性モーメント × 角加速度 = 重心回りのトルクで表される**回転の運動方程式**より，次式を得る．

$$(I_\mathrm{f}+I_\mathrm{r})\frac{\mathrm{d}\omega}{\mathrm{d}t}=T_\mathrm{d}-T_\mathrm{l} \qquad \therefore \frac{\mathrm{d}\omega}{\mathrm{d}t}=\frac{T_\mathrm{d}-T_\mathrm{l}}{I_\mathrm{f}+I_\mathrm{r}} \tag{6.10}$$

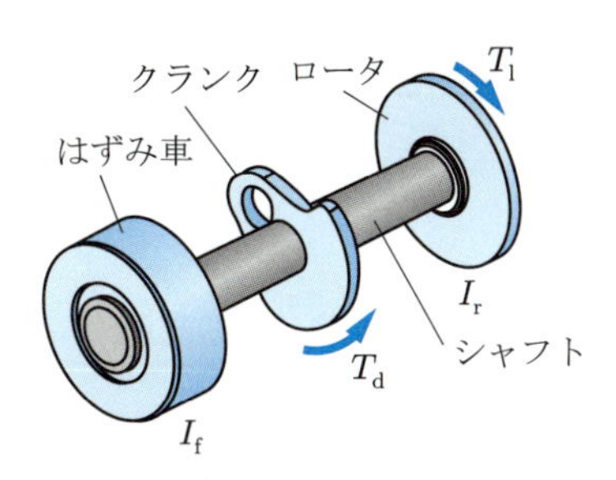

図6.10　はずみ車

式(6.10)は，時間によるはずみ車の角速度の変化を表している．式(6.10)より，駆動側と負荷側のトルクに差があっても（回転力が変動しても），はずみ車の慣性モーメント I_f を大きくすればシャフトの角速度の変化が少なくなり，シャフトに付いているロータの角速度の変化も小さく抑えられることがわかる．

6.3　機械振動

自動車のエンジンは，往復運動や回転運動により振動する．また，自動車が走行すると地面の凹凸により車体が振動する．その他，運動をともなう機械にはいろいろな振動が発生し，ねじが緩んだり，機械にガタがきたりして，安全性に重大な影響を及ぼす場合もある．一方，時計の振り子，電気按摩（あんま）器や削岩機などのように，振動が積極的に利用されている場合もある．ひと口に振動といっても，いろいろな振動がある．本節では，振動の種類と，振動の力学を簡単に述べる．

6.3.1 振動の種類

振動の波形に注目して分類すると，調和振動，周期振動，不規則振動，うなり，減衰振動などがある．

(1) 調和振動　図 6.11 (a) のように，余弦波（または正弦波）で表される基本的な振動が**調和振動**（harmonic vibration）である．式で書けば次のようになる．

$$x(t) = a\cos(\omega t - \phi) \tag{6.11}$$

ここで，a は**振幅**（amplitude），ω は**角振動数**（angular frequency），t は時間であり，$\omega t - \phi$ は時間 t における**位相**（phase）である．また，$-\phi$ は $t = 0$ の場合の位相であるから初期位相角とよぶ．さらに，

$$T = \frac{2\pi}{\omega}, \quad f = \frac{\omega}{2\pi} = \frac{1}{T} \tag{6.12}$$

を，それぞれ**周期**（period），**振動数**（frequency）とよぶ．周期は 1 回の往復振動にかかる時間を，振動数は単位時間あたりに何回の往復振動が生じたかを表す．

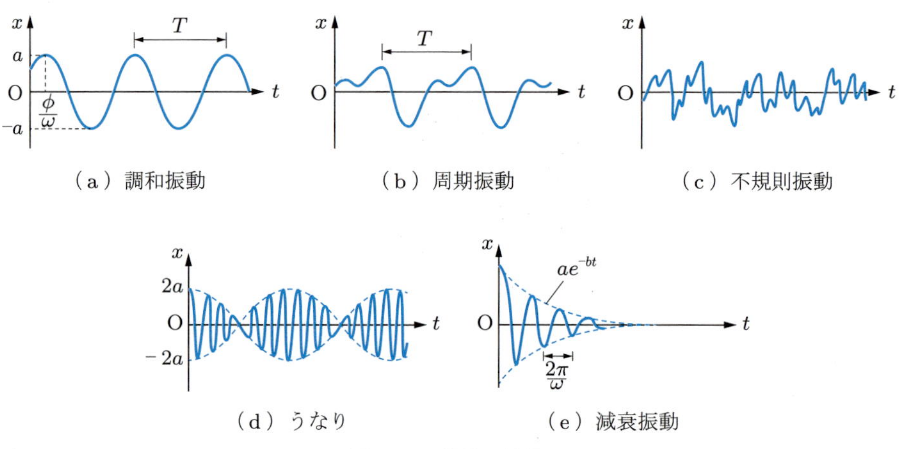

図 6.11　振動の種類

(2) 周期振動　図 6.11 (b) のように，ある一定の周期で同じ振動波形のパターンが繰り返される振動がある．この振動は，一般に機械振動に現れることが多く，**周期振動**（periodic vibration）とよばれる．図中の T は振動の周期である．なお，このような周期をもつ波形は，いろいろな角振動数の調和振動を足し合わせたものからなる．

(3) 不規則振動　図 6.11 (c) のように，振動が周期的ではなく不規則なものが**不規則振動**（random vibration）である．たとえば，地震の波形や，自動車が道路を走行するときの車体の振動などが不規則振動に相当する．

(4) うなり　図 6.11 (d) のように，振動波形の振幅が周期的に増減する振動を**うなり**（beat）とよぶ．うなりは，角振動数の値がほぼ等しい二つの調和振動が合成され

た場合にも発生する．

(5) 減衰振動　**減衰振動**（damped vibration）は，時間とともに振動が小さくなっていく（減衰していく）振動で，代表的な例として図 6.11 (e) に示すような指数関数的に減衰する振動がある．この振動は

$$x(t) = ae^{-bt}\cos(\omega t - \phi) \quad (b > 0) \tag{6.13}$$

で表され，減衰項 ae^{-bt} に支配されて指数関数的に減衰する．たとえば，軸受などの接触面に油などの粘性がある場合に生じる．

その他の減衰振動の例としては，運動とは反対方向に作用する摩擦力によるものがある．これは面に接触して物体が運動するときに生じるもので，指数関数的に減衰する振動と比べると，やや直線的に減衰する減衰振動となる．実際には，粘性による減衰振動と摩擦による減衰振動が複合した形で現れる場合が多い．

6.3.2 振動の力学

振動には，突発的な力（衝撃力）や振動を開始する直前の変位と速度である初期値だけで機械が振動する場合と，機械の外部あるいは内部から強制的に振動させるような力が持続作用して機械が振動する場合がある．前者の振動を**自由振動**（free vibration），後者を**強制振動**（forced vibration）とよぶ．また，振動的でない力が持続作用しても，みずからの運動が振動のエネルギーとなり，振動が発生する場合がある．たとえば，バイオリンの弓で弦を引く場合や，自動車のブレーキをかけたときにキーというきしみ音が発生する場合などである．このような振動を**自励振動**（self-excited vibration）という．

振動が生じる系である振動系の基本モデルは図 6.12 のように，物体，ばね，ダッシュポットから構成される．ここで，ダッシュポットは，油などの粘性により速度に比

図 6.12　1 自由度振動系の基本構成

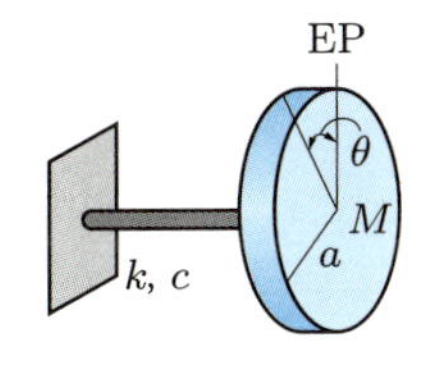

M：ロータ質量，a：ロータ半径
k　：ねじりのばね定数
c　：ねじりの粘性減衰係数
運動方程式：

$$\frac{1}{2}Ma^2\ddot{\theta} + c\dot{\theta} + k\theta = 0$$

（a）ねじり振動系

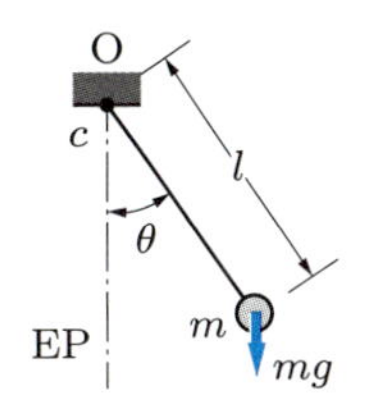

θ ：EP からの角度（微小）
c ：軸の粘性減衰係数
m：質量
運動方程式：

$$ml^2\ddot{\theta} + c\dot{\theta} + mgl\theta = 0$$

（b）振り子振動系

図 6.13　1 自由度振動系の例

例した粘性抵抗を発生させる機器である．このような振動系は，ひとつの変数 x のみで表されるので1自由度振動系という．1自由度振動系の例としては，ほかに図6.13に示すようなねじり振動系，振り子振動系などがある．

(1) 自由振動　自由振動は，図6.12で持続的な外部からの外力 $P\cos\omega t$ が作用せず，初期値（時間 $t=0$ における変位と速度）のみで振動する場合である．

さて，簡単のために，物体と床面の間には摩擦はないものとする．また，**中立点**（equilibrium point：EP）からの変位 x を，時間 t で1回微分した速度を $\dot{x}$ $(= \mathrm{d}x/\mathrm{d}t)$ で表し，2回微分した加速度を $\ddot{x}$ $(= \mathrm{d}^2x/\mathrm{d}t^2)$ で表す．質量 m の物体が右方向に加速度 $\ddot{x}$ で運動している場合を考えると，物体には，ばねが物体を引き戻そうとする力 kx とダッシュポットによる粘性抵抗 $c\dot{x}$ が左向きに作用する．ここで，k は**ばね定数**（spring constant），c は**粘性減衰係数**（viscous damping coefficient）とよばれ，それぞれ変位および速度を力に換算する係数である．右向きを正とすると，外部からの力は0であるから，式(6.5)より，この振動系の運動方程式は

$$m\ddot{x} = 0 - kx - c\dot{x} \tag{6.14}$$

となる．あるいは，整理して次のような標準形で表す．

$$\left.\begin{aligned} &\ddot{x} + 2\zeta\omega_\mathrm{n}\dot{x} + {\omega_\mathrm{n}}^2 x = 0 \\ &\omega_\mathrm{n} = \sqrt{\frac{k}{m}}, \quad \zeta = \frac{c}{c_\mathrm{c}}, \quad c_\mathrm{c} = 2\sqrt{mk} \end{aligned}\right\} \tag{6.15}$$

ここで，ω_n は固有角振動数（natural angular frequency），ζ は減衰係数比（damping ratio），c_c は臨界減衰係数（critical damping coefficient）という．これらは，振動系のパラメータ（質量 m，ばね定数 k，粘性減衰係数 c）で決まる値で，振動の仕方を決める物理量である．

この微分方程式を解くことで，物体の変位 x が時間の経過とともにどのように推移していくかを知ることができる．その挙動は ζ の大きさ，すなわち，粘性減衰係数 c の大きさで3通りの場合に分けられる．

① $0 \leqq \zeta < 1$ の場合：式(6.15)より $0 \leqq c < c_\mathrm{c}$，すなわち，ダッシュポットによる弱い粘性抵抗が存在する場合は次式となる．

$$\left.\begin{aligned} &x = ae^{-\zeta\omega_\mathrm{n}t}\cos(qt-\phi), \quad q = \sqrt{1-\zeta^2}\,\omega_\mathrm{n} \\ &a = \sqrt{{x_0}^2 + \left(\frac{v_0 + x_0\zeta\omega_\mathrm{n}}{q}\right)^2}, \quad \phi = \tan^{-1}\frac{v_0 + x_0\zeta\omega_\mathrm{n}}{x_0 q} \end{aligned}\right\} \tag{6.16}$$

ただし，x_0，v_0 は，それぞれ時間 $t=0$ における変位および速度の値（初期値）である．また，q はこのときの角振動数で減衰固有角振動数（damped natural angular frequency）という．

$\zeta = 0$，すなわち $c = 0$ の場合，ばねのみで物体が支持されている状態となる．このとき，変位は式 (6.11) と同じ調和振動となり，図 6.11 (a) に示すように振動は減衰することなく一定の振幅 a で永久に持続する．このような振動を**固有振動**（vibration of normal mode）といい，そのときの角振動数 q は固有角振動数 ω_n と等しくなる．

$0 < \zeta < 1$，すなわち $0 < c < c_c$ の場合，変位は式 (6.13) と同じ減衰振動となり，図 6.11 (e) に示すように変位が指数関数 $\pm ae^{-\zeta\omega_n t}$ に挟まれて減衰する．角振動数 q は $\sqrt{1-\zeta^2}\omega_n$ であることから，固有角振動数 ω_n より小さくなるために，固有振動よりもゆっくりした振動となる．また，ζ が 1 に近ければ近いほど角振動数が小さくなり，ゆっくりした振動となる．

② $\zeta = 1$ の場合：式 (6.15) より，$c = c_c$ であり，このときの物体の変位は

$$x = \{x_0 + (v_0 + x_0\omega_n)t\}e^{-\omega_n t} \tag{6.17}$$

となり，図 6.14 (a) に示すように 0 に収束はするが振動はしない．この状態は，変位が振動的な状態から，まったく振動しない状態になる限界に相当するため，**臨界減衰**（critical damping）という．

③ $1 < \zeta$ の場合：式 (6.15) より $c > c_c$，すなわち，粘性抵抗がある程度大きい場合には，図 6.14 (b) に示すようにやはり変位は振動せず，臨界減衰の挙動よりもさらにゆっくりと減衰する．このときの振動の変位は次式となる．

$$\left.\begin{aligned} x &= e^{-\zeta\omega_n t}\left(x_0\frac{e^{qt}+e^{-qt}}{2} + \frac{v_0 + x_0\zeta\omega_n}{q}\frac{e^{qt}-e^{-qt}}{2}\right) \\ q &= \sqrt{\zeta^2 - 1}\omega_n \end{aligned}\right\} \tag{6.18}$$

この場合，粘性減衰係数 c は臨界減衰係数 c_c よりも大きく**過減衰**（overdamping）といわれる．

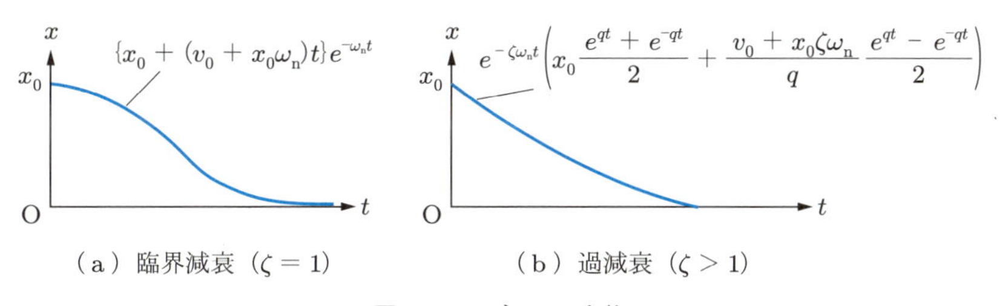

（a）臨界減衰（$\zeta = 1$）　（b）過減衰（$\zeta > 1$）

図 6.14　$\zeta \geqq 1$ の変位

例題 6.3 図 6.12 の 1 自由度振動系で物体の質量を $m = 2$ [kg]，ばね定数を $k = 200$ [N/m] とし，粘性減衰係数が $c_1 = 30$ [N・s/m] と $c_2 = 50$ [N・s/m] の 2 種類のダッシュポットを取り付けるとき，どのような振動になるかを調べよ．

解 運動方程式は式 (6.14) であるから，臨界減衰係数 c_c は

$$c_c = 2\sqrt{mk} = 2\sqrt{2 \times 200} = 40.0 \text{ [N} \cdot \text{s/m]}$$

となる．$c_1 = 30$ [N・s/m] のとき，減衰係数比 ζ_1 は次の値になるので減衰振動する．

$$\zeta_1 = \frac{c_1}{c_c} = \frac{30.0}{40.0} = 0.75 < 1$$

また，$c_2 = 50$ [N・s/m] のとき，減衰係数比 ζ_2 は次の値になるので過減衰となる．

$$\zeta_2 = \frac{c_2}{c_c} = \frac{50.0}{40.0} = 1.25 > 1$$

(2) 強制振動 図 6.12 のような振動系の物体に外部から周期的な力を加えると，自由振動の場合とは異なり，その力の周期に対応した振動をはじめる．このような振動を強制振動といい，外部から与えられる力を**外力**（external force）という．

図 6.12 のように，質量 m の物体に外力 $F = P\cos\omega t$ が作用する場合を考える．このとき，運動方程式は，式 (6.5) より，式 (6.14) の右辺に外力を加えればよいから，

$$m\ddot{x} = P\cos\omega t - kx - c\dot{x} \tag{6.19}$$

となる．あるいは，整理して次のような標準形で表す．

$$\ddot{x} + 2\zeta\omega_n\dot{x} + {\omega_n}^2 x = p\cos\omega t \tag{6.20}$$

ここで，$p = P/m$ であり，ω_n，ζ，c_c は式 (6.15) と同様である．この微分方程式の解は，時間が十分に経過して自由振動の挙動が十分小さくなったとすると，

$$\left.\begin{aligned} & x = b\cos(\omega t - \phi), \quad b = \frac{p}{\sqrt{({\omega_n}^2 - \omega^2)^2 + (2\zeta\omega_n)^2\omega^2}} \\ & \phi = \tan^{-1}\frac{2\zeta\omega_n\omega}{{\omega_n}^2 - \omega^2} \end{aligned}\right\} \tag{6.21}$$

で与えられる．この式 (6.21) の形からわかるように，物体の変位は外力の角振動数 ω で振動するが，外力の角振動数の値に依存して，変位 x の振幅 b と位相角 ϕ が異なってくる．減衰係数比 ζ が小さく，かつ，角振動数 ω が固有角振動数 ω_n に近い場合は，振幅 b が著しく大きくなることがわかる．これは，6.2.1 項で述べた回転軸の振れ回りにおける**共振**と同様の現象である．また，外力の角振動数 ω が大きい（振動が速い）と振幅 b は小さくなることがわかる．位相については，低周波数では位相のずれは小さいが，共振点の近くではほぼ 90° ずれ，高周波数では 180° ずれる．

例題 6.4 図 6.12 の 1 自由度振動系で物体の質量を $m = 4$ [kg]，ばね定数を $k = 1600$ [N/m]，ダッシュポットの粘性減衰係数を $c = 48$ [N·s/m] とする．外力 $F = \cos\omega t$ [N] が作用するとき，静止状態 ($\omega = 0$ [rad/s]) と角振動数が固有角振動数 ($\omega = \omega_{\mathrm{n}}$) のときの振幅の比を求めよ．

解 運動方程式は式 (6.19) であるから，$\omega = 0$ のときの静変位 b_0 は式 (6.21) より $b_0 = p/{\omega_{\mathrm{n}}}^2$ となる．また，$\omega = \omega_{\mathrm{n}} = \sqrt{k/m}$ のときの振幅 b_{r} は $b_{\mathrm{r}} = p/(2\zeta{\omega_{\mathrm{n}}}^2)$ となる．したがって，振幅の比 u は次のようになる．

$$u = \frac{b_{\mathrm{r}}}{b_0} = \frac{p/(2\zeta{\omega_{\mathrm{n}}}^2)}{p/{\omega_{\mathrm{n}}}^2} = \frac{1}{2\zeta}$$

ここで，減衰係数比 ζ は

$$\zeta = \frac{c}{c_{\mathrm{c}}} = \frac{c}{2\sqrt{mk}} = \frac{48}{2\sqrt{4 \times 1600}} = 0.30$$

となるので，求める振幅比は $u = 1/(2 \times 0.3) \fallingdotseq 1.67$ となる．

(3) 自励振動 6.3.2 項 (1) で説明した自由振動では粘性抵抗が運動を妨げる方向に作用するために振動が減衰していったが，自励振動が発生しているときはこれとは逆の現象が起こっていることがある．すなわち，粘性抵抗が運動を助長する方向に作用する場合，振動系の方程式は式 (6.15) とは異なり，

$$\ddot{x} - 2\zeta\omega_{\mathrm{n}}\dot{x} + {\omega_{\mathrm{n}}}^2 x = 0 \tag{6.22}$$

となり，左辺第 2 項が負となる．自由振動の解で変位 x の減衰を指定していたのが $e^{-\zeta\omega_{\mathrm{n}}t}$ であったが，式 (6.22) ではそれが $e^{+\zeta\omega_{\mathrm{n}}t}$ となり，振幅は指数関数的に増大する．実際は無限に増大することはないが，このように，振動系の内部で振幅を増加させようとする力が自励振動を引き起こす原因となる．

6.3.3 モーダル解析

6.3.2 項では，基本的な 1 自由度振動系について述べたが，これは振動系のパラメータである質量，粘性減衰係数，ばね定数（これらをとくに**モーダルパラメータ**（modal parameter）とよぶ）がわかっている場合の解析結果である．しかし，実際にはモーダルパラメータがわからない場合も少なくない．

たとえば，鉄道車両の車輪などの走行時の振動によって生じる内部の欠陥は，表面から判別できない場合が多いため，車輪をハンマでたたき，そのときに発生する振動（音）で判別している．つまり，内部の状態であるモーダルパラメータは，そこから発生される振動を解析することで把握することができる．

機械の振動は 1 自由度振動系がいくつか組み合わさった数学モデル（運動方程式）で表現される場合が多い．その場合，外部から所定の力を与えて，そのときに生じる

機械の振動を計測することによって，振動系のモーダルパラメータを間接的に求める方法がある．この方法を**モーダル解析**（modal analysis）という．この場合，**高速フーリエ変換**（fast Fourier transform：FFT）という振動解析アルゴリズムが用いられる．

実際の機械系は，単純な1自由度振動系ではないが，モーダル解析では，モードとよばれる1自由度の振動特性の重ね合せとして，それぞれのモーダルパラメータ，さらには伝達特性などを同定する．機械系などでは，モーダル解析の結果を用いて，機械系のふるまいをシミュレーションにより解析することが可能である（詳しくは11.4.3項で説明する）．

演習問題

6.1 図6.15に示すロータの軸回りの慣性モーメントを求めよ．ただし，ロータの密度をρ，半径をa，厚さをhとする．

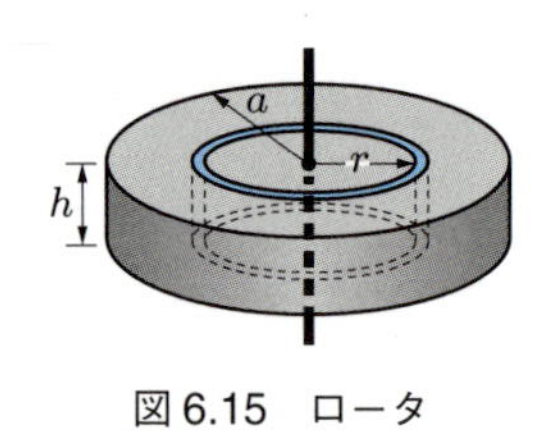

図6.15　ロータ

6.2 図6.16のような質量m，幅l，高さhの薄い長方形の板がある．板の重心を通るz軸に関する慣性モーメントを求めよ．

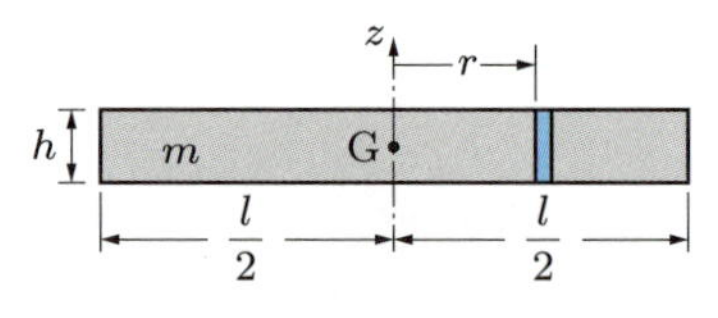

図6.16　薄い長方形の板

6.3 静つり合せの例をあげよ．

6.4 はずみ車の役目について説明せよ，

6.5 図6.11 (d) に示したうなりが次式の二つの調和振動の和で表せることを示せ．ただし，aは振幅であり，ω_1，ω_2は角振動数でこれらの値はほぼ等しいものとする．

$$x(t) = a(\sin \omega_1 t + \sin \omega_2 t)$$

6.6 図6.17のようなU字管の中で液面が上下振動する系がある．管の内径は一様で密度ρの液体が満たしてある．液体の全長をl，管の内径をa，液面の中立点からの変位をx，重力加速度をgとする．液体の上下運動に関する運動方程式と固有角振動数ω_{n}を求めよ．

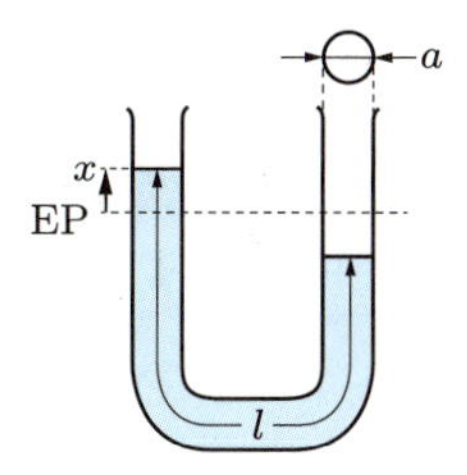

図 6.17　U 字管内液体の振動

6.7 図 6.18 に示すように，質量 m の物体をばね定数 k のばねに吊したときの運動方程式と固有角振動数 ω_{n} を求めよ．ただし，物体を吊すことで，ばねは h だけ伸びてつり合っているものとする．また，物体を吊した静止状態を中立点とし，そこから下方向の変位を x とする．

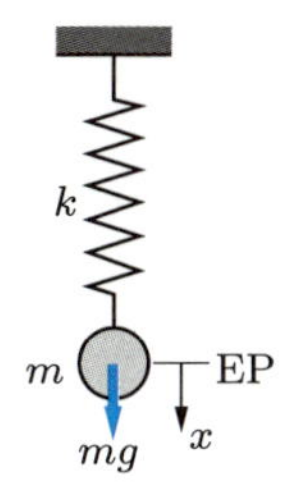

図 6.18　質量 − ばね振動系

6.8 モーダルパラメータを直感的に求めている例をあげよ．

7 機械製作法

機械の生産工程（production process）においては，設計工程（design process）のあとに製造工程（manufacturing process）が続く．この製造工程の加工法として，切削加工（machining）と非切削加工（chipless working）がある．前者は，切削工具（tool）と工作機械（machine tool）を用いて行われる加工法で，除去加工（removal process）ともよばれるように切りくず（chip）の生成をともなうのが特徴である．なお，物理・化学的加工には切削加工とも考えにくいものもあるが，除去加工ということで切削加工に含められている．

これに対し，非切削加工は，圧延，鋳造，せん断加工，溶接などの加工法を意味し，ここでは主として材料の塑性を利用して成形されるもので，切りくずは出ない．また，試作品製造技術として開発された積層造形による加工は，切りくずが生成される加工法ではなく，物体の下層からの断面形状を溶融物などの供給と凝固により作成して積み重ねる加工法なので，非切削加工に分類した．表 7.1 は加工法の分類をまとめている．本書では切削加工についてやや詳しく記述することにした．

表 7.1　機械製作法の分類

種　類		適用例
切削加工（除去加工）	切削加工	旋削，フライス削り，形削り，中ぐりなど
	砥粒加工	研削，超仕上げ，ホーニング，ラッピングなど
	特殊加工（物理・化学的加工）	放電加工，電解加工，レーザ加工など（表 7.2）
非切削加工	塑性加工	圧延，引抜き加工，鍛造，粉末成形など
	溶融加工	鋳造，溶接など（表 7.3），レーザ切断など
	積層造形	光造形，粉末積層，溶融物堆積など

7.1 切削加工

7.1.1 切削加工の種類

狭義の切削加工には，バイトで代表される単刃工具による方法と，多刃工具（回転）による方法がある．前者に属するものに旋削（turning），平削り（planing）などがあり，後者にはフライス削り（milling），穴あけ（drilling）などがある．一方，砥石や砥石片などを使って行う切削加工を砥粒加工（abrasive machining）といい，これには表 7.1 に示されるように研削（回転砥石使用）のほか，さまざまな方法がある．

これらについては 7.4，7.5 節で述べる．

さらに，3 番目の切削加工である特殊加工（non-conventional machining）については，7.7 節で詳しく紹介する．

7.1.2 切削加工の歴史

古代エジプト（紀元前 400 年）において，建築用石材に穴をあけるため，すでに鉄製のドリルが使用され，ドリルの回転は弓を手で引くことによる弾性力によって与えたことがわかっており，これが人類が用いた最初の工作機械といわれている．このように，切削加工の歴史はかなり古い．

しかし，工具や工作機械が現在のような形態と性能を備えるようになったのは，1760 年ごろにはじまった産業革命のころで，動力によって機械が動かされるようになってからまだ約 250 年しか経っていない．その間，1774 年にはシリンダ専用の中ぐり盤がイギリスの工場主ウィルキンソンにより製作され，1797 年にはねじ切り用旋盤がモーズレーによって開発された．また，1830 年には形削り盤（shaper）が製作され，1830〜1840 年に平削り盤（planer）とフライス盤（milling machine）が製作された．その後，1870〜1945 年にコンベアを用いた流れ作業による大量生産方式が完成し，これによって生産能率は驚異的に向上した．

1907 年には，タレット旋盤の誕生など工作機械の自動化が手掛けられるようになった．とくに，1952 年にアメリカのマサチューセッツ工科大学で試作されたはじめての数値制御工作機械である NC 3 次元フライス盤の出現によって，工作機械の操作が作業者の手から離れてプログラムに移り，人間が工作機械の操作に直接手を触れることなく作動できるようになってきた．その後も，コンピュータの出現とロボット技術の進歩によって加工工程のみならず，生産ライン全体の自動化，高精度化，多機能化が急速に進んでいる．

7.2 切削工具を用いる工作機械

7.2.1 旋　盤

旋削作業を行う工作機械を旋盤とよび，回転する工作物に工具を切り込ませ，工作物の軸方向や直径方向に送って，不要な部分を切りくずとして削り出す加工機械である．図 7.1 のように，円筒軸の端面，外周，軸の内部などの加工や，ねじ部を作成することができる．また，仕上げ工程では工具切込みを小さくして部品を高精度に仕上げることもできる．図 7.2 には，工具となるバイトを刃先形状によって分類した．これらのバイトは，旋盤作業以外の切削加工でも広く使用される．バイト先端の刃先各部の名称を図 7.3 (a) に示す．各部の寸法値によって加工精度や工具の寿命は大きな

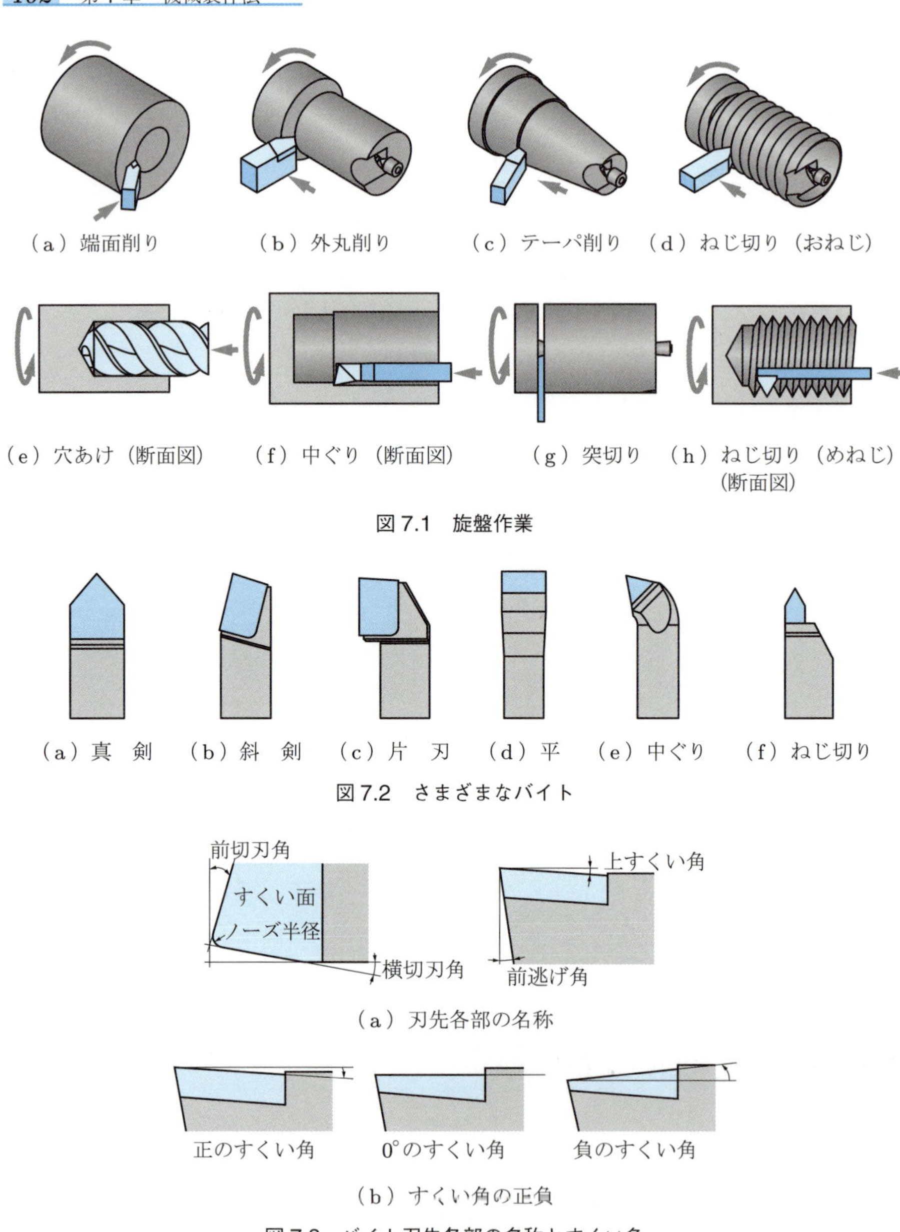

（a）端面削り　（b）外丸削り　（c）テーパ削り　（d）ねじ切り（おねじ）

（e）穴あけ（断面図）　（f）中ぐり（断面図）　（g）突切り　（h）ねじ切り（めねじ）（断面図）

図 7.1　旋盤作業

（a）真　剣　（b）斜　剣　（c）片　刃　（d）平　（e）中ぐり　（f）ねじ切り

図 7.2　さまざまなバイト

（a）刃先各部の名称

（b）すくい角の正負

図 7.3　バイト刃先各部の名称とすくい角

影響を受けるので，工具や工作物の材質，加工機械の剛性，加工条件などを考慮して最適の工具形状に成形することが重要である．たとえば，図 7.3 (b) の上すくい角は銅，アルミニウム，軟鋼などの軟らかい工作物では大きな正のすくい角とするが，硬い工作物，断続切削，鋳鋼の黒皮削りなどでは，刃先の衝撃的な力に耐えられるように負のすくい角か小さな正のすくい角にする．

7.2.2 フライス盤

多くの切れ刃を有する回転工具をフライスとよび，これを使って平面や溝を切削する工作機械をフライス盤（milling machine）という．広い平面の加工が能率的に可能であるが，仕上面の精度や粗さは必ずしもよくない．軸が横軸か立軸かによって横型フライス盤と立型フライス盤に分けられる．図 7.4 にフライス加工の例を示す．広い平面の加工を，横軸では図 (a) の平フライスで，立軸では図 (b) の正面フライスで行うことができる．図 (c) の工具はボールエンドミルといい，工具先端の形状が半球状なので金型（metallic mold）の自由曲面などの 3 次元切削に最適な工具である．工具材質には，高速度鋼のほかに炭化タングステン（WC）が主原料の超硬，(Ti, Al)N コーティングした超硬あるいは cBN 超高圧焼結体，ダイヤモンド焼結体などが利用されている．近年，cBN などの高圧焼結体が一般的に使用されるようになり，切削速度（回転速度）と送り速度を高くして加工できるようになったので，高い加工能率と加工精度が実現できる．

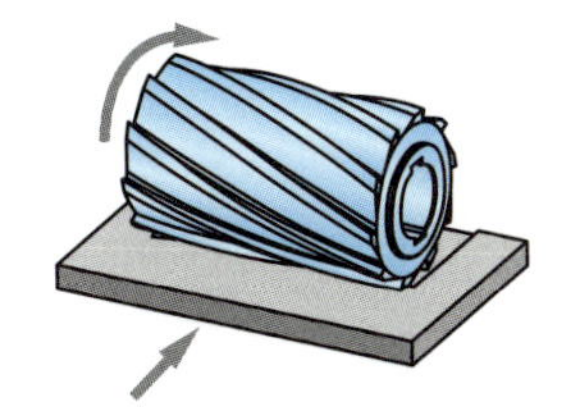
（a）平フライス（横軸）

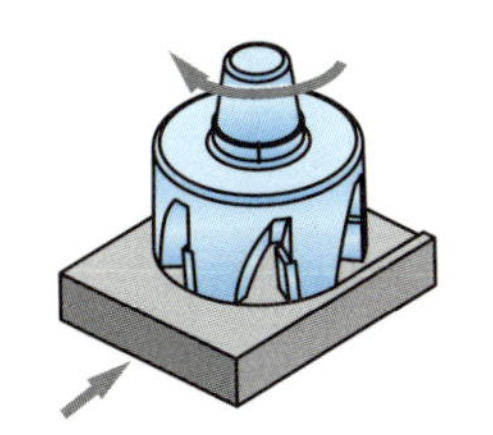
（b）正面フライス（立軸）

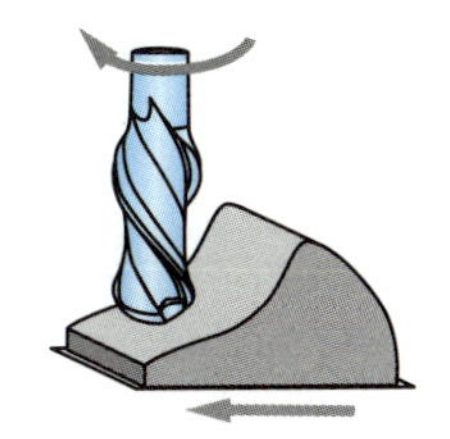
（c）ボールエンドミル（立軸）

図 7.4　フライス加工

横軸のフライス加工では，図 7.5 (a) のように，工具の回転方向と工作物の送り方向が反対方向になる上向き削り（up cut）と，これらの向きが同じになる図 (b) の下向き削り（down cut）がある．図 (a)，(b) において，工具の回転と同時に工作物が送られるので，切れ刃は点 P から点 Q へと移動する．したがって，上向き削りでは，

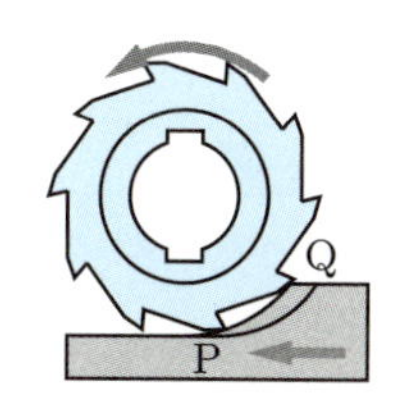

（a）上向き削り（横軸）

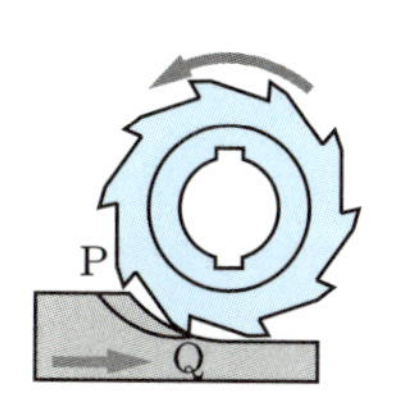

（b）下向き削り（横軸）

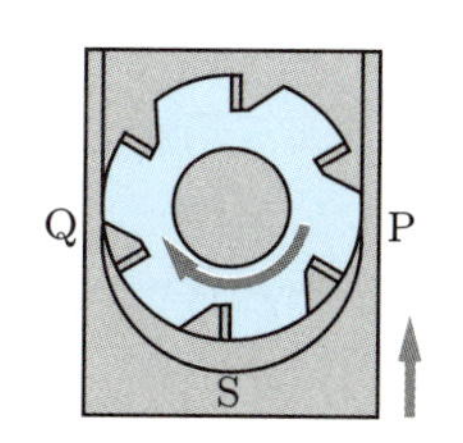

（c）正面フライス（立軸）

図 7.5　上向き削りと下向き削り

切込み開始点Pでの工具の食いつきが小さくなり，切れ刃のすべりが起こりやすく刃先の摩耗が生じやすい．それに対して，下向き削りでは切込み開始点Pでの切りくず厚さが厚いのですべりは小さいが，衝撃力が工作物送り方向にも作用するので，フライス盤の送りねじのバックラッシュがあると，工作物が引き込まれてフライスを割ることがある．図(c)の立軸の正面フライス加工では，工具の切込み開始点Pから点Sまでは上向き削りだが，点Sから点Qの加工では下向き削りになる．

7.2.3 形削り盤，平削り盤

旋削が円筒外内面の加工を行うのに対し，形削り盤や平削り盤作業は，バイトと工作物の相対的な直線運動の繰り返しによって，平面や直線溝を削り出す作業である．図7.6に形削り盤と平削り盤作業の加工原理を示す．

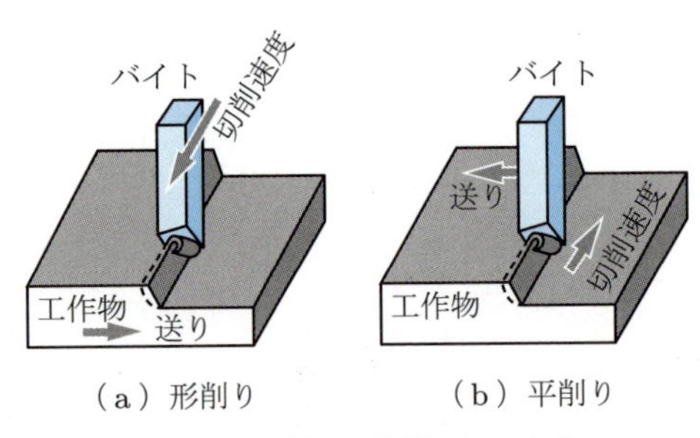

（a）形削り　（b）平削り

図7.6 形削りと平削り加工方式

切削の原理は旋削と同じだが，両者で工作物とバイトの運動方向が異なることがわかる．図7.6(a)の形削りでは，切削速度は工具の往復運動により与えられ，工作物送り速度はテーブルの移動により与えられる．一方，図(b)の平削りでは，切削速度は工作物を固定したテーブルの往復運動により与えられ，送り速度はバイトが固定された刃物台の移動により与えられる．一般に，平削りは形削りに比べて大型の工作物を加工するのに適している．さらに，旋削やフライス加工と大きく異なるのは，1工程ごとの断続切削であるため，工程のはじめと終わりで急激な速度，動力の変化をともない，衝撃によって作業の高能率化に限界がある点である．

7.2.4 穴加工用機械

穴加工に使用する穴加工用機械には，ボール盤，中ぐり盤などがある．そのなかで，最も一般的なのが図7.7に示すボール盤である．

穴あけは，ドリルという工具により行われる．ドリルであけられた穴の精度をよくするために行われるのがリーマ加工で，これによる仕上げによって真円度，円筒度の高い穴が得られる．座ぐりも容易に行える．

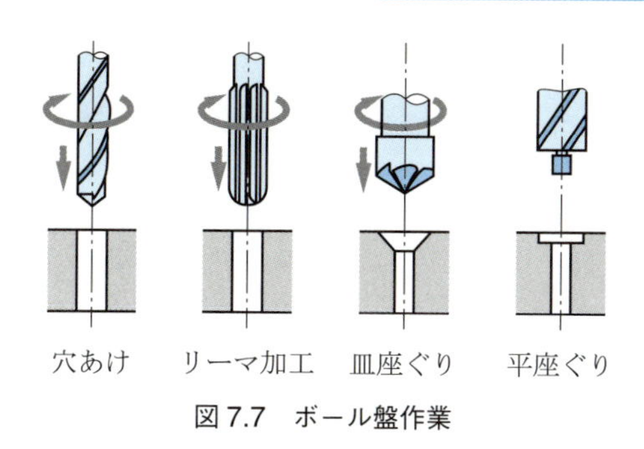

図 7.7 ボール盤作業

また，図 7.8 に示す中ぐり作業（boring）は，鋳抜き穴やドリルであけられた穴に対し，バイトによって直径をくり広げる加工法である．通常，中ぐり盤によって行われる．バイトを挿入固定した中ぐり棒を回転し，軸方向に送りが与えられる．金型や自動車部品に精密な穴を正確な位置にあけるためには，より精度の高い精密中ぐり盤や治具中ぐり盤が使用される．

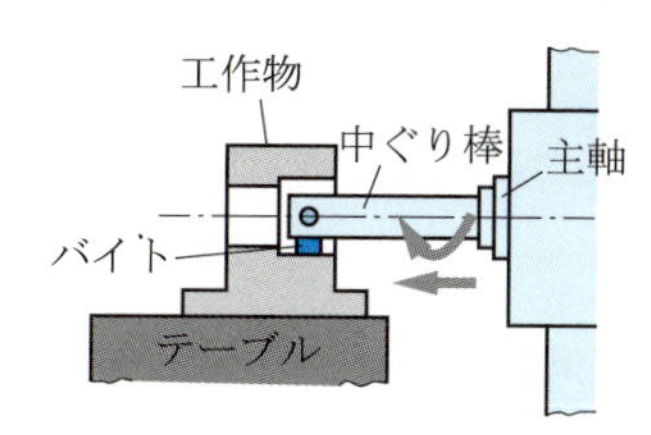

図 7.8 片持ち式中ぐり盤

7.2.5 金切り盤

金属素材や工作物を切断する機械が金切り盤である．金切り盤作業には，図 7.9 のような方式のものや，帯のこ盤や切断砥石による方式がある．

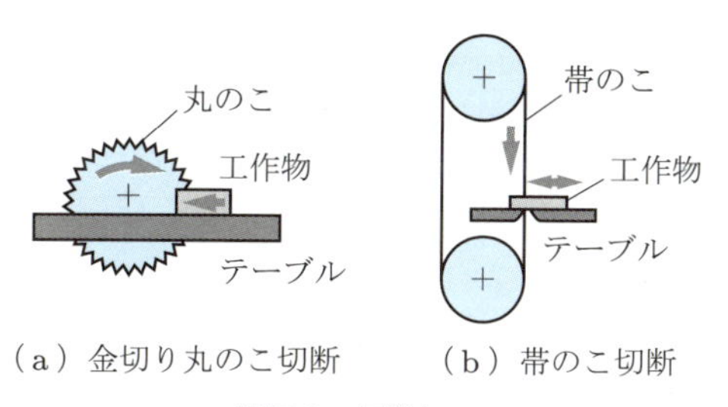

（a）金切り丸のこ切断　（b）帯のこ切断

図 7.9 切断加工

7.3 切削理論

7.3.1 切りくずの形態

切削時に生成される切りくずの形態は，工作物の材質，切削条件によって大きく変化する．切りくずの形態としては，図 7.10 のように，流れ型，せん断型，むしれ型，き裂型の 4 種類に分けられる．

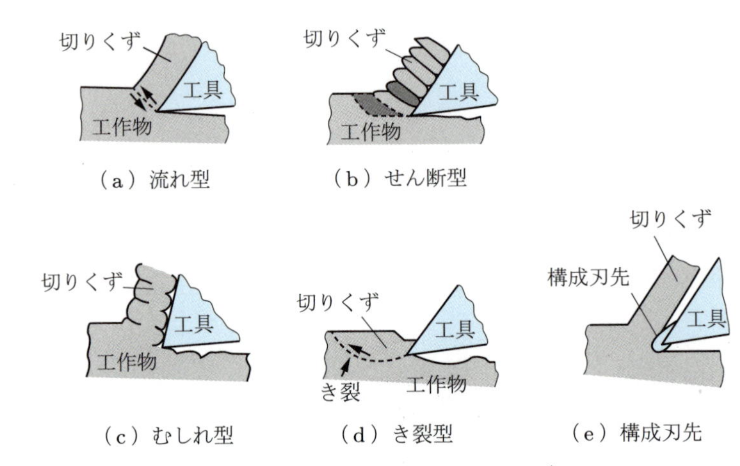

図 7.10　切りくずの形態と構成刃先*

図 7.10 (a) では，工作物が連続的にせん断変形され，カール状に連続した切りくずになる．正常な切削条件のもとで最も多く発生する切りくずで，切削状態は安定して仕上面も良好である．図 (b) は，ややもろくてせん断すべりを生じにくい金属材料（六四黄銅，鋳鉄など）の切削にみられる．図 (c) は，延性が非常に大きい材料（鉛や銅など）を切削した場合にみられ，切削抵抗の変動が大きく，加工面にむしれ痕が残る．さらに，図 (d) は，工具刃先から発生したき裂の成長により生じるもので，主としてぜい性材料（セラミックス，硬質プラスチックなど）の切削にみられ，これが生じると切削抵抗は変動して仕上面も悪くなる．

7.3.2 切削抵抗と動力

切削作業において，工具にかかる力を**切削抵抗**（cutting force）という．旋削の場合を例にとれば（図 7.11），工作物の接線方向の抵抗を主分力（cutting force）F_c,

---

* 軟鋼，アルミニウムのような延性のある金属材料を比較的低速で切削するとき，工具先端に硬い付着物が堆積し，これによって切削が行われることがある（図 7.10 (e)）．この堆積物を構成刃先（built-up edge）とよんでいる．構成刃先はきわめて短い周期で発生，成長，分裂，脱落を繰り返し，これが発生すると仕上面が劣化する．しかし，刃先の保護に役立つことがある．

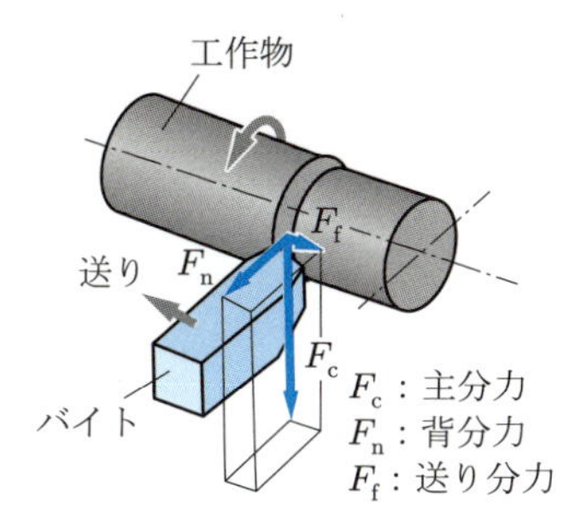

図 7.11 切削抵抗 3 分力

半径方向の抵抗を背分力（normal force）F_n，軸方向の抵抗を送り分力（feed force）F_f とよぶ．このうち，主分力が最大で，切削動力に直接影響する．切削抵抗 3 分力の値は，ひずみゲージや圧電式測定器で測定できる．

切削抵抗は，工作物の材質，工具の形状，切削条件（切込み量，送り量，切削速度，切削液）によって大きく変わる．図 7.12 は切削抵抗に及ぼす切りくず断面積 q，切削速度 v の影響を示す一例である．一般に，F_c と q の間には $F_c = k_s q$ という関係がある．ここで，k_s は単位切りくず面積を切削するときに必要な力で，比切削抵抗 [N/mm^2] とよばれる．

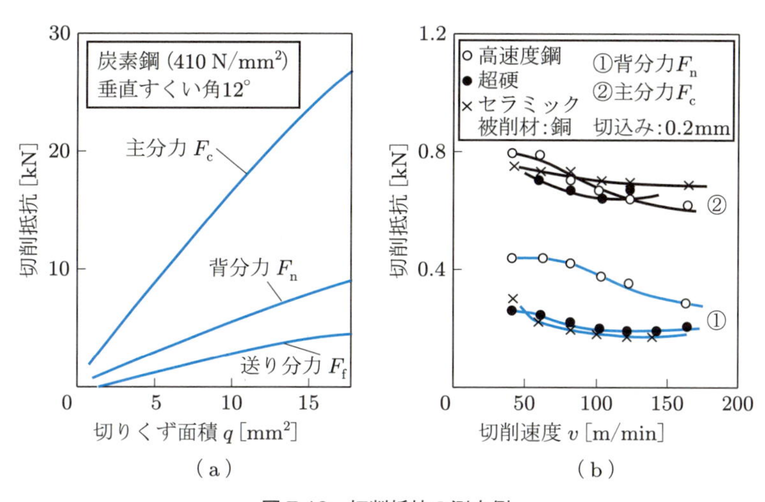

図 7.12 切削抵抗の測定例

なお，主分力 F_c は切削速度 V とともに，単位時間あたりの切削エネルギー U に次のように直接関係する．

$$U = F_c V \tag{7.1}$$

また，単位切りくず体積，単位時間あたりのエネルギー，すなわち比切削エネルギー

(specific cutting energy) u は切込み t_1，切削幅 w より次式で求められる．

$$u = \frac{U}{t_1 w V} = \frac{F_c}{t_1 w} \tag{7.2}$$

7.3.3 工具寿命

切削工具は切削作業時間の経過にともない，刃先がすり減って摩耗する（図 7.13 (a)）．切削速度が高くなると，切削熱の上昇によって摩耗は顕著になってくる．摩耗は最初徐々に増加するが，ある時間経過のあとで急激に上昇し，ついには切削が不可能となる．すなわち，この点（時間，切削距離）を工具寿命（tool life）とよぶ．この付近では，切りくずは変色して仕上面も悪化するとともに寸法精度も低下する．工具寿命の判定は，図 (a) のようにクレータ摩耗の深さ KT やフランク摩耗の幅 VB などの値で行い，寿命に達した工具は取り換えるか，または再研削（regrind）を行う．

一般に，切削速度 V と工具寿命時間 T の間には，近似的に次式が成り立つ（図 (b)）．

$$VT^n = C \tag{7.3}$$

ここで，n，C は工具材料，工作物の材質などによって決まる定数である．

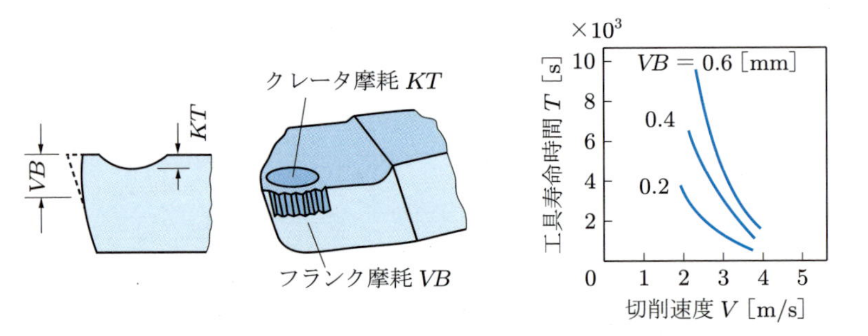

（a）バイトの摩耗　（b）工具寿命時間と切削速度の関係

図 7.13　切削作業におけるバイトの摩耗および工具寿命時間と切削速度の関係

7.3.4 切削仕上面粗さ

切削加工により生成される表面粗さ（surface roughness）は，工具刃先の形状と送りによって幾何学的に定まる．すなわち，旋削の場合，図 7.14 のようにバイトのノーズ半径 r，送り f より，理論的表面粗さ $R_{max} = f^2/(8r)$ で表される．

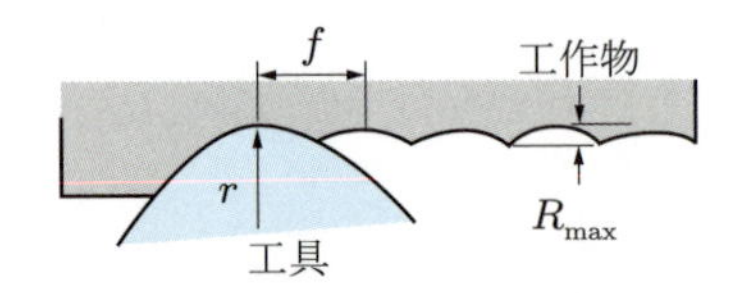

図 7.14　理論的仕上面粗さ

しかし，実際はこの値よりはるかに大きく，ときには100倍以上にもなることがある．この原因には，工具刃先での構成刃先の発生・脱落，切れ刃への凝着物，工具摩耗，刃先の前方と側方で生じる切削面の盛上がりと掘起こしなどがあり，これらは切削速度に大きく左右されるので，切削面粗さは切削速度によって大きく左右される．

7.3.5 切削液

切削中の切れ刃先端近傍の温度や摩耗を抑制するためには，切削液（cutting fluid）が使用される．切削液供給の効果は冷却と潤滑であり，切削液によって，冷却効果が大きいもの，あるいは潤滑効果のよいものなど，さまざまである．

切削液は，大別して，水溶性切削液（原液を希釈して使用する）と不水溶性切削液（鉱物油を基油としたもの，または植物性油）に分けられる．前者はさらに，乳化型，半透明型，溶解型油に分けられる．後者は，前者に比べて一般に冷却効果に劣るが，潤滑性がよいので良好な仕上面が得られる．

7.4 砥石を用いる工作機械

7.4.1 円筒研削盤

円筒状工作物を回転させながら，その外面を砥石で研削するのが，図7.15 (a) の円筒研削（cylindrical grinding）である．切削加工後，より高い寸法精度と優れた仕上面粗さを得ることを目的として行われる精密加工である．工作物軸の方向に砥石軸を送る方式（トラバース研削方式）と，砥石を工作物軸に平行にセットしたまま軸に垂直な方向に工作物に向かって切り込んでいく方式（プランジ研削方式）がある．プランジ研削では，成形された砥石外周の輪郭が転写された輪郭の回転体が得られる．砥石周速は通常30 m/s程度であるが，最近の“高速度研削”ではこの2～3倍の速度になっている．

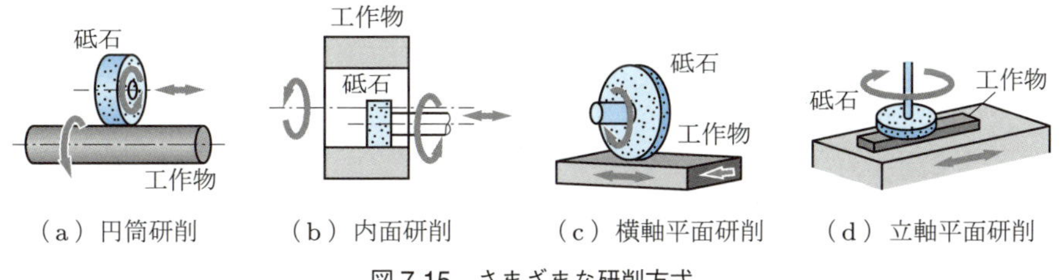

図7.15　さまざまな研削方式

7.4.2 内面研削盤

内面研削（internal grinding）は，図7.15 (b) のように，旋盤や中ぐり盤で切削された穴に対し，より精度を上げて面粗さを改善するために行われる作業である．

内面研削作業には小径の工作物も多く，砥石径が著しく小さくなる場合が多いが，砥石周速の低下を抑えて一定の砥石切れ味を維持するためには，砥石軸の回転数を高くしなければならない．また，砥石軸径が細いことによってたわみが大きく，切残しの発生による寸法精度の低下が問題となる．

7.4.3 平面研削盤

平面研削（surface grinding）は，図7.15 (c)，(d) のように，砥石の外周面または側面によって平面を削る方法である．このほか，量産をねらった回転テーブル式，スルーフィード式のものなどがある．

以上の研削方式のほか，心無研削，工具研削，ねじ・歯車研削，ベルト研削，重研削などの研削方式がある．

7.5 砥石片および砥粒を用いた精密表面仕上げ加工

精密表面仕上げ加工は，切削あるいは研削した工作物の面を，さらになめらかに磨いて加工精度を高めるとともに，表面変質層を除去する目的で行われる砥粒加工である．

7.5.1 ホーニング

ホーニング（honing）は，主として円筒内面を対象とした精密仕上げ加工の一種で，円筒状に並べた比較的目の細かい砥石片を使って穴の内面を微少量研削し，穴の精度（粗さや真円度・円筒度）を高能率に得るもので，ホーニング盤により行われる（図7.16 (a)）．エンジンや空油圧器機のシリンダをはじめ，軸受，バルブなど，応用範囲は広い．

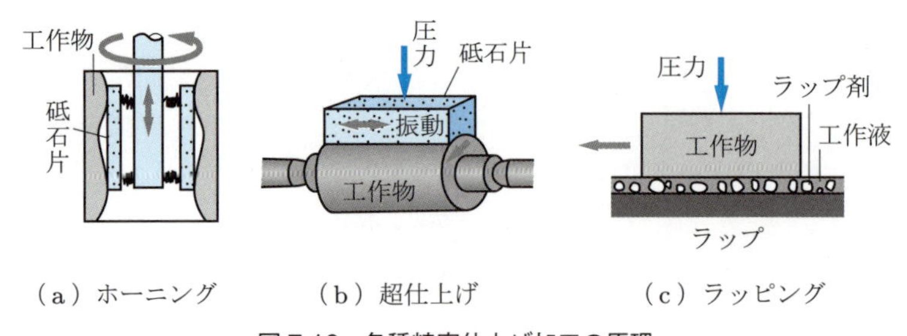

図7.16　各種精密仕上げ加工の原理

ホーニング加工の特徴は，加工面にできる網目状加工すじ（クロスハッチ）によって潤滑油を加工面に保つ効果が高まり，たとえばシリンダ内のピストンの動きがなめらかになることである．

7.5.2 超仕上げ

超仕上げ（super finishing）は，細粒で比較的軟らかい砥石片を，一定の振幅で振動させながら軽い圧力で工作物表面に押し付けて磨くもので，専用機（超仕上ヘッド）の使用によって行われる．短時間に平滑な面が得られるのと同時に，前加工時に発生した表面変質層を除去することができる．平面あるいは円筒外・内面の加工にも適用され，高級な軸，ゲージ類，軸受用ローラなどに広く利用される．

図 7.16 (b) に超仕上げ加工の原理を示す．砥石の振動数は通常 7～30 Hz，振幅は 1～5 mm，工作物周速度 5～30 m/min，そして砥石押付け圧力は荒加工で 0.2～0.5 MPa，仕上げ加工で 0.05～0.15 MPa である．

7.5.3 ラッピング

ラッピング（lapping）とは，図 7.16 (c) のように，ラップと工作物の間に微細砥粒（ラップ剤）を供給しながら，一定の圧力を加えつつ相対運動を与えることにより，工作物の表面を磨く精密仕上法であり，ラップ盤で行う．工作液を用いる湿式ラッピングでは，工作物表面は光沢のない梨地状粗面になるので荒・中仕上げに用いる．また，乾式ラッピングでは，光沢のある滑り面になるので仕上げに用いる．

ラッピングはブロックゲージ，ローラ，ボールなどの精密機械部品をはじめ，半導体などの電子部品のほか，各種のレンズ，ミラーなどの光学部品の製造に適用される．ラップ剤としてはアルミナ系や酸化クロム系砥粒などが使用され，とくにセラミックスなどの硬質工作物には，ダイヤモンド砥粒がよく使用される．

7.5.4 ポリシング

ポリシング（polishing）とは，ラッピングや研削で得られた形状を維持しながら，表面粗さをさらに向上させる目的で行われる表面加工である．金属より軟らかい合成樹脂，不織布繊維，皮など，ポリシャとよばれる工具を用いて行う遊離砥粒研磨法であって，光学ガラス・光学部品，半導体ウェーハ，宝石などの鏡面仕上げに使用される．研磨液としては，水性の液や酸・アルカリの化学液が用いられる．一方，遊離砥粒には炭化ケイ素，アルミナ，ダイヤモンドなどの微粉のほかに，酸化ケイ素，酸化クロムなどの酸化系砥粒が好んで用いられる．

7.6 機械要素の加工

7.6.1 ねじの加工

ねじの加工法には，次のようなものがある．

① バイトによる旋削
② ねじフライスによる切削
③ タップやダイスによるねじ切り
④ ねじ研削
⑤ 塑性加工による方法（ねじ転造）

図 7.17 に，① の原理を示す．ピッチ L の親ねじをもつ旋盤で工作物にピッチ p のねじを切る場合，主軸と親ねじ軸の回転比を合わせるために，入れる 4 個の換歯車の歯数 a，b，c，d を次のような関係が成り立つように選べばよい．

$$\frac{a}{b}\frac{c}{d} = \frac{1}{k}\frac{p}{L} \tag{7.4}$$

ここで，k は前段の歯車比である．

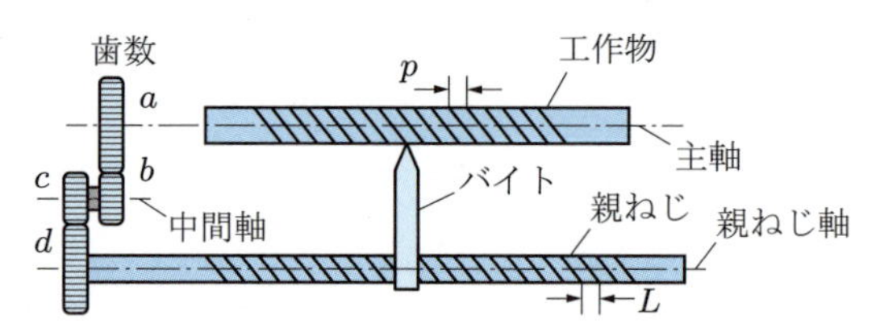

図 7.17　バイトによる旋削

7.6.2 歯車の加工

歯切り法と歯面の仕上げ加工については，次のようなものがある．

① 総形カッタによる切削
② ホブによる切削
③ ピニオン型カッタ，ラック型カッタによる切削
④ シェービングカッタによる仕上げ加工
⑤ 砥石による研削仕上げ加工

① は，図 7.18 (a) のようにフライス盤を用いた総形フライスによって，割出し台を用いて 1 歯ごとに切削して歯溝を作成する方式である．これに対し，② は，図 (b) のようにホブという回転式工具を用いて工具と工作物がかみ合っている状態の相対運動を保ちながら歯形を連続的に削り出す．このような方法を創成歯切り法とよぶ．③ は，図 (c) のようにラック形カッタを用いて，工具と工作物がかみ合うように相対運動を与えながら切削するもので，創成歯切り法のひとつである．③ はラック型カッタ

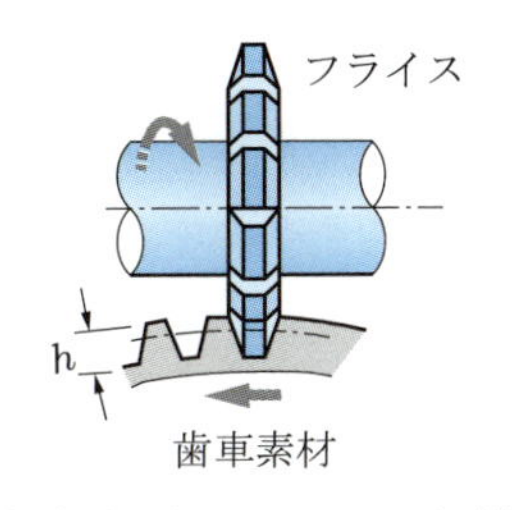

（a）総形カッタによる切削

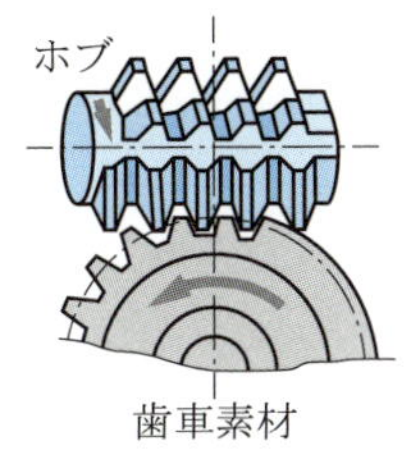

（b）ホブによる切削

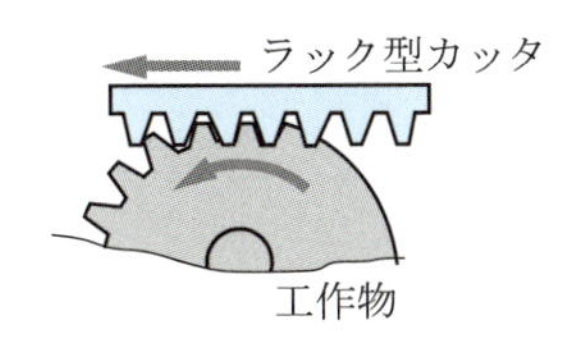

（c）ラック型カッタによる切削

図 7.18　歯車の加工法

のほかに，ピニオン（小歯車）形カッタを用いることもある．④，⑤ はホブ盤などで加工された歯車の歯面の仕上げ加工を行うもので，焼入れ前の歯車歯面はシェービングカッタで加工し，焼入れ後の歯車歯面は ⑤ の研削加工で行う．工作機械や航空機用歯車などの高精度歯車の製造では，仕上げ加工を行うことにより，正確で静かなかみ合いの歯車をつくることができる．

7.7 特殊加工

最近の機械材料のなかには，セラミックスや高合金鋼のように硬くてもろいものや強じんなものが多いため，加工性が悪いものが多く，通常の機械的な加工法では加工不可能な場合が多い．このような場合，特殊加工（物理・化学的加工）が利用される．特殊加工の代表的なものを表 7.2 に示す．

表 7.2　特殊加工の種類と応用例

種　類		応用例
除去加工	化学的エネルギー利用	化学研磨，化学抜き加工，フォトリソグラフィ
	物理的エネルギー利用	放電加工，電解加工，電解研磨，電子ビーム加工，レーザ加工，超音波加工

加工の原理から，物理的エネルギー利用による加工法と，化学的エネルギーの利用によるものに分けられる．各種の粒子（電子，光子，イオンなど）を切り刃として利用するため部分的にかなりの高温になり，かつ切り刃の摩耗という問題がないため，硬質材の加工が可能である．しかも，粒子のエネルギーと位置の制御が可能であるため，高い加工能率と高い精度での精密加工ができる．以下に代表的なものを説明する．

7.7.1 化学抜き加工

図 7.19 (a) に化学抜き加工の加工手順概略を示す．すなわち，薄板または金属箔から微小形状，複雑形状を化学的に抜き取るもので，加工しようとするパターンが得られるように耐薬品塗料のマスクで工作物の表面を保護し，それ以外の部分を腐食液で徐々に溶去する方法である．このほか，ウエーハ上に回路パターンを形成するフォトリソグラフィなどがある．

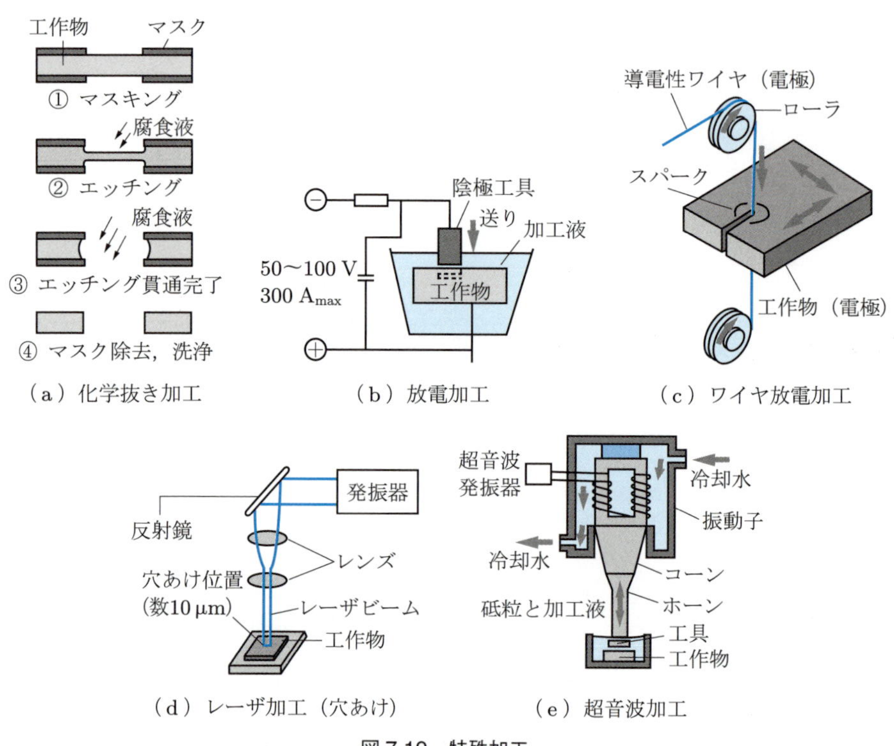

図 7.19　特殊加工

7.7.2 放電加工

放電加工（electro-discharge machining）とは，図 7.19 (b) に示すように，工具電極と工作物を油や脱イオン水などの導電性の低い加工液のなかで数 μm〜数十 μm あけておき，繰り返し放電させることにより，放電にともなう熱的作用を利用して加工材の一部を除去する方法である．これによって，金型の形彫りや微細穴加工が容易にできる．一方，放電加工にはワイヤ放電加工（図 (c)）という形式のものがあり，ここでは直径 0.3 mm 以下の導電性ワイヤ（銅，黄銅など）と工作物の間に放電を行うことによって，自由な形状の輪郭に切断できる．形彫りの放電加工と異なり，複雑な電極を使用しないでプレス抜き型などを製作できるので，金型の加工をはじめ，利用が多い．

7.7.3 レーザ加工

レーザビームは，通常の光よりはるかに大きなエネルギー密度に集光できることを利用して，ガラス，セラミックス，金属，ダイヤモンド，宝石類などの穴あけ加工や切断加工に応用される（図 7.19 (d)）．

7.7.4 超音波加工

超音波加工（ultrasonic machining）の原理は，図 7.19 (e) に示すように，超音波発振器によって振動子に数 μm の縦振動を起こし，ホーンで振幅を増大させて工具を振動させ，工作物を加工する．ここでは，工具と工作物の間には水または油を混合した砥粒（細粒の SiC，B_4C など）を注入して適度な圧力をかけながら作業が行われ，これによって，砥粒が衝突して工作物を微細破砕させ，穴あけ，切断や表面仕上げ加工を高能率かつ高精度に行うことができる．ガラス，セラミックス，シリコンなどの加工に適する．

7.8 機械工場の自動化

7.8.1 NC 工作機械の出現

工場のさまざまな作業や工程を自動化することを FA（factory automation）とよび，すでに無人で稼動している機械工場が少なくない．旋盤やフライス盤などの単一工作機械による自動加工の歴史は古く，1920 年頃のならい工作機械やタレット旋盤，あるいはその後のトランスファーマシンの開発によって自動化は時代とともに発展・普及した．なかでも，1952 年にアメリカで開発された NC フライス盤（numerical control：NC）の登場以来，NC 旋盤，NC 研削盤などの各種の NC 工作機械が次々出現し，自動加工は急速に進展した．図 7.20 に NC 工作機械で工具を正確な位置に移動させるための，クローズドループ方式による送り制御モータ制御の概念を示す．送り量に必要な駆動モータへの回転指令を出しながら，同時に検出器での実際の移動

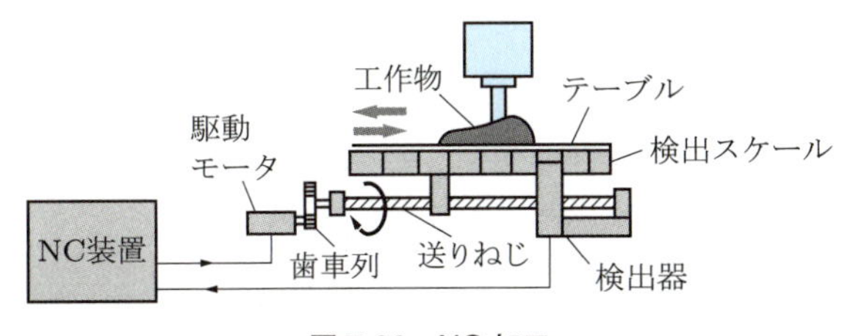

図 7.20 NC 加工

量を検出し，これらの差がゼロになるようにNC装置から駆動モータに補正の回転指令を出している．

7.8.2 複合工作機械の開発

近年，このようなNC工作機械を複数台組み合わせて一台の機械にした複合工作機械が開発されている．これによって，一台の機械だけで平面加工，穴加工，円筒加工のほか，複雑形状の加工を自動で高能率かつある程度の精度をもって加工できるようになった．複合工作機械は多種の工具を準備し，順次主軸に着脱する自動交換装置（automatic tool changer：ATC）を備えていることが大きな特徴である．

最初に開発された複合工作機械は，平面加工，フライス加工，穴加工が可能なもので，マシニングセンター（machining center：MC）とよばれるもので，広く普及している．マシニングセンターの構造はフライス盤の構造とほぼ同じで，テーブル上に工作物を載せ，主軸に取り付けた切削工具の上下，前後の動きと，テーブルの前後，左右，上下の動きによって切削が行われる．マシニングセンターは旋盤と異なって，X，Y，Z 軸の三軸制御であり，ほかに軸回りの回転および旋回運動などが可能になっている．

また，主軸の回転角度位置を制御して，任意の角度位置を割り出したり，連続的に回転角度が制御でき，かつ，静止工具だけでなく，穴あけやフライス加工のできる回転工具軸が付加されたNC旋盤もある．この複合工作機械をターニングセンターとよび，旋削のほかに，キー溝，穴，スクロール溝などの加工のほか，非回転形状の加工なども可能である．

図7.21はターニングセンターの構成図で，ATC刃物台とタレット刃物台を同時に作動させ，2箇所での加工を同時に行うことができる．

このように，今日，IT（情報技術）とMT（製造技術）を融合させることにより，複雑な形状の工作物でも一台の複合工作機械を使って，工作物のつかみ換えによる加工精度の低下を起こさずに極めて高い加工能率で自動的に生産できる時代になってきた．

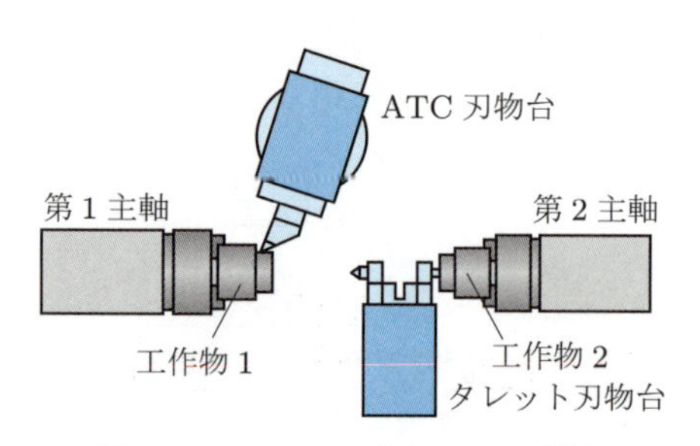

図7.21　ターニングセンターの機能

7.8.3 工場全体の自動化

ひとつの工場に存在する多数の機械（主として工作機械）は，多くの場合，ベルトコンベアやロボットとともにコンピュータにつながれているため，生産加工システム全体，すなわち工場全体の有効な自動化が望まれる．

そのために，複数の工作機械による群管理システム（direct NC：DNC）や工作物の自動搬送システムを利用し，より融通性をもたせたフレキシブル生産システム（flexible manufacturing system：FMS）などが登場している．これにより，工場全体の FA が実現できる．つまり，FA では生産の段階（設計，加工，搬送）に電子技術やコンピュータ技術を導入することによって，加工の自動化，情報処理の高度化・ネットワーク化が可能となり，結果として今日多くの生産工場で，工場全体の自動化が達成されている．

7.9 非切削加工

金属材料には，高温において溶けて液体となる性質（溶融性）や，大きな外力を受けると変形して，外力を取り去ってももとの形には戻らない性質（可塑性）がある．これらの性質を利用して機械部品の成形を行うと，切削加工のように切りくずを発生させないで必要な形状を得ることができるので，省資源の加工が可能である．このように，切りくずを出さない加工法を非切削加工として分類している．可溶性を利用する加工方法が鋳造や溶接であり，可塑性を利用する方法が鍛造やプレスである．なお，IT の発展にともない，CAD などによる部品の 3 次元データをもとに鋳型や金型を使わないで成形する積層造形がものづくりに大きな影響を与えている．本節では，非切削加工を表 7.3 のように分類した．

表 7.3　非切削加工の分類

種　類	適用例
鋳造	砂型鋳造，ダイカスト法，ロストワックス法，シェルモールド法，遠心鋳造，連続鋳造など
塑性加工	鍛造，転造，圧延，引抜き，押出し，深絞り，ロールフォーミングなど
溶接・切断	アーク溶接，ガス溶接，抵抗溶接，レーザ溶接，ガス切断，レーザ切断など
積層造形	光造形，粉末積層，溶融物堆積，シート積層など

7.9.1 鋳　造

鋳造とは，溶けた金属（湯）を砂などでつくった空洞に流し込み，凝固させて成形する加工法であり，つくられた物を鋳物という．この加工法の特長は，大型の部品や複雑な形状の部品でも容易に製作できるので，経済的なことにある．一方，肉厚の薄い部品や狭い隙間のある部品は湯がまわりにくいので，つくりにくく加工精度が低いという欠点がある．鋳物材料の鋳鉄は，炭素含有量が2.1％以上のため，じん性が低く，機械のベッドなどに多く使われてきたが，球状黒鉛鋳鉄の開発により機械的性質が改善されて，乗用車のサスペンションなどの強度の必要な部品の製造にも使われるようになってきている．ここでは，砂型鋳造により鋳造の基本的構造を解説し，次に高精度鋳物の製造に使用されるロストワックス法，シェルモールド法，ダイカスト法などを特殊鋳造として記述する．

(1) 砂型鋳造　図7.22に砂型鋳造（sand mold casting）各部の名称を示す．部品とほぼ同形の模型（pattern）の下半分を砂の中に埋めて砂を固めたあと，模型を取り出すと，砂の中に空洞のある下型ができる．同様にして上型をつくり，二つの型を合わせると，模型と類似した形の空洞をもつ鋳型ができる．この空洞に溶けた金属（湯）を流し込んで凝固させたあと，鋳型を崩すと，鋳物部品が取り出せる．鋳物砂（molding sand）には，耐火性・通気性・造型性が必要で，ケイ砂を主成分に粘結剤としてベントナイトと水を混成してつくられる．中空の部品では，砂でつくられた中子を図のように使用する．湯は受口から湯口・湯道・せきを通り，鋳型内の空洞に達する．注湯時の鋳型内部の空気やスラグなどの除去のために揚がりからあふれるまで湯を注ぐ．また，鋳物の凝固時に湯の不足で生じるひけ巣を防止するために押湯をする．加熱されて砂型から発生するガスはガス抜きや揚がりから排出され，鋳巣を防止する．

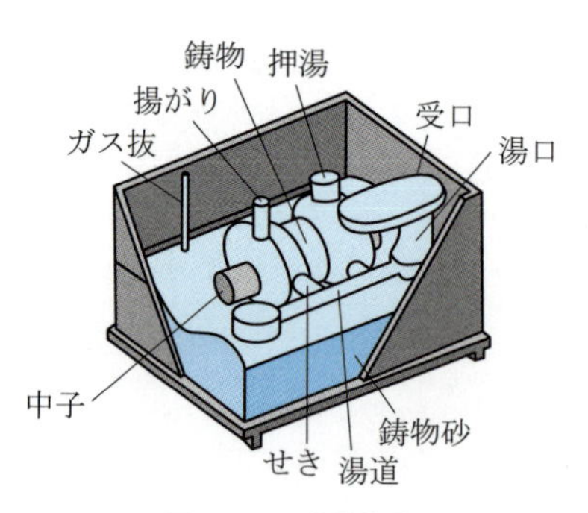

図7.22　砂型鋳造

(2) 特殊鋳造　ロストワックス法（lost wax process）は，模型をろう（wax）でつくり，その表面に水ガラスに溶かした鋳物砂を付着させて乾燥後，加熱するとろうが流失して空洞の鋳型ができる．ポンプの羽根などの複雑形状部品や3次元曲面部品を特殊鋼，ステンレス鋼，銅合金，アルミ合金などで製造できる．軟質のろうを使うので，金型の製造・維持コストも安価となる．

シェルモールド法（shell mold process）は，まず部品を上・下に分割した形状の金型を作成する．その金型の外面を約250℃に加熱し，熱硬化性フェノール樹脂でコーティングした鋳物砂で覆うと，樹脂の硬化にともなって薄い貝殻状の鋳型ができる．二つの鋳型を合わせて枠に入れ，周囲を砂などで埋めて固定した状態で鋳込みを行う．鋳型強度が高く，鋳肌がなめらかで寸法精度の高い鋳物が得られる．小型，薄肉鋳物の多量生産に適している．一方で，高温加熱のために金型の変形が生じ，金型の耐用年数が短いなどの課題もある．

ダイカスト法（die casting）は，溶湯を高圧で金型に注入する鋳造法で，寸法精度が高く，小型，薄肉鋳物の多量生産に適している．アルミニウム合金，亜鉛合金などの低融点部品の製造が主で，融点の高い鋳鉄や鋳鋼部品には，金型の寿命が短くなるため一般に使用されない．

そのほか，大口径水道管などの鋳鉄管の製造には，高速回転させた円筒状の鋳型に湯を奥から手前に一定量で注湯する遠心鋳造（centrifugal casting）が使われる．また，連続鋳造（continuous casting）は，断面が一定の水冷鋳型に湯を通して一定速度で引き出すことにより，断面が一定の長い鋳物を連続的につくることができる．

7.9.2 塑性加工

材料に外力を加えたとき，材料内部の応力が降伏応力を超えると，材料には塑性変形が生じ，外力を取り去っても永久的な変形が残る．このように，材料の塑性変形を利用して成形する加工法を塑性加工（plastic working）とよび，材料には，連続鋳造によってつくられたブルーム（大形角鋼片），ビレット（小形角鋼片），スラブ（へん平鋼片）などの一次加工品が使われる．塑性加工には，鍛造，圧延，プレス，押出し，引抜き，フォーミングなどがあり，これらの加工法によってクランク軸のように強度が必要で複雑な形の製品のほか，板，棒，線，形材，管などを均質で強じんにつくることができる．塑性加工の例を図7.23に示す．

(1) 鍛造加工　金属材料をハンマやプレスによって加圧成形する加工法を鍛造加工（forging）という．再結晶温度以上での鍛造を熱間鍛造とよび，材料の変形抵抗が小さくなるので大きな変形を与えられるが，寸法精度や表面性状は劣化するので，仕上げ加工が必要となる．鍛造によって，組織は緻密になるとともに，鍛造方向に伸ばされて鍛流線（fiber flow）が生成されるので強度が高くなる．金型を使う型鍛造（die forging）は金型に大きな力がかかるので，強度や摩擦などの十分な検討が必要である．

(2) 圧　延　回転する2本のロールのすきまに材料を挿入して，断面積を減少させながら必要な断面形状の製品を成形する加工法を圧延（rolling）という．再結晶温度以上での圧延を熱間圧延，常温での圧延を冷間圧延という．ブルーム・ビレット・ス

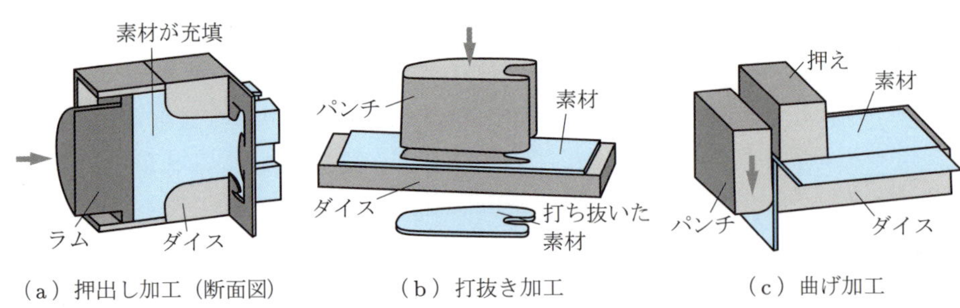

（a）押出し加工（断面図）　（b）打抜き加工　（c）曲げ加工

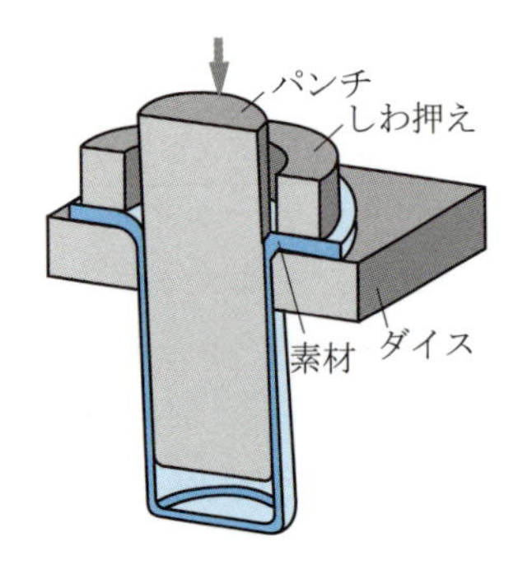

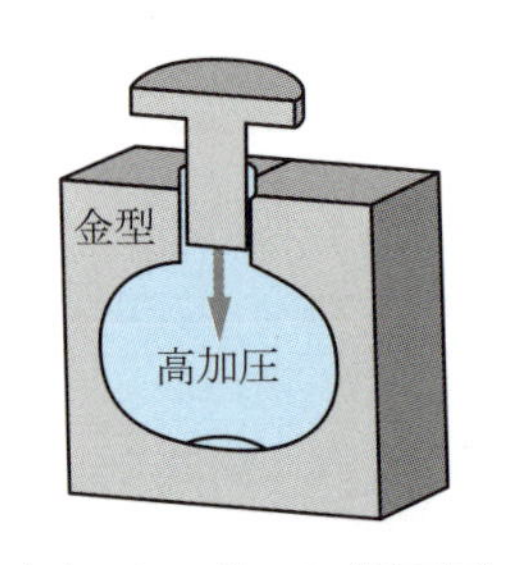

（d）深絞り加工（断面図）　（e）バルジ加工（断面図）　（f）ロールフォーミング

図 7.23　塑性加工

ラブなどの一次加工品を圧延して，形鋼・レール・棒鋼・鋼管・線材・厚板・薄板などの二次加工品がつくられて工業製品の加工素材となる．

(3) 引抜き加工，押出し加工　　引抜き加工（drawing）は，先の細くなった穴形状のダイス（dies）に材料を通して引き抜き，棒材，線材，管材などの直径を細くする加工法である．断面減少率が大きくなると，硬さや引張強さは向上するが，延性は低下する．成形時の摩擦低減のために潤滑剤の選定も重要となる．

金属材料に高圧力をかけてコンテナ内に押し込んで断面形状をダイスの形に成形する加工が図 7.23 (a) の押出し加工（extrusion）である．複雑な断面形状の部品製造に用いられる．ラムに長い突起（マンドレル）を付けて押し出すと，管や穴の空いた部品も製造できる．大型で変形量の大きい部品は熱間押出しで行われるので，高温・高圧でも破損しない熱間ダイス鋼の SKD61 などが工具として使用される．

(4) せん断加工，曲げ加工，絞り加工，バルジ加工，ロールフォーミング　　図 7.23 (b) のように，一対の金型を使って，薄板素材にせん断力を与えて所要の形状に打ち抜く加工をせん断加工（shearing）という．パンチとダイスのすきまをクリアランスとよび，その大小はせん断切り口の状態に大きく影響するので，素材や加工条件に対して適正なクリアランスで加工する．

図 7.23 (c) に曲げ加工（bending）を示す．変形の様式により，V 曲げや U 曲げなどがある．成形後は，材料の弾性によって変形が回復するスプリングバックが生じ，製品の曲げ角度に影響する．また，幅の狭い V 曲げでは，くら形の反りが生じやすい．その他，素材の材質により，曲げ半径が小さいと，曲げ部の外側にき裂が発生する．

図 7.23 (d) のように，しわ押えで押さえた円形の平板にパンチを押し込み，底付き容器を成形する加工法を深絞り加工（drawing）という．絞り成形には限界があり，限界絞り比（limiting drawing ratio：LDR）で表す．LDR は素材の直径をパンチの直径で割った値で，良好な絞りでは 2.3 程度である．したがって，限界絞り比より深い容器を成形するには再絞り加工（redrawing）を行う．

バルジ加工（bulging）とは図 7.23 (e) のように，金型内に設置した円筒容器の内部に流体などを高圧力で圧入して，膨らませるように成形加工する方法である．管を使って同様の加工をすると，管の一部を膨らませた形状に成形できる．

図 7.23 (f) は，長い板材から長い管を成形加工するロールフォーミング（roll forming）である．実際には，沢山のロールを配置して少しずつ変形させながら管や形材を成形する．

(5) 転造加工　ねじ，歯車，鋼球および軸の断面形状が長さ方向に変化する段付き軸などは，転造加工（form rolling）で成形加工される．ねじ山や歯形の断面形状をした二つのダイスで素材を挟んで転がし，ダイスの山を素材に押し込んで素材に谷をつくると同時に山を盛り上がらせる加工法である．つくられた山や谷の組織は，加工硬化と同時に連続した組織の流れとなるので，切削加工の製品と比較して機械的性質が優れている．

7.9.3 溶　接

金属材料の一部を局部的に加熱・溶融して接合する方法が溶接（welding）である．リベット接合より軽く，接合の自由度が高く，気密・水密ができるなどの長所がある．接合部の加熱・冷却による金属組織の変質や溶接変形と残留応力の発生などの問題点があるので，母材（base metal）に適した溶接法や条件を考慮して行う．

(1) ガス溶接　ガス溶接（gas welding）は，可燃性のアセチレンと酸素の混合ガスに着火して，炎で接合部を加熱・溶融する方法である．酸素の供給量がアセチレンより少ないと，青い炎のアセチレン過剰炎になる．酸素の量をアセチレンとほぼ同量にすると，溶接トーチの先端の炎は白色の白心となり，その外側に青みを帯びた外炎の標準炎となる．ガス溶接では，この標準炎をつくり，白心の先 2～3 mm の約 3000℃になる高温部分で母材と溶接棒を加熱する．

(2) 被覆アーク溶接　溶接棒と母材を通電して，軽く接触させたあとで離すと，両者間に放電現象が生じる．このときに生じる約 6000～20000℃ の高温を利用する方法が，図 7.24 の被覆アーク溶接（shielded metal arc welding）である．電源は直流・交流のいずれも使用され，溶接棒を負，母材を正とする接続を正極性とよび，母材の溶込みが深い．逆極性では，溶込みは浅くなるが，クリーニング作用により溶接部の酸化膜が除去されて溶接しやすくなる．心線のまわりに塗り付けられた被覆材からは高温により気化したガスが発生し，大気を遮断して溶接部の酸化や窒化を防止してアークを安定させる．溶けた被覆材は軽いのでスラグとなり，溶接部を保護する．

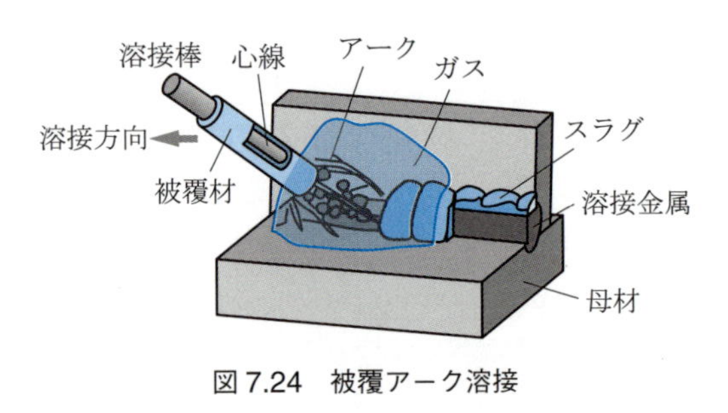

図 7.24　被覆アーク溶接

(3) イナートガスアーク溶接　高温でも金属と反応しないアルゴン（Ar）のような不活性ガスや炭酸ガスを溶接部周辺に供給して，アーク溶接を行う方法をイナートガスアーク溶接（inert gas arc welding）という．化学的に活性なアルミニウム合金，銅合金などの非鉄金属やステンレス鋼などの溶接に使われる．TIG 溶接（tungsten inert gas arc welding）は，不活性ガス中で消耗の少ないタングステンを電極として溶接棒を溶かしながらアーク溶接を行う．一方，MIG 溶接（metal inert gas arc welding）は，一定速度で送り出される溶接ワイヤを電極としてアークを発生させ，電極を溶かしながら溶接するので，溶接棒は必要ない．

(4) 抵抗溶接　母材を接触させて，大電流を流すと接触部は電気抵抗によって局部的に大きな熱が発生して溶融状態になる．このときに加圧して接合する方法を抵抗溶接（resistance welding）という．図 7.25 に示した上下の電極が棒状のスポット溶接（spot welding）は，自動車のボディの接合に多く使われている．加熱溶融部をナゲット（nugget）とよび，小さすぎると接合が弱く，大きすぎると接合部がへこんで製品の価値が下がる．上下の電極を円板にして回転させながら連続的に接合する方法がシーム溶接（seam welding）で，気密・水密の必要な溶接に用いる．

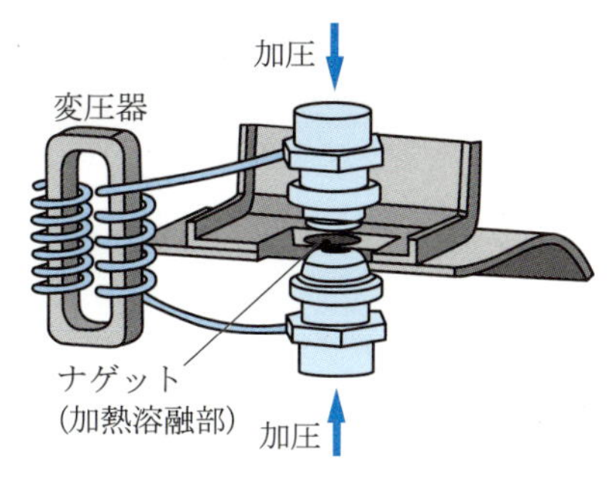

図 7.25 スポット溶接

7.10 積層造形

7.10.1 概 説

3 次元 CAD や医療用の MRI（magnetic resonance imaging）などの 3 次元データによって，複雑な 3 次元形状を画像によって視覚的に認識する技術が急速に進展した．さらに，実際に触ることのできる「もの」を製作できるようになってきた．その加工技術は，鋳造・塑性加工などと大きく異なっている．図 7.26 に示すように，3 次元物体の形状データだけを三角形の張合せで表現する STL（standard triangulation language）データに変換したあと，Z 軸方向に断層的にスライスする．スライスすることにより，たとえ閉じたモデルでも任意の深さの断面形状が XY の 2 次元データで認識できる．この 2 次元データから加工情報を生成して，下層から層ごとに積み上げて成形・積層し，3 次元の物体を製するのが積層造形（layered manufacturing）である．

この積層造形による加工技術は，試作品を簡単に短時間でつくる RP（rapid prototyping）技術として開発された．その効果は大きく，生産工学的には，製品情報の

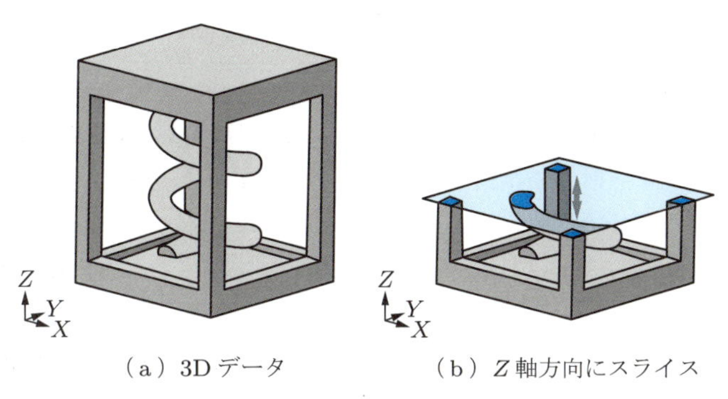

（a）3D データ　（b）Z 軸方向にスライス

図 7.26 積層造形のデータ作成原理

共有化が容易になって開発時間が短縮された．また，医療分野でも手術前の検討・人工骨・歯形・補聴器などへの応用が広がっている．近年，低価格で販売されている3Dモデリングソフトや3Dプリンタでも積層造形が可能で，身近なものづくりの方法として幅広い層に大きな影響を与えている．しかし，加工精度・表面品位・異方性などの課題も多い．

積層造形は下層から積み上げる製作方法なので，片持ちはりのように横方向に張り出したモデルの場合は，下から支える仮の柱が必要になる．この柱のことをサポートといい，モデル完成後は取り外せるようにモデルとの接合部分は小さくし，薄肉の構造で設計する．

7.10.2 光造形

光造形（stereolithography）は図7.27に示すように，光硬化性の液体材料にレーザを照射して1層の深さだけ反応する紫外線のエネルギーで化学反応により固化させる加工法で，1981年に小玉秀男により考案された．[μm]単位の微細加工が可能で，家電製品の筐体やコネクタの試作のほか，医療関係ではCT画像データから頭蓋骨や内臓などのモデルを作成して手術前の検討にも利用されている．また，高透明耐熱樹脂を使った自動車用透明プラスチック部品のほか，耐水性の樹脂を使った複雑で微細な流路部品など，樹脂の特性を活かした部品の製作が行われている．

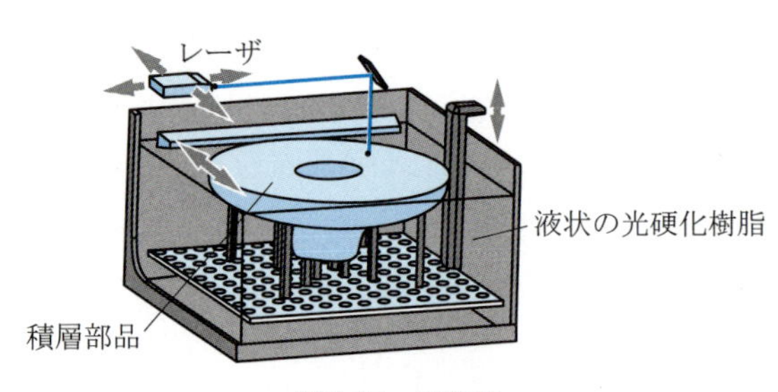

図7.27　光造形

7.10.3 粉末積層

粉末積層（powder lamination method）の加工原理は，図7.28に示すように材料の粉末にレーザを照射して焼結する方法や，レーザの代わりに接着剤を吹付ける方法もある．未硬化部分の粉末がそのままでサポートになる．

① 焼結法（selective laser sintering）：使用する材料によって大きく四つに分類される．

- 熱可塑性の樹脂・プラスチック・ゴムなどの粉末表面に遠赤外線レーザを照射して溶融・焼結させ，各層を造形する．

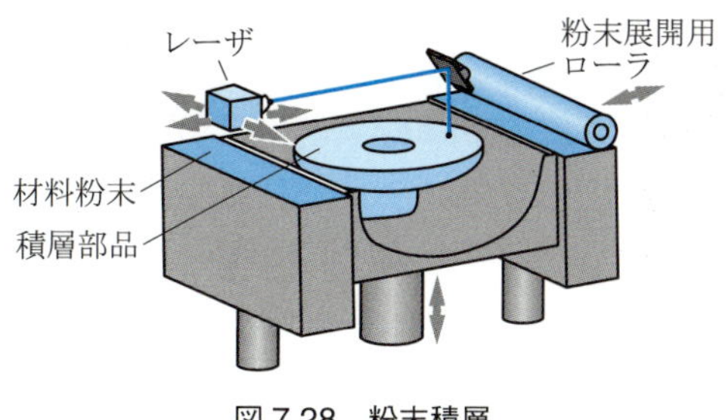

図 7.28 粉末積層

- 熱硬化樹脂をコーティングした砂を低出力レーザで焼結させる．この方法では，鋳造に必要な鋳型を製造できる．
- 青銅・ニッケルの混合粉末に高出力のレーザを照射して融点の低い青銅の溶融・焼結によって部品を製造する．
- ステンレス，チタン，鉄などの粉末を高出力レーザの照射で焼結させて，積層した数 mm の層ごとに高速切削加工を繰り返して高精度・高表面仕上げの部品を製造する．

② 結合剤噴射法（binder jetting）：石膏，砂，セラミックスなどの粉末を材料として，インクジェットプリンタの原理でプリンタヘッドから固着剤を噴射させて，粉末を固化させる方法．固着剤にインクを混合して噴射することでカラーの層を作成できる．

7.10.4 溶融物堆積

溶融物堆積（fused deposition method）は，液体や粘性体の状態の材料をノズルから加工点に供給し，紫外線の照射や空気による冷却で材料を固化させる方法である．複数のノズルから異なる色の材料を供給して，場所によって部品の色を変えることができる．光硬化性樹脂の液体を使うインクジェット法やワイヤー状の樹脂を使う樹脂押出し法がある．

① インクジェット法：加工原理を図 7.29 (a) に示す．材料となる液状の光硬化性樹脂をプリンタヘッドから噴射すると同時に，紫外線を照射・固化させて層を作成する．部品樹脂ノズルとサポート樹脂ノズルが配置されているので，片持ちはりのように横方向に張り出した形状の部品の作成が容易である．積層ピッチも小さいのでなめらかな表面になる．また，複数のプリンタヘッドをもち，色や材料を変化させて造形できるので，各部分の色を変えた人体内臓モデルなどが医療面で使われている．

② 樹脂押出し法：加工原理を図 7.29 (b) に示す．ワイヤ状の ABS や植物由来プラスチック（poly-lactic acid：PLA）樹脂を加熱したプリンタヘッドを通して溶

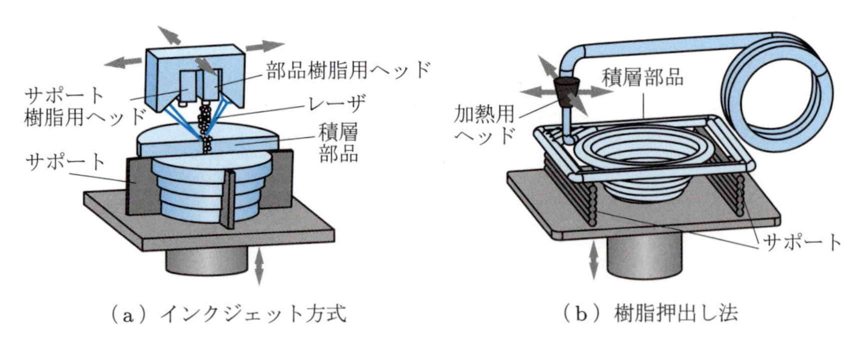

（a）インクジェット方式　　（b）樹脂押出し法

図 7.29　溶融物堆積

融させて押し出し，固化させて各層を作成する．現在，低価格で販売されている3D プリンタの主な加工方式になっている．

7.10.5　シート積層

シート積層（sheet lamination method）の加工原理を図 7.30 に示す．材料には，紙・塩化ビニール・鋼板などの薄いシートを使用する．各層の断面データに従って，レーザで輪郭が切り取られる．部品の周囲は格子状に切断されてサポートとなる．材料には裏に接着剤が付いていて，切り取られた輪郭を前の層にローラで加熱圧着して立体を成形していく．等高線による山の造型をイメージするとわかりやすい．材料の紙や鋼板は，ロール状に巻かれているので作業性がよい．

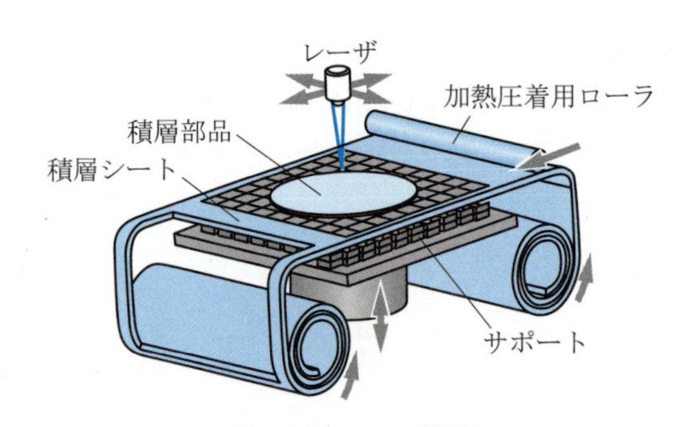

図 7.30　シート積層

演習問題

7.1　平面の加工に使われる工作機械の代表的なものを 4 種類あげよ．

7.2　切削時に排出される切りくずを分類せよ．

7.3　外丸削りにおいて，切込み 1.5 mm，工作物 1 回転あたりの工具送り 0.4 mm とするとき，主切削抵抗 F_c の推定値を求めよ．ただし，工作物の比切削抵抗 k_s は 1800 N/mm^2

とする．

7.4 ボール盤と中ぐり盤による穴加工の違いを説明せよ．

7.5 精密仕上げ加工の主なものを三つあげ，簡単に説明せよ．

7.6 複合工作機械とはどのような機械かを例をあげて簡単に説明せよ．

7.7 放電加工の原理・特長を説明せよ．

7.8 ロストワックス法，シェルモールド法，ダイカスト法の特徴を述べよ．

7.9 図 7.22 の砂型鋳造の解説図で，鋳物砂を崩したときに取り出される鋳物形状を描け．

7.10 アーク溶接では，溶接部の酸化，窒化などの防止はどのように行われるかを説明せよ．

7.11 耐食鋼であるオーステナイト系ステンレス SUS304 の溶接をイナートガスアーク溶接する理由を述べよ．

7.12 積層造形で使用される材料を述べよ．

7.13 積層造形で材料を硬化させる方法を述べよ．

8 熱力学

熱力学は，力学，電磁気学と並んで自然科学の3部門を構成し，重要な役割を果たしている．熱力学では各種のエネルギーの基本およびそれらの相互変換についての研究が行われ，その応用分野の相違によって化学熱力学，工業熱力学などの異なった分科が生まれている．本章では，主として工業熱力学の基礎についての初歩的な概説を行う．

8.1 エネルギーの概要

本章で述べる熱力学（thermodynamics），および次の第9章で述べる流体力学（fluid dynamics）は，いずれも機械工学のなかではエネルギー（energy）の問題に応用されることが多い．そこで，本論に入る前にエネルギーの概要について簡単に説明する．

この地球上の自然現象も，それを取り巻く宇宙も，また人々の日常生活も，すべてエネルギーに関係しないものはなく，エネルギーは経済社会の維持発展には必要不可欠なものである．

エネルギーとは「なんらかの効果を生じる能力」と定義されたものであって，なんらかの変化が生じているものには必ずエネルギーが介在している．工学で取り扱うエネルギーの種類は，通常次のように分類される．

① 機械的エネルギー
② 運動エネルギー
③ 位置エネルギー
④ 容積エネルギー
⑤ 熱エネルギー
⑥ 化学エネルギー
⑦ 電気エネルギー
⑧ 光エネルギー
⑨ その他のエネルギー

われわれの身のまわりでこれらが具体的な形をとっている主なものには，次のようなものがある．

- **機械的エネルギー**：水車，ポンプ，摩擦熱
- **電気エネルギー**：発電機，電動機，電池
- **熱エネルギー**：エンジン，熱電発電，核融合

このように，エネルギーの例をあげればきりがないが，通常，機械工学で主に取り扱うエネルギーは，上述の各種エネルギーのなかの ①～⑤ である．エネルギーの発生・利用について機械工学の立場から考える場合，その基本になるのが熱力学，流体力学であり，さらにはそれらに基づいて展開される熱機関（heat engine）および流体機械（fluid machinery）である．

次に，エネルギーを発生するエネルギー資源の種類について概説する．

8.1.1 化石燃料

エネルギー資源として最も利用度が高いもので，石炭，石油，天然ガスがその代表的なものであるが，それらの化学組成を表 8.1 に示す．

表 8.1　各種化石燃料の化学組成

化学組成 [%]	無煙炭	中揮発分歴青炭	高揮発分歴青炭		褐　炭	原　油	ガソリン	トルエン	天然ガス†
C	93.7	88.4	84.5	80.3	72.7	83～87	86	91.3	76.56
H	2.4	5.0	5.6	5.5	4.2	11～14	14	8.7	23.37
O	2.4	4.1	7.0	11.1	21.3	—	—	—	—
N	0.9	1.7	1.6	1.1	1.2	—	—	—	0.07
S	0.6	0.8	1.3	1.2	0.6	—	—	—	—
H/C（原子比）	0.31	0.67	0.79	0.82	0.69	1.76	1.94	1.14	3.66

† ブルネイ産の天然ガス

8.1.2 再生可能エネルギー

火力発電所から排出する燃焼ガス中の二酸化炭素ガスの減少および原子力エネルギー依存度の低減の必要性から，近年，発電用燃料としてのバイオマス資源，太陽光エネルギーの有効活用などのいわゆる再生可能エネルギーの増大が図られている．

図 8.1 にバイオマス資源の一覧を示す．資源としてはいずれも地球上広域に分布するが，エネルギー密度の低いことが難点である．一方，太陽光を起源とするエネルギー源としては，太陽熱，水力，風力，波力などがあり，それらのエネルギー変換に関する研究が活発化している．太陽光を起源とするエネルギーの発生を図 8.2 に示している．

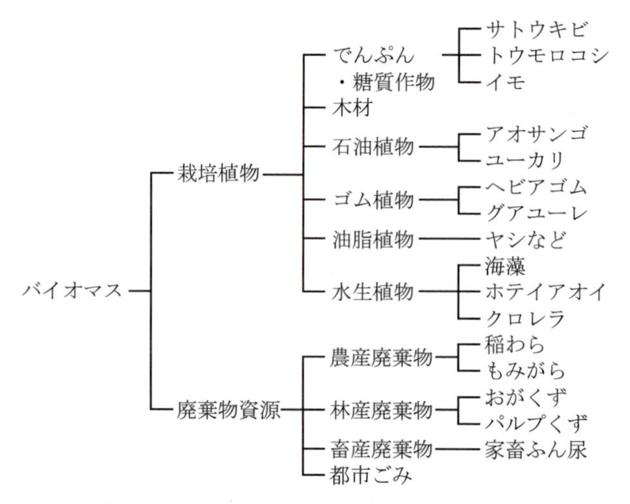

図 8.1 各種のバイオマス資源 [河村和孝，馬場宣良，エネルギーの工学と資源，p. 23，図 2.2，産業図書，1995]

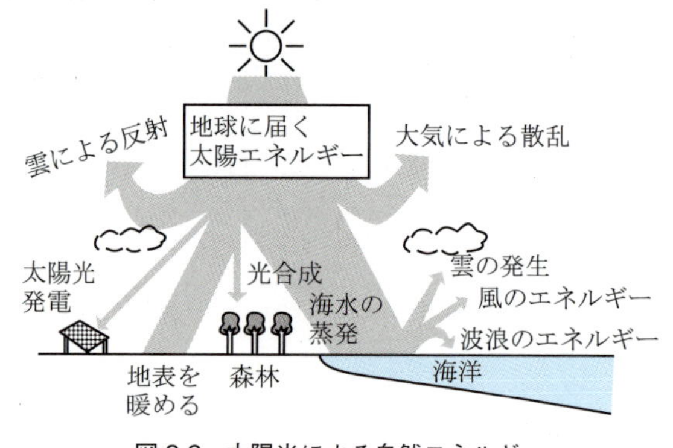

図 8.2 太陽光による自然エネルギー

8.1.3 核分裂エネルギー，核融合エネルギー

いわゆる原子力エネルギーであり，資源量は豊富であるが，安全上解決を要する問題が残されている．

8.2 物質の物性

8.2.1 単 位

熱力学や流体力学において取り扱う物体は主として気体と液体であり，これらを流体と総称する．流体の温度変化，流れなどの挙動を解明することが，両力学の問題となる．そのためには関連する流体の物性値を定めることが必要であり，また物性値を表す単位を明確に定めなければならない．

単位は，基本単位とその組合せによってできる固有の名称をもつ組立単位によって構成されているが，熱力学，流体力学で主に用いる基本単位としては，長さにメートル [m]，質量にキログラム [kg]，時間に秒 [s] の三つであり，これらによって構成される組立単位を巻末の付表 2 に示した．

付表 2 からわかるように，エネルギーと仕事は同一の単位で考えることができる．そのため，用語としての機械的エネルギーは慣例に従って機械的仕事で統一する．

8.2.2 主要物性

流体の主な物性には次のものがある．

① **密度**（density）：単位体積あたりの質量で [kg/m^3] で表す．

② **比重**（specific gravity）：水の最大密度に対する流体の密度の比で，単位はない．

③ **粘度**（viscosity）：流体内の相対運動を妨げる性質を表す物性で [Pa · s] で表す．

④ **分子量**（molecular weight）：気体 1 mol あたりの質量で [kg/kmol] で表す．

⑤ **比熱**（specific heat）：物体の単位質量を温度 1 K 上昇させるのに必要な熱量で，[J/(kg · K)] で表す．

⑥ **ガス定数**（gas constant）：比熱と同じ単位をもち，それぞれの気体に固有な定数である．

表 8.2 に水の密度および粘度を，表 8.3 に空気の密度および粘度を，表 8.4 に各種液体の比重を表す．また，表 8.5 には代表的な気体の分子量，ガス定数，比熱などをそれぞれ示している．

表 8.2 標準気圧における水の密度および粘度

温　度 [℃]	密度 ρ [kg/m^3]	粘度 μ [mPa · s]	動粘度 ν [mm^2/s]
0	999.8	1.792	1.792
5	1000.0	1.520	1.520
10	999.7	1.307	1.307
20	998.2	1.002	1.004
30	995.7	0.797	0.801
40	992.2	0.653	0.658
50	988.0	0.548	0.554

表 8.3 標準気圧における空気の密度および粘度

温　度 [℃]	密度 ρ [kg/m^3]	粘度 μ [μPa · s]	動粘度 ν [mm^2/s]
−10	1.342	16.74	12.47
0	1.293	17.24	13.33
10	1.247	17.72	14.21
20	1.205	18.22	15.12
30	1.165	18.69	16.04
40	1.128	19.15	16.98
50	1.093	19.52	17.86

表 8.4 標準気圧における各種液体の比重

液 体	温度 [℃]	比 重	液 体	温度 [℃]	比 重
海水	15	1.01〜1.05	水銀	0	13.5955
グリセリン	15	1.264		15	13.5585
ガソリン	15	0.66〜0.75		20	13.5462
原油	15	0.7〜1.0	四塩化炭素	0	1.6326
エチルアルコール	15	0.7936		15	1.6039
メチルアルコール	15	0.7958		20	1.5944

表 8.5 主な気体の分子量，ガス定数，密度，比熱

気 体	分子量 M		ガス定数 R [J/(kg・K)]	密度 [kg/m^3] (0℃，1気圧)	比熱 [kJ/(kg・K)] (0℃)		比熱比 κ (C_p/C_v)
	概略値	厳密値			C_p	C_v	
He	4	4.003	2077.2	0.17385	5.238	3.161	1.66
H_2	2	2.016	4124.4	0.08987	14.248	10.119	1.409
N_2	28	28.016	296.80	1.2505	1.0392	0.7419	1.400
CO	28	28.01	296.83	1.2500	1.0408	0.7432	1.400
NO	30	30.008	277.07	1.3402	0.9981	0.7210	1.385
O_2	32	32.01	259.83	1.42895	0.9144	0.6540	1.399
CO_2	44	44.01	188.92	1.9768	0.8194	0.6301	1.301
空気	29	28.964	287.06	1.2928	1.005	0.716	1.402

8.2.3 温度および圧力

8.2.2 項で説明した諸物性値を示す場合，温度 (temperature) ならびに圧力 (pressure) がそれらの値を定める重要な条件となるので，それらについて説明する．

(1) 温 度 温度の表示は絶対温度が基準になる．通常用いる摂氏温度を t [℃] で表すと，絶対温度 T は次式によって表される．

$$T = t + 273.15 \text{ [K]} \tag{8.1}$$

絶対温度が 0 の点 ($t = -273.15$℃) では，気体の分子運動が停止し，圧力も 0 になるから，その点が熱力学的に物性や運動を考える基準点となる．絶対温度の単位はケルビン [K] であり，(1 K の変化) = (1℃ の変化) となるから，比熱のように単位温度を考える場合，および単純な温度の加算，減算にはどちらを使用してもよいが，その他の温度の乗除算，その対数や指数を取り扱う場合には絶対温度を用いなければならない．

(2) 圧 力 気体や液体の密度や粘度などの諸物性値は，通常，標準気圧における値を示す．標準気圧とは，重力加速度 g が国際標準値 9.80665 m/s^2 をとる場所で温度が 0℃，密度が 13.5951 g/cm^3 の水銀柱 760 mm の示す圧力のことで，101.3 kPa となる．

8.3 エネルギーの変換

8.3.1 熱力学の第1法則

8.1 節で説明したように，われわれはエネルギーをいろいろな形態で利用するが，これら各種のエネルギーは相互に変換性がある．その場合，一定の変換則に従う．これをわかりやすく示すために，いま熱エネルギーと機械的仕事の二つを取り上げて考えると，次のようになる．

① 熱エネルギーと機械的仕事は，本質的に同一なエネルギーの形態であり，相互に変換することが可能である．

② ひとつの系が保有するエネルギーの総和は，外部との間に交換がないかぎり一定であり，外部との間に交換があれば授受した量だけ減少または増加する．

① は熱力学の第1法則といわれるものであり，② はエネルギー保存の原理といわれるものであるが，両者とも本質的には同一であって，熱力学の第1法則はエネルギー保存の原理を熱現象に応用したものにほかならない．

ひとつの系に熱量 ΔQ を加えるとき，その系の内部エネルギー（詳しくは 8.3.2 項で説明する）が ΔU だけ増加し，その系が外部に対して仕事 ΔW をするものとすれば，熱力学の第1法則より次式が成立する．

$$\Delta Q = \Delta U + \Delta W \tag{8.2}$$

ただし，式 (8.2) のなかで熱量 Q は外部より系に与えられるときが正，仕事 W は系が外部に対して仕事をするときに正の符号をとる．

例題 8.1 ある動作流体に 160 kJ の熱量が与えられ，また同時に外部から 20×10^3 N · m の仕事がなされた場合，内部エネルギーの変化を求めよ．

解 式 (8.2) より，$\Delta Q = 160 \times 10^3$ [J]，$\Delta W = -20 \times 10^3$ [J (1 [N · m] = 1 [J])]，$\Delta U = (160 + 20) \times 10^3 = 180$ [kJ]，すなわち内部エネルギーは 180 kJ 増加する．

図 8.3 にエネルギーの変換をひとつの実例として，火力発電所の仕組みを示す．この図において，ボイラでの油や石炭の燃焼により発生した熱が循環する水に伝えられて水が蒸気となり，この蒸気の熱エネルギーによりタービンが駆動されて機械的仕事に変換され，次いでタービンが発電機を駆動して電気エネルギーを発生する．

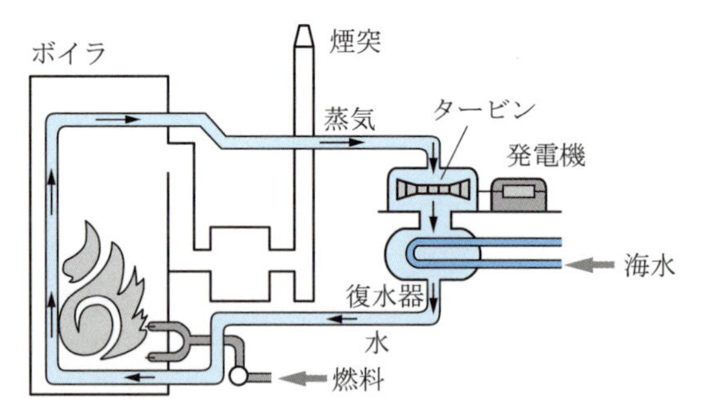

図 8.3　火力発電所の仕組み

8.3.2 流体のもつ各種のエネルギー

本書で取り扱う流体の熱および流れのエネルギーにどのようなものがあるかを考えてみる．それぞれの単位はすべてジュール [J] で表される．

① **機械的仕事**：力 F で，変位 X を与えた場合，次の仕事が行われることになる．

$$W = FX \tag{8.3}$$

② **運動エネルギー**：流体の流れがもつエネルギーであって，質量 m の流体が速度 w で運動している場合，流体の運動エネルギーは次式で表される．

$$E = \frac{mw^2}{2} \tag{8.4}$$

③ **位置エネルギー**：流体が外力の作用を受けるときに現れるエネルギーである．たとえば，地球上では重力が作用するので，ある基準面からの高さを z として重力加速度を g とすると，位置エネルギーは次式で表される．

$$E = mgz \tag{8.5}$$

④ **容積エネルギー**：流体が管路内などで静止している場合，あるいは運動している場合にもつエネルギーで，圧力を p，流体の容積を V とすると次式で表される．

$$E = pV \tag{8.6}$$

⑤ **内部エネルギー**：とくに，気体でその温度，圧力などに応じた分子運動がもとになり，その内部に保有しているエネルギーであり，通常，U で表される．

⑥ **エンタルピ**：気体が管路など外部と遮断された流路を流動するとき，そこの圧力を p その容積を V [m^3] とすると pV [J] だけの仕事をする能力をもつ．これと内部エネルギーは相互に変換性があり，一緒に結び付いて現れるから，次式で表されるそれらの和をエンタルピ H と定める．

$$H = U + pV \tag{8.7}$$

なお，内部エネルギーとエンタルピを熱エネルギーと総称する．また，気体の容積，内部エネルギー，エンタルピをその質量で除した値をそれぞれ比容積，比内部エネルギー，比エンタルピとよび，v，u，h の記号によって表す．比内部エネルギー，比エンタルピの単位は [J/kg] となる．

以上の各種エネルギーの総和が，流体が保持する系の総エネルギーとなる．

各種エネルギーは，検討する内容に応じて適宜使い分ける必要がある．たとえば，水力発電所について考えるときには，ダムに溜められた水の位置エネルギーが水車を介して発電機を駆動することにより電気エネルギーを発生し，また，図 8.3 の火力発電所を考えるときには，蒸気の熱エネルギーがタービン，発電機を介して電気エネルギーへと変換されることになる．

8.3.3 比　熱

8.3.2 項で説明した各種エネルギーは，熱エネルギー，すなわち熱量と相互に変換できる．熱量 Q はそのときの比熱 C，質量 m，温度変化 Δt を用いると次式によって表される．

$$Q = Cm\Delta t \tag{8.8}$$

物体の比熱 C はそれぞれの物体に固有の値をとり，熱量を規定する重要な因子である．

比熱は，8.2.2 項で述べたように単位質量の物体を単位温度上昇させる熱量であるが，比熱の値には一定容量下で外部へ仕事をしないときの値と，一定圧力下で仕事をすることが可能なときの値の 2 通りの値がある．前者を定容比熱 C_{v}，後者を定圧比熱 C_{p} とよび，両者の間には次式の関係がある．

$$C_{\mathrm{p}} - C_{\mathrm{v}} = R \tag{8.9}$$

ここで，R はガス定数である．式 (8.9) より，ガス定数 R は単位質量の気体を等圧のもとで温度 1 K 加熱する際の熱膨張のために外部にする仕事に等しく，その分だけ C_{p} が C_{v} よりも大きくなる．また，次式で表される定圧比熱と定容比熱の比 κ は，物体の原子構造に関係する重要な物性であり，比熱比とよばれる．

$$\kappa = \frac{C_{\mathrm{p}}}{C_{\mathrm{v}}} \tag{8.10}$$

例題 8.2　水が鉛直に 500 m 落下して地面に衝突するものとする．落下途中の水の蒸発および外部への熱損失を無視すると，水が地面に衝突したあとの上昇温度を求めよ．ただし，水の比熱を 4.186 kJ/(kg · K) とする．

解　水の位置エネルギーが熱量に変換されたと考えてよいから，式 (8.5)，(8.8) より次の関係が成立する．

$$mgz = Cm\Delta t$$

$$gz = C\Delta t$$

$$\Delta t = \frac{gz}{C} = \frac{9.8 \times 500}{4.186 \times 10^3} \fallingdotseq 1.171 \text{ [K]}$$

すなわち，水の温度上昇は 1.171 K（1.171℃）となる．

8.4 気体の状態変化

空気，酸素，水素などの気体は，内燃機関やガスタービンなどの作動流体として重要な役目を果たしている．ここでは，これらの気体の特性について考える．

8.4.1 状態方程式

気体の容積，温度，圧力の間には一定の関係があり，それぞれの値を独立に変えることはできない．すなわち，これらの三者の間には次の関係がある．

$$pV = mRT \tag{8.11}$$

比容積（specific volume）v を導入すると次式が得られる．

$$pv = RT, \quad v = \frac{V}{m} \tag{8.12}$$

式 (8.12) を気体の状態方程式といい，その状態変化を考える基本になる．式 (8.12) はもともと，分子間の引力の影響や分子の大きさによる影響を無視することができる，いわゆる理想気体に対して考えられたものであるが，空気，酸素，水素などの身近な気体は，近似的に理想気体とみなすことができるから，それらの状態を表すために適用することができる．

8.4.2 状態変化

気体が仕事をする，あるいは仕事をされる場合に気体の容積，温度，圧力の状態がどのように変化するかを表 8.6 に示す．変化のはじめの状態を 1，終わりの状態を 2 として，各記号にそれぞれ添え字を付けて表すことにする．

表 8.6 の諸変化を，圧力と容積の関係によって図 8.4 に示す．式 (8.13)〜(8.20) はその状態変化の内容に応じて使い分けることが必要であり，たとえば，ガソリンエンジンやディーゼルエンジンなどの内燃機関の設計には，断熱変化の式 (8.19)，(8.20) が基本になる．

例題 8.3　圧力 3000 kPa で 0.2 m^3 の容積を占めていたある気体が，その状態から等温膨張して容積が 3 倍になった．この気体が外部にした仕事を求めよ．

解　式 (8.14) より $W_{12} = p_1 V_1 \ln(V_2/V_1) = 3000 \times 10^3 \times 0.2 \times \ln(3) \fallingdotseq 659 \times 10^3$ [J] = 659 [kJ] である．

表 8.6　状態変化による変化の式と外部にする仕事

	変化の式	外部にする仕事
等温変化（系の温度を一定に保持した状態での変化）	$p_1V_1 = 定数 = p_2V_2$　(8.13)	$W_{12} = \int_1^2 p\,\mathrm{d}V = p_1V_1\int_1^2 \frac{\mathrm{d}V}{V} = p_1V_1\ln\left(\frac{V_2}{V_1}\right)$　(8.14)
等圧変化（系の圧力を一定に保持した状態での変化）	$\frac{T_1}{V_1} = 定数 = \frac{T_2}{V_2}$　(8.15)	$W_{12} = p_1(V_2 - V_1)$　(8.16)
等積変化（系の容積を一定に保持した状態での変化）	$\frac{T_1}{p_1} = 定数 = \frac{T_2}{p_2}$　(8.17)	$W_{12} = 0$　(8.18)
断熱変化（系外との間に熱交換がないときの変化）	$p_1{V_1}^{\kappa} = 定数 = p_2{V_2}^{\kappa}$,　$\kappa = \frac{C_\mathrm{p}}{C_\mathrm{v}}$　(8.19)	$W_{12} = U_1 - U_2 = \frac{1}{\kappa - 1}(p_1V_1 - p_2V_2)$　(8.20)

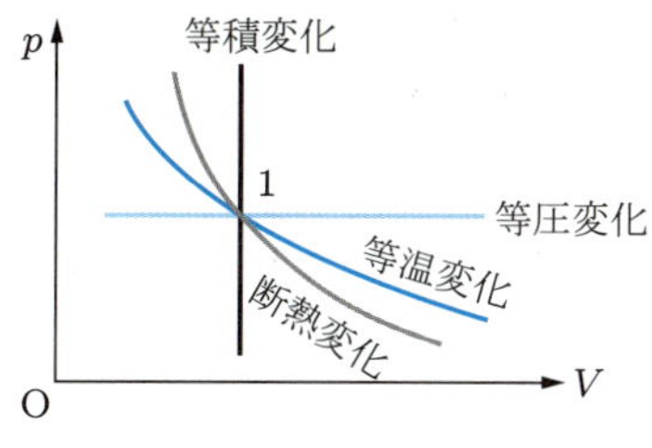

図 8.4　各種の状態変化の過程

8.5 蒸気の状態変化

蒸気（vapor）は，液体を加熱することにより生じ，タービンや冷凍機に使用する水蒸気，アンモニアなど，工業的な用途は広い．この蒸気は前述の理想気体との隔たりが大きいため，気体の状態方程式として述べた式 (8.11) は適用できない．

そこで状態方程式を考える前に，液体が加熱されて蒸気へ変化する過程について，最も利用度が高い水を例にして説明する．

8.5.1 圧力一定での水の蒸発

圧力一定で水を加熱したときの状態変化を，水あるいは蒸気の比容積の変化によって考えてみる．図 8.5 (a) に示すように水をシリンダ内に入れ，その上に摩擦もすきまもない理想的なピストンを載せ，その上におもりを載せて液体に一定の圧力が作用するようにする．この状態のもとで，シリンダの下方から加熱して熱を与えることを考える．

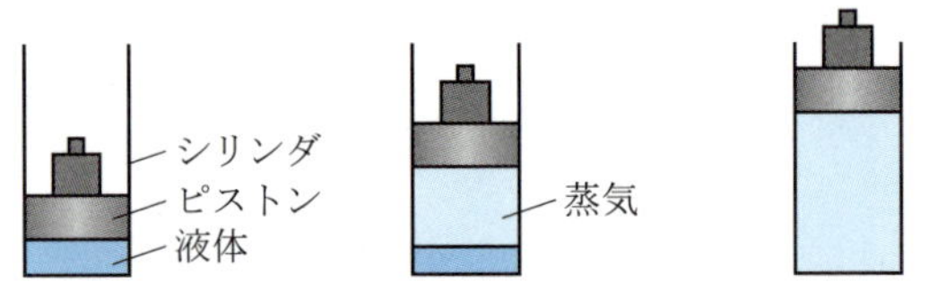

図 8.5　圧力一定で水を加熱したときの状態変化

このときの圧力を p_1 とすると，図 8.6 で最初の状態は点 a_1 で表され，それから加熱するに従い，温度が上昇して容積が膨張し，その状態を表す点は圧力 p_1 の一定圧力線上を右に移動する．そのようにして点 b_1 に達すると温度は一定となり，水の温度は圧力 p_1 のもとではそれ以上には上昇せずに，さらに加熱すると液体の一部が蒸発をはじめる．

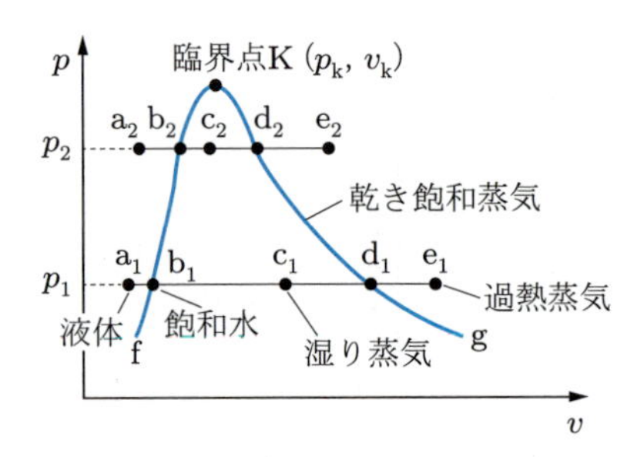

図 8.6　蒸気の状態変化 (その 1)

この状態 b_1 の状態を飽和水とよび，このときの比エンタルピを記号の右上にプライム（$'$）を付けて h' のように表す．蒸発をはじめると容積は急に増大するから，p_1 の等圧線上を大きく右に移動し，ついに全体の水が蒸発を終える点 d_1 に達する．この d_1 の状態を乾き飽和蒸気とよび，このときの比エンタルピを記号の右肩にダブルプライム（$''$）を付けて h'' のように表す．また，乾き飽和蒸気と飽和水の比エンタルピの差を蒸発熱とよび，次式のように r で表す．

$$r = h'' - h' \tag{8.21}$$

このような状態の変化を，圧力を p_1 から p_2 へと増大して行うと考えると，図 8.6 に示すような変化が生じる．同図において b_1，b_2，d_2，d_1 の各点を結び，曲線 fKg を描くと，その曲線の内部 c の領域では液体と蒸気が混在する領域となり，この内部の流体を湿り蒸気とよんでいる．

図 8.6 に示すように，この曲線の左側の a の領域では液体の状態であり，右側の e の領域では蒸気がさらに加熱されて過熱蒸気とよばれる状態で存在する．

圧力を p_2 よりもさらに上げてこの曲線の頂点 K の点に達すると，加熱することにより液体から一気に過熱蒸気へ変化する．この点 K を臨界点とよび，その点の圧力および比容積を p_{k}，v_{k} でそれぞれ表す．この点よりも圧力が高い領域では，臨界点と同様，液体は過熱蒸気に変化する．通常，蒸気でタービンを駆動する場合には過熱蒸気の状態で使用される．

8.5.2　蒸気の $p-v$ 線図

図 8.6 に示す等圧線の代わりに等温線を入れると，図 8.7 のようになる．図 8.7 において，湿り蒸気の領域では比容積が変化しても温度は圧力と同様一定であるが，液体の範囲においては，比容積の減少にともなって等温線上では圧力が上昇する．また，過熱蒸気の領域では等温線上では逆に圧力が低下している．

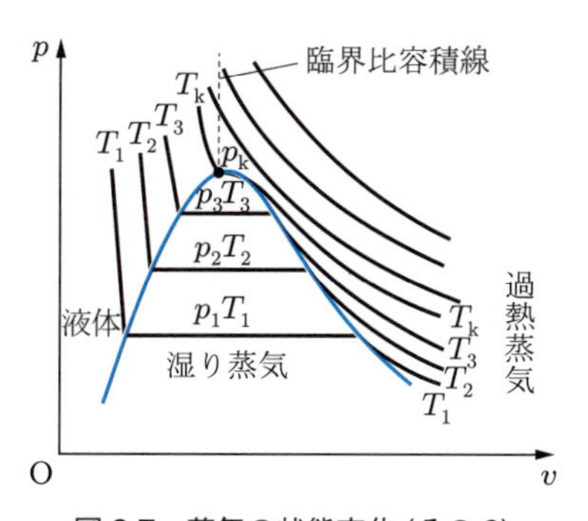

図 8.7　蒸気の状態変化 (その 2)

8.4.1 項で説明した気体の状態変化の場合には，温度を一定にすると式 (8.11) から明らかなように，圧力 p と比容積 v の関係は双曲線になるが，蒸気の場合，図 8.7 より明らかなように温度が高くなる過熱蒸気の領域においては，$p-v$ の関係が気体の場合の双曲線に近づいていくことがわかる．なお，図の臨界比容積線は，液体から過熱蒸気へ変化する点を連ねたものである．

8.5.3　蒸気の状態方程式

蒸気は，理想気体の状態とは大きくかけ離れているためにその修正が必要である．オランダの物理学者ファンデルワールスは，理想気体の状態方程式に分子間の相互作用，分子の大きさの影響を考慮して次のような修正式を提案した．

$$\left(p + \frac{a}{v^2}\right)(v - b) = RT \tag{8.22}$$

ここで，a/v^2 は分子運動の効果を，b は分子の大きさの影響を考慮した修正項である．しかし，分子の構造はきわめて複雑であり，実用的にはさらに工夫が必要である．

実際には，主として実験結果に基づいたかなり複雑な状態方程式がつくられ，それを用いた蒸気の温度，圧力，容積，エンタルピなどの間の関係がコンピュータによって計算され，表，線図にまとめられている．その結果は日本機械学会から蒸気表，モリエ線図などの資料として出版され，蒸気の状態変化を求めるのに広く実用に供されている．

表8.7には，蒸気表から圧力を一定にした場合の，飽和水と乾き飽和蒸気についての物性をまとめたものの一部を示している．

表8.7　圧力基準飽和蒸気表

圧　力		温度 T	比容積 [m^3/kg]		比エンタルピ [kJ/kg]		蒸発熱
[bar]	[mmHg]	[℃]	v'	v''	h'	h''	$r = h'' - h'$
0.7	525.0	89.959	0.0010361	2.365	376.77	2660.1	2283.3
0.8	600.0	98.512	0.0010387	2.087	391.72	2665.8	2274.0
0.9	675.1	96.713	0.0010412	1.869	405.21	2670.9	2265.6
1.0	750.1	99.632	0.0010434	1.694	417.51	2675.4	2257.9
1.0133	760.0	100.000	0.0010437	1.673	419.06	2676.0	2256.9
1.5	1125.1	111.37	0.0010530	1.159	467.13	2693.4	2226.2
2.0	1500.1	120.23	0.0010608	0.8854	504.70	2706.3	2201.6
3.0	2250.2	133.54	0.0010735	0.6056	561.43	2724.7	2163.2
4.0	3000.2	143.62	0.0010839	0.4622	604.67	2737.6	2133.0
5.0	3750.3	151.84	0.0010928	0.3747	640.12	2747.5	2107.4

1 [bar] = 10^5 [Pa]

例題8.4　圧力2 barのもとで，次の諸値を求めよ．

① 沸騰する温度

② 水がすべて蒸気に変わった場合の容積の増加率

③ 水を蒸気に変えるのに必要な単位質量あたりの熱量

④ 飽和水1 kgのもつ比内部エネルギー

解　表8.7の圧力2 barでの諸値より次のように求めることができる．

① 飽和温度で沸騰するから120.23℃である．

② v' から v'' に変わるから $0.8854/0.0010608 \fallingdotseq 834.7$ 倍となる．

③ 水の蒸発熱に等しいから $r = h'' - h' = 2201.6$ [kJ/kg] である．

④ 表8.7と式(8.7)を用いて次のように計算する．

$$u' = h' - pv' = 504.7 \times 10^3 - 2 \times 10^5 \times 0.0010608 \fallingdotseq 504.5 \text{ [kJ/kg]}$$

8.6 サイクル

流体が，ある状態から出発し，途中にさまざまな状態変化を行って，もとの状態に復帰するとき，このような過程をサイクル (cycle) という．気体や蒸気はこのサイクルを繰り返し行って，動力を発生したり，または供給されたエネルギーを消費したりして機械的仕事を行う．このサイクルの基準となるのが，熱力学の第 2 法則である．

8.6.1 熱力学の第 2 法則

8.3.1 項で説明した熱力学の第 1 法則がエネルギーの相互変換性を述べているのに対し，第 2 法則はエネルギー変換にあたっての方向性を示す．この法則の表現のしかたにはいくつかの形があるが，いずれも同一の内容について観点を変えて述べているもので，代表的なものとして次の二つの表現がある．

① 熱はそれ自体で低温の物体から高温の物体へ移ることはできない．

② 熱機関においてその作動流体によって仕事をするには，それよりさらに低温の物体を必要とする．

① は，低温の物体から高温の物体へ熱を移すには，なんらかの仕事が必要であることを示すものである．② は，熱機関が作動するには異なった温度の熱源が少なくとも二つは必要であり，高熱源の熱から仕事に変換されるのはその一部であって，残りは低熱源に捨て去らなければならないことを示している．すなわち，熱機関の効率は 100% にはならないことを意味している．

8.6.2 カルノーサイクル

サイクルは通常，流体の容積と圧力の関係によって表す．図 8.8 に基本的なサイクルとして，カルノーサイクルを示す．カルノーサイクルは，図 8.8 にも示すように等温膨張 1 → 2，断熱膨張 2 → 3，等温圧縮 3 → 4，断熱圧縮 4 → 1 の 4 種の変化からなり，等温膨張の間に系外の高温熱源から熱量 Q_1 をもらい，等温圧縮の間に低温熱源に熱量 Q_2 を捨てる．そうして，このもらった熱量と捨てた熱量の差が外部に対

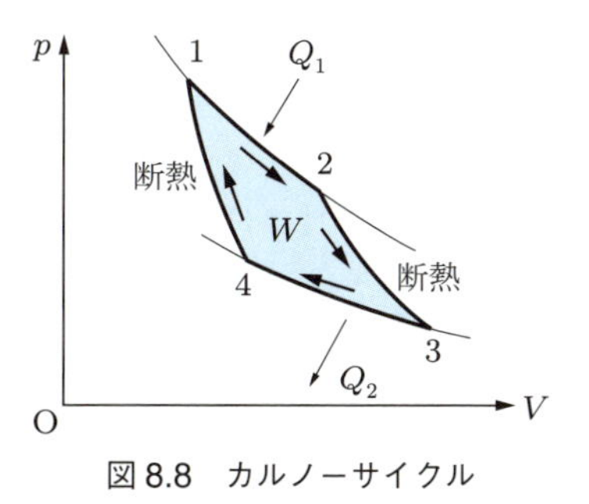

図 8.8　カルノーサイクル

してする機械的仕事になる．すなわち，仕事を W で表すと次のようになる．

$$W = Q_1 - Q_2 \tag{8.23}$$

逆に外部から機械的仕事を受ける場合には，サイクルの方向が逆になり，機械的仕事により低温熱源から高温熱源へ熱の移動を行う．このカルノーサイクルをそのまま実現することは不可能であるが，実際に機械的仕事を外部に行う熱機関や，外部から仕事をもらうヒートポンプなどのサイクルは，図8.8に示すサイクルが基本になる．

8.7 熱機関

熱エネルギーから機械的仕事を得る装置のことを熱機関という．熱機関は産業革命の初期に，まず往復蒸気機関が発明され，そして19世紀から20世紀のはじめにかけて蒸気タービンと内燃機関の原形が完成され，火力発電所，自動車，航空機などの熱機関が発達した．次いでガスタービン，原子力，宇宙開発などに多くの熱機関が開発された．

熱機関は，交通機関や火力発電などに不可欠なものであるが，それらから排出される排気ガスによる熱エネルギーの損失，および大気汚染が社会的に大きな問題となっている．排気ガスの排熱を極力有効に活用すること，および汚染の低減を図ることが重要な課題である．

現在，さらに直接発電方式のような新しい型の熱機関の開発が行われつつあるが，ここでは上述の在来型熱機関を中心にその概要を述べる．在来型熱機関は大別すると，内燃機関（internal combustion engine），蒸気機関（steam engine），ガスタービン（gas turbine）の三つに分かれる．

8.7.1 内燃機関

内燃機関は，通常，ガソリンや軽油，重油などをシリンダ内で燃焼させて得られる熱エネルギーにより回転動力を得て機械的仕事を行う．図8.9に内燃機関の一種であるガソリン機関を例にとってその構成を示す．

図8.9のシリンダ内に，ガソリンの蒸気と空気の混合気体が吸気管より送入されて点火プラグにより点火されると，混合気体は爆発，膨張してピストンは急激に下降する．この運動がクランク軸により回転運動に変換されて，動力として外部に取り出される．すなわち，熱エネルギーが機械的仕事に変換されることになる．

内燃機関にはガソリン機関のほかにディーゼル機関があり，その燃料としては重油または軽油を使用し，ガソリン機関とは燃焼のしかたが異なるが，運動自体は同様である．一般に，ディーゼル機関のほうがガソリン機関よりも大きな動力が必要とされるところに用いられる．

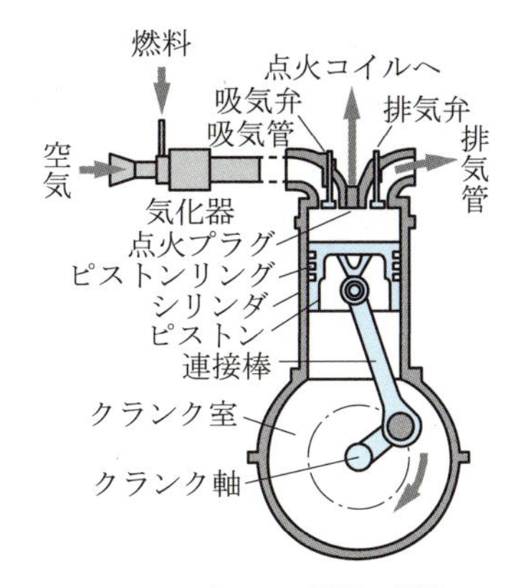

図 8.9　ガソリン機関の構造

これらの両機関が自動車用のエンジンとして幅広く使用されているだけでなく，船舶用のエンジンはほとんどすべてが内燃機関である．また，ディーゼル機関は始動・停止がきわめて容易であり，燃料費も相対的に小さくかつ設置の所要スペースも小さくてすむなどの特徴をもっているため，とくに大容量にする必要がない離島の発電所に大型のディーゼル機関が使用されている．

8.7.2 蒸気タービン

蒸気タービン（steam turbine）は，現在用いられている蒸気機関の代表的なもので，通常，蒸気発生装置であるボイラと組み合わせて使用される．図 8.10 にその構成を示す．

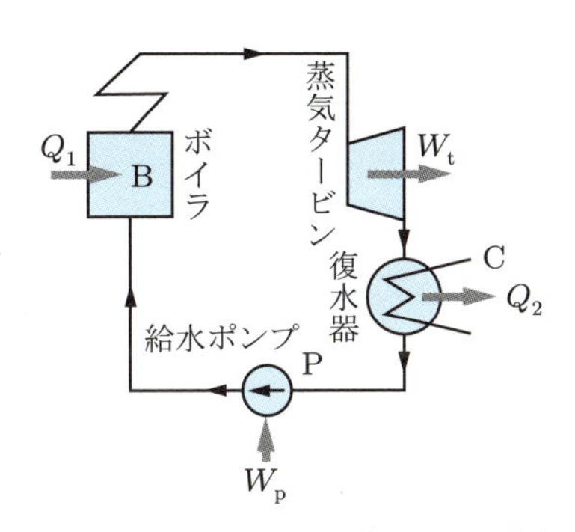

図 8.10　蒸気タービンプラントの構成

図 8.10 から明らかなように，ボイラ B で発生した蒸気がタービンに流入して，タービンが機械的仕事 W_t を行い，その後，蒸気は復水器 C で冷却されて水になり，このとき熱エネルギー Q_2 が外部に捨てられる．この水が給水ポンプ P により再びボイラへ送り込まれて蒸気になる．

なお，ここでボイラは外部より油や石炭などの燃焼による熱エネルギー Q_1 を与えられ，また，ポンプは同様に外部から電動機などにより動力 W_p を与えられて駆動される．このサイクルを繰り返すことにより動力 W_t を外部に取り出し，この動力で発電機あるいは船舶のプロペラなどを駆動する．

蒸気タービンは大容量化が比較的容易であるため，大型の火力発電所ならびに原子力発電所で使用されている．

8.7.3 ガスタービン

ガスタービンは，図8.11に示すように基本的に空気圧縮機C，燃焼器B，ガスタービンTから成り立つ．大気から空気を吸入し，空気圧縮機で空気を圧縮し，燃焼器に燃料を吹き込んで燃焼させて得られた高圧高温の燃焼ガスを，ガスタービンで膨張させることにより，発電機，プロペラなどを駆動する．排気ガスは通常大気に放出して捨てる．

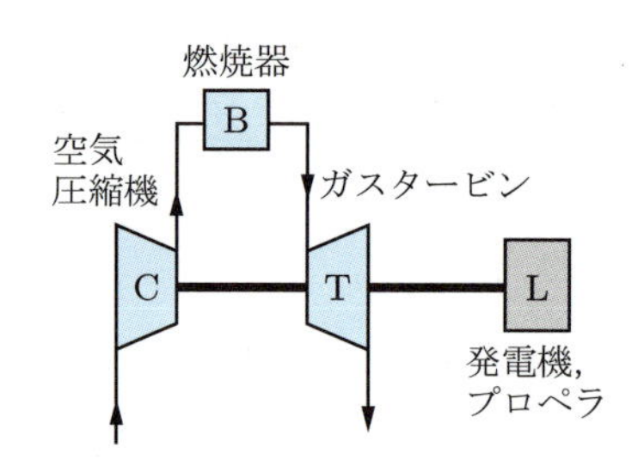

図8.11　ガスタービンプラントの構成

タービンで発生した動力から，圧縮機を駆動する動力を差し引いた残りの動力がタービンの発生動力となり，発電機，プロペラLなどを駆動する．空気圧縮機は吸入空気の密度を高めることにより，ガスタービンで発生する動力をより大きくする作用を果たしている．

大容量発電所では，ガスタービンの排気ガスの余熱でつくった蒸気で蒸気タービンを駆動して発電をすることにより，燃焼ガスの利用度を高める方法もとられている．その一例として，図8.12にガスタービン，蒸気タービンを併用する発電所の系統図を示す．

ガスタービンの構成を，航空機用エンジンを例にとって図8.13に示す．図からわかるように，空気取入口には，直径が大きい羽根車と整流用の固定羽根を組み合わせたファンがあり，その環状部から噴き出される高速流が航空機推進力の主要部である．この羽根車に続く内筒にファンを駆動する動力を生み出すガスタービンが設けられており，その前半分は羽根車と円周上に並べた多数の固定羽根を前後に組み合わせた圧

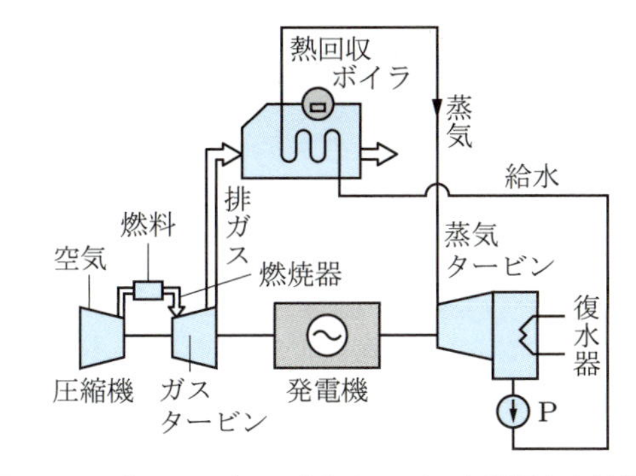

図 8.12 ガスタービン，蒸気タービンを併用した発電所

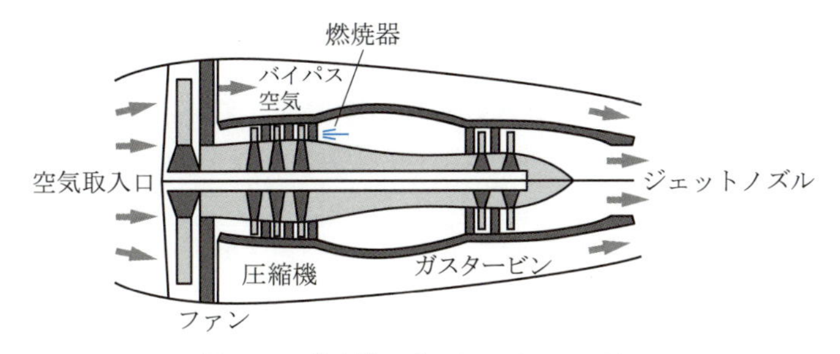

図 8.13 航空機のガスタービンエンジン

縮機である．この圧縮機によって得られた高圧の空気は燃焼器で高温のガスとなってエネルギーを付与され，その下流のガスタービンを駆動している．そこで得られたガスタービンの動力によって圧縮機が駆動されるとともに，余剰の動力により推進ファンの羽根車が駆動され，残ったガスはジェットノズルから高速で排出されて推進力の一部となる．

ガスタービンは，蒸気タービンと比較して始動が素早く，容易であることが大きな特徴であり，航空機用エンジンとして幅広く用いられる．また，船舶の補助エンジンや大型の火力発電所でも用いられるようになってきた．

8.7.4 その他の熱機関

8.7.1～8.7.3 項で説明した諸熱機関を用いた場合，いずれも熱エネルギーを電気エネルギーに変換するには高温作動流体を用いた間接方式がとられている．これらの方式にすると，エネルギーの変換を数回重ねるために，装置が複雑になってに熱効率が低くなる．また機器の振動，騒音，排気による公害を発生するなどの問題もある．そこで，熱エネルギーを直接電気エネルギーに変換する方法の研究が最近活発に進められるようになった．これを直接発電とよんでいる．

演習問題

8.1 時速 90 km で走っている質量 5000 kg のトラックが急ブレーキをかけたとき，発生する熱を求めよ．ただし，運動エネルギーがすべて熱に変わるものとする．

8.2 シリンダ内の空気に対し，ピストンで 15 kJ の仕事を加えて圧縮した．そのとき，シリンダ壁から 10 kJ の熱が逃げたとすれば，空気の内部エネルギーの変化を求めよ．

8.3 圧力 700 kPa，温度 15°C の二酸化炭素 10 kg を入れるボンベの容積を求めよ．ただし，二酸化炭素のガス定数は 188.9 J/(kg · K) である．

8.4 50 L 入りの酸素ボンベが圧力 750 kPa，温度 15°C に保持されているとき，以下の問いに答えよ．

(1) ボンベの温度を 30°C にしたときの圧力を求めよ．

(2) ボンベを冷却して，圧力を (1) の状態より 98 kPa 減少させる温度を求めよ．

8.5 ある気体を温度 300 K，圧力 1000 kPa および体積 1/1000 m^3 の状態から断熱膨張させたところ，圧力が 100 kPa になった．気体の比熱比 $\kappa = 1.4$ として断熱膨張後の体積および膨張時の仕事を求めよ．

8.6 表 8.7 に示す温度が蒸気の飽和温度を示すとき，圧力 5 bar 温度 152°C の蒸気が飽和蒸気か過熱蒸気かを判断せよ．

8.7 圧力 1.5 bar のとき，飽和水の比エンタルピは 467.13 kJ/kg，乾き飽和蒸気の比エンタルピは 2693.4 kJ/kg である．この場合，同じ圧力のもとで飽和水 5 kg の蒸発熱を求めよ．

9 流体力学

通常，物体は固体，液体，気体の 3 種類に区別される．少しぐらいの力では形も体積も変わらないものが固体，形は容易に変わるが体積は変わらないものが液体，形も体積も容易に変わるものが気体である．このうち，液体と気体は容易に形が変わるという共通の性質のために，その運動のしかたも非常に似通っている．そこで，液体と気体を一括して流体とよび，その運動を調べるのが流体力学である．本章では流体力学の入門として，力によって体積が変わらないためその取扱いが比較的容易となる液体の流体力学，すなわち水力学の初歩について述べる．

9.1 静止流体の力学

9.1.1 圧力および全圧力

静止している液体内に面積 A の平面を仮定し，その平面に垂直に作用する単位面積あたりの力 p を流体の圧力，力 F を全圧力（total pressure）という．すなわち，次のようになる．

$$p = \frac{F}{A} \tag{9.1}$$

9.1.2 圧力の表し方

巻末の付表 2 に示すように，圧力の単位は通常 [Pa (= N/m^2)] で表すが，これに加えて慣習上，次のような表示法が用いられている．

(1) 標準気圧　8.2.3 項で述べたように，重力加速度が $g = 9.80665$ [m/s^2] である場所で，温度が 0°C，密度が 13.5951 g/cm^3 の水銀柱 760 mm が示す圧力であり，101.3 kPa に等しい．

(2) ゲージ圧，絶対圧　ゲージ圧は大気圧を 0 とした圧力を示し，絶対圧は絶対真空を 0 とした圧力をいう．図 9.1 にゲージ圧と絶対圧の関係を示す．ゲージ圧は大気圧より上向きに，真空圧は大気圧よりも下向きに測り，通常，水銀柱の高さ [mm] で表す．すなわち，次のような関係がある．

$$\text{絶対圧} = \text{大気圧} + \text{ゲージ圧} = \text{大気圧} - \text{真空圧}$$

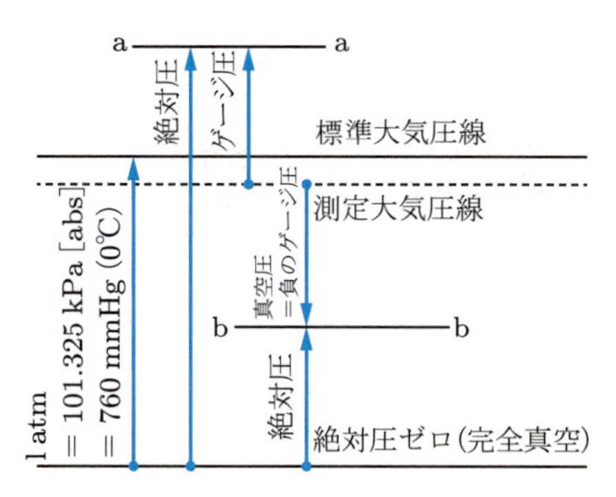

図 9.1　絶対圧とゲージ圧の関係

9.1.3 静止流体内部の圧力および圧力の伝達

図 9.2 に示すように，液面から H の深さにある点 ① での圧力 p を考えると，液体の密度を ρ とすれば次のようになる．

$$p = \rho g H \tag{9.2}$$

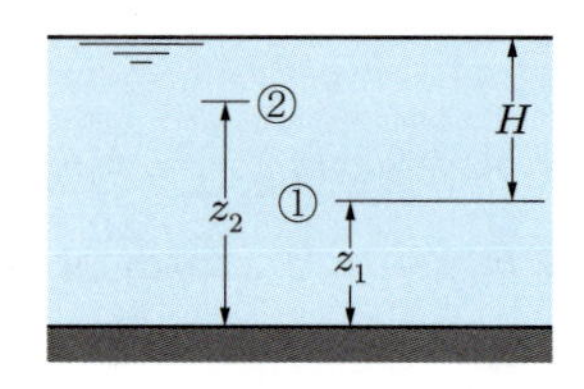

図 9.2　深さと圧力の関係

点 ① の上方に点 ② をとると，その点の圧力 p_2 と点 ① の圧力 p_1 の間には次のような関係がある．

$$p_1 - p_2 = \rho g(z_2 - z_1) \tag{9.3}$$

ここで，z_1，z_2 はそれぞれの点の底部からの高さである．また，液面からの深さ H を圧力ヘッドとよび，[m] の単位で表す．とくに，流体が水の場合には“圧力水頭”といい，管路中の流れにもこの表現が用いられる（詳しくは 9.2.3 項で説明する）．

次に，静止流体内部の圧力の作用について考えてみると，密閉容器中の静止流体の一部に加えた圧力は液体のすべての部分にそのままの大きさで伝わる．これを**パスカルの原理**という．パスカルの原理を用いると，小さな力で大きな力を得ることができる．このような機械を水圧機といい，図 9.3 にその構造を示す．図において，二つのピストンにかかる圧力はパスカルの原理により等しいから，次のような関係が成立する．

$$\frac{F_1}{A_1} = p = \frac{F_2}{A_2}, \quad F_2 = F_1\left(\frac{A_2}{A_1}\right) \tag{9.4}$$

すなわち，小さな力 F_1 から大きな力 F_2 が得られている．

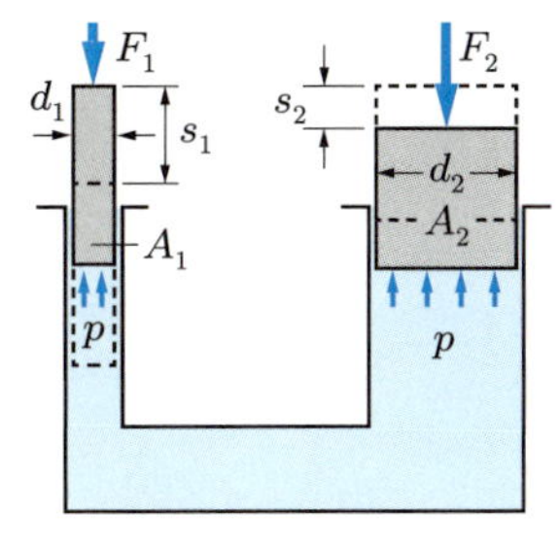

図 9.3 水圧機の原理

例題 9.1 深さ 10680 m の日本海溝の海底における圧力が，海面上の圧力よりどれだけ大きいかを求めよ．ただし，海水の平均比重を 1.05 とする．

解 式 (9.2) において，$\rho = 1.05 \times 10^3$ [kg/m^3] とすれば次の結果が得られる．

$$p = 1.05 \times 10^3 \times 9.8 \times 10680 = 109.9 \text{ [MPa]}$$

9.1.4 浮　力

流体中にある物体は，その物体が排除した流体の重量に等しい力を上向きに受ける．この力を浮力（buoyancy）といい，この原理をアルキメデスの原理という．排除した流体の体積を V，密度を ρ とすると，浮力 F は次式によって表される．

$$F = \rho g V \tag{9.5}$$

船や気球は，この浮力の作用によって水中や気体中に浮かぶことができる．

9.1.5 圧力計

流体の圧力を測定する計器類を圧力計（pressure gauge）という．流体はその圧力を知ることにより，有効に利用することができる．圧力計の主なものに，各種の液柱計やブルドン管圧力計があり，いくつかの例を次に示す．

図 9.4 に大気圧を測定するトリチェリの圧力計を示す．これは片方を閉じた細いガラス管に水銀を満たして，水銀の入った容器に逆さまに立てたものである．このときガラス管の上部に水銀がない真空部ができるが，実際にはこの部分には水銀の蒸気が入っている．しかし，水銀の蒸気圧 p_{Hg} は 0°C で 2.7×10^{-2} Pa ときわめて小さく大気圧に比べて無視できるから，大気圧 p_0 は次のように求められる．

$$p_0 = \rho_{\mathrm{Hg}} g h \tag{9.6}$$

図 9.5 に示すのは U 字管差圧計で，左側の管の圧力と右側の管の圧力の差が，液柱の高さの差として測定される．左側の管の圧力を $p + \Delta p$，右側の管の圧力を p とするとき，密度 ρ_{h} の液体と，密度 ρ_{w} の液体を用いた場合の圧力差 Δp と高さの差 h の間の関係は式 (9.7) のようになる．

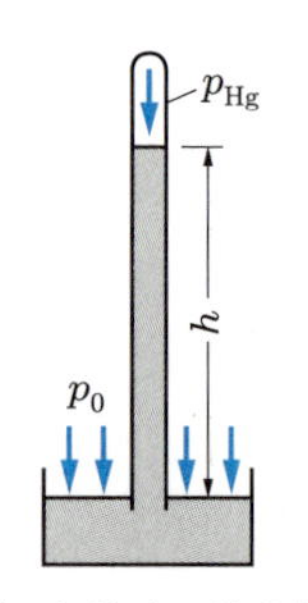

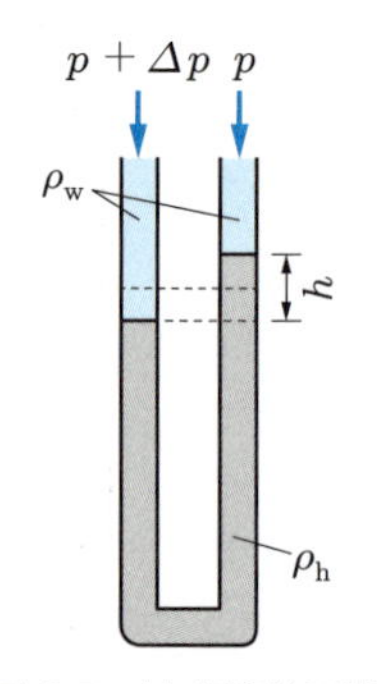

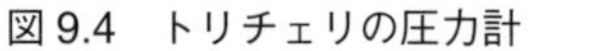

図 9.4 トリチェリの圧力計　図 9.5 U 字管差圧計

$$\Delta p = (\rho_{\mathrm{h}} - \rho_{\mathrm{w}})gh \tag{9.7}$$

図 9.6 に示す計器はブルドン管圧力計である．だ円状の断面をもつ円弧状の金属管に内圧 p を加えると，金属管が弾性変形して管端 B に圧力に比例した変位を生じることを利用し，その変位を指針 C により拡大して読み取るようにしたものである．トリチェリの圧力計と比較して測定の精度は劣るが，小型で耐久性があり，取扱いが容易であるため広く利用されている．

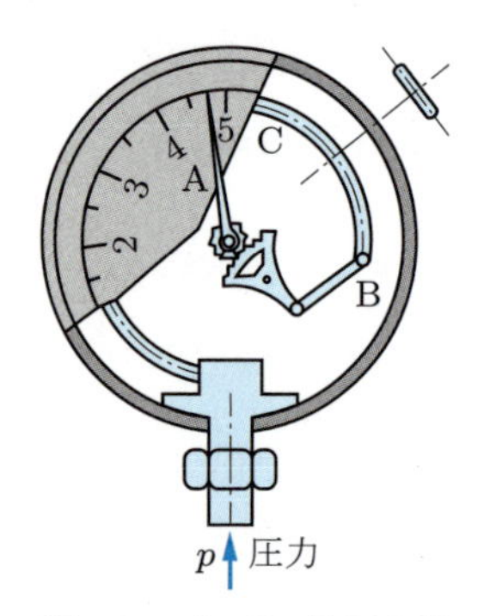

図 9.6 ブルドン管圧力計

9.2 流体の運動

9.2.1 流線と流管

図 9.7 のように，流動している流体中にある瞬間，ひとつの p－q 線を仮想し，その線上で任意の時間 t_1，t_2，t_3 の各点において引いた接線がそれらの点における流れの方向と一致する場合，p－q 線を流線（stream line）という．また，図 9.8 のように流体中にある閉曲線を考え，この閉曲線を通過する流線で囲まれた流体の管を流管（stream tube）という．流体の運動は，この流線や流管について考えることで流体の運動をとらえることができる．

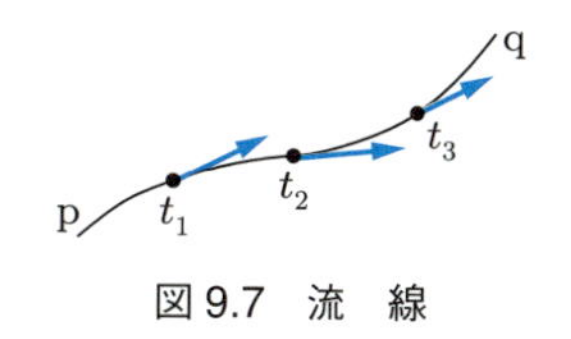

図9.7　流　線

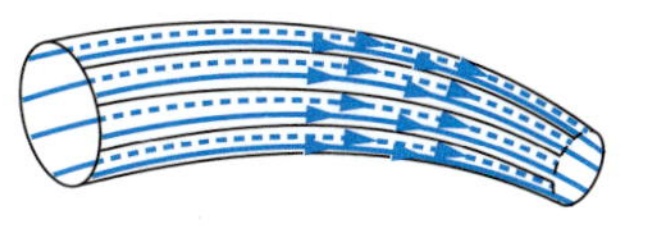
図9.8　流　管

9.2.2 連続の式

連続の式とは質量保存の法則と同じである．流体は連続体であるから，上流から流入した流量は下流から流出する流量と同一になる．すなわち，流管内を流れる質量流量はどの断面をとっても同じでなければならない．流管内である断面を1とし，その下流のある断面を2として添え字で示し，質量流量を G，体積流量を Q，密度を ρ で表すと，次のような関係が成り立つ．

$$\rho_1 Q_1 = \rho_2 Q_2 = G \text{（一定）} \tag{9.8}$$

密度が変化しない水のような液体では $\rho_1 = \rho_2 = \rho$（一定）であるから，流管の断面積を A，流速を w で表すと，次のような関係が得られる．

$$A_1 w_1 = A_2 w_2 = Q \text{（一定）} \tag{9.9}$$

式 (9.9) が非圧縮性である液体についての連続の式である．

例題 9.2　内径が 300 mm から 150 mm に縮小したあと，200 mm に拡大されているある管に水が平均流速 4 m/s で流入するとき，内径 150 mm および 200 mm の断面における，平均流速をそれぞれ求めよ．

解　式 (9.9) を用いると，それぞれの流速が次のように計算される．

内径 150 mm の断面では，

$$w_{150} = w_{300} \times \frac{A_{300}}{A_{150}} = 4 \times \frac{(300/2)^2\pi}{(150/2)^2\pi} = 16 \ [\text{m/s}]$$

となり，内径 200 mm の断面では，次のようになる．

$$w_{200} = 4 \times \frac{(300/2)^2\pi}{(200/2)^2\pi} = 9 \ [\text{m/s}]$$

9.2.3 ベルヌーイの定理

非圧縮性流体の流線に沿った流れがもつエネルギーの総和は，流れの静圧を p，位置の高さを z で表すと，次のようになる．

$$\frac{p}{\rho g} + \frac{w^2}{2g} + z = \text{一定} \tag{9.10}$$

第1項は圧力エネルギー（単位質量あたりの容積エネルギー），第2項は運動エネルギー，第3項は位置エネルギーで，式 (9.10) はこれらの総和が流線に沿って一定であることを示している．これを**ベルヌーイの定理**という．図9.9に示すように，流管

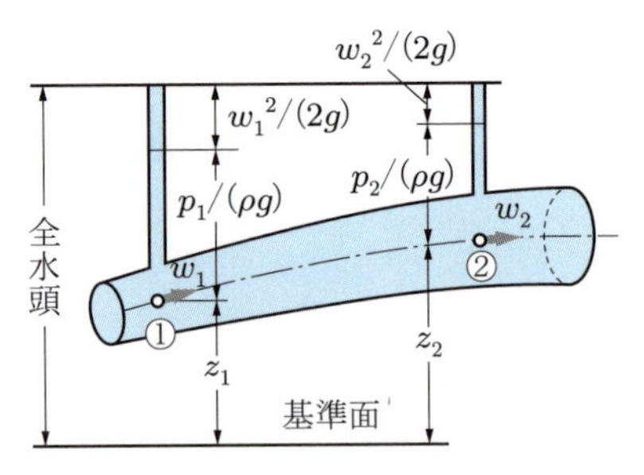

図 9.9 流管で考えたベルヌーイの定理

に断面①，断面②をとると，次の関係式が得られる．

$$\frac{p_1}{\rho g}+\frac{w_1{}^2}{2g}+z_1=\frac{p_2}{\rho g}+\frac{w_2{}^2}{2g}+z_2=\text{一定} \tag{9.11}$$

ここで，式 (9.10) の各項はすべて長さの基本単位 [m] をもっているため，第1項を圧力ヘッド，第2項を速度ヘッド，第3項を位置ヘッドとよび，とくに水の場合には圧力水頭，速度水頭，位置水頭ともよんでいる．

これらのなかで，位置ヘッドは任意の基準面からの流線もしくは流管の位置の高さを示しており，水平管のように位置の高さがつねに一定であれば，ベルヌーイの定理は次のように表すことができる．

$$\frac{p}{\rho g}+\frac{w^2}{2g}=\text{一定} \tag{9.12}$$

すなわち，圧力が高いところでは速度が低く，圧力が低いところでは速度が高くなる．

このベルヌーイの定理を実際の管路などの流れに適用する場合には，流れの抵抗による圧力損失が発生する (詳しくは 9.3.2 項で説明する) から，次のような形で適用することになる．

$$\frac{p_1}{\rho g}+\frac{w_1{}^2}{2g}+z_1=\frac{p_2}{\rho g}+\frac{w_2{}^2}{2g}+z_2+h_{1\text{-}2} \tag{9.13}$$

式 (9.13) において，$h_{1\text{-}2}$ が上流側の断面①と下流側の断面②の間における流れの損失ヘッドを示している．

9.2.4 連続の式およびベルヌーイの定理の応用

連続の式およびベルヌーイの定理は，管内の流れを考えるうえで最も基本になるものであり，応用範囲もきわめて広い．最も典型的な応用例として，絞り流量計といわれるベンチュリ管への応用，ならびにトリチェリの定理について説明する．

図 9.10 にベンチュリ管を示す．図の断面①と断面②の間で次の式が得られる．

$$Q=A_1w_1=A_2w_2 \tag{9.14}$$

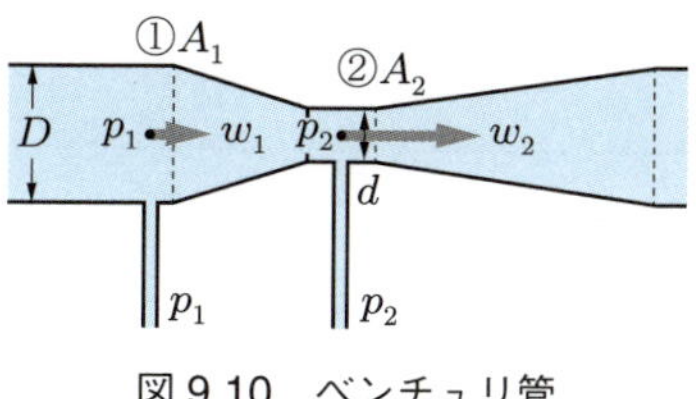

図 9.10 ベンチュリ管

$$\frac{p_1}{\rho g} + \frac{{w_1}^2}{2g} = \frac{p_2}{\rho g} + \frac{{w_2}^2}{2g} \tag{9.15}$$

式 (9.14)，(9.15) より，次の関係が得られる．

$$w_2 = \frac{1}{\sqrt{1-(A_2/A_1)^2}}\sqrt{\frac{2(p_1-p_2)}{\rho}} \tag{9.16}$$

$$Q = A_2 w_2 = \alpha\frac{\pi d^2}{4}\sqrt{\frac{2(p_1-p_2)}{\rho}} \tag{9.17}$$

すなわち，断面 ① と断面 ② の圧力差 $(p_1 - p_2)$ を計測することにより，流量 Q を求めることができる．なお，式 (9.17) の α は断面 ① と断面 ② の間で生じる圧力損失が式 (9.15) に含まれていないことに基づく誤差を，式 (9.16) の面積の項に含めて修正を加えたものであり，流量係数とよばれている．

次に，図 9.11 において，液面 ① と流出孔 ② の間にベルヌーイの定理を適用すると，圧力は両者とも大気圧で等しいので，次式が得られる．

$$\frac{{w_1}^2}{2g} + z_1 = \frac{{w_2}^2}{2g} + z_2 \tag{9.18}$$

大きなタンクでは，液面の降下速度 w_1 は無視できるので，式 (9.18) は次のようになる．

$$\frac{{w_2}^2}{2g} = z_1 - z_2 = H \tag{9.19}$$

$$w_2 = \sqrt{2gH} \tag{9.20}$$

式 (9.20) の関係を**トリチェリの定理**という．

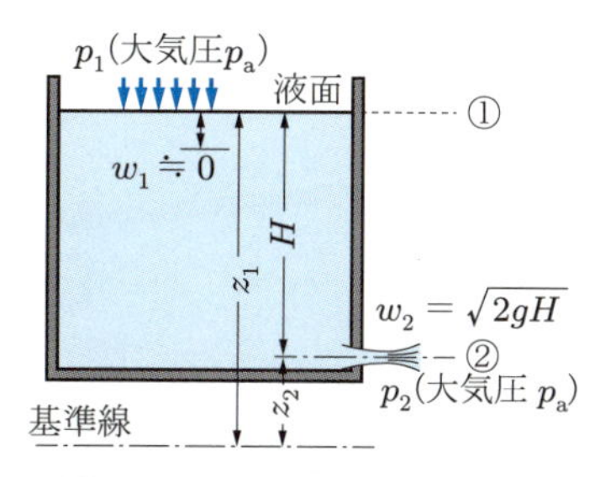

図 9.11 タンクからの水の流出

例題 9.3 図 9.11 に示すタンクで，水面から 3.5 m 下方の側壁に小さいオリフィスを取り付け，$w_2 = 25.2$ [m/s] で水を流出させるには，タンク上部にかける圧力を大気圧よりどれだけ大きくする必要があるかを求めよ．

解 図 9.11 より $p_1 = p_2 + \Delta p$

$$\frac{{w_2}^2}{2g} = \frac{25.2^2}{2 \times 9.8} = 32.4 \ [\mathrm{m}]$$

$$\frac{\Delta p}{\rho g} = 32.4 - 3.5 = 28.9 \ [\mathrm{m}], \quad \Delta p = 28.9 \times 10^3 \times 9.8 \fallingdotseq 283 \ [\mathrm{kPa}]$$

9.2.5 運動量の法則

質点に関する運動量保存則を流れの場に適用すると，流体の流れに関する運動量の法則が導かれる．この法則は物体が流体から受ける力を求めるのに有効である．

ひとつの流管内の流れについて，流体の密度 ρ を一定とするとき，流管入口の流速を w_1，出口の流速を w_2，流量を Q として，外部からこの流体にはたらいている力を F とすれば，次式が成り立つ．

$$F = \rho Q (w_2 - w_1) \tag{9.21}$$

すなわち，流管出入口間における流れの運動量の変化は，その流れに外部から作用する力に等しい．これが流れに関する運動量の法則（law of momentum）である．式 (9.21) に示す外部からの作用力 F としては，次のようなものが考えられる．

$$F = F_{\mathrm{s}} + F_{\mathrm{b}} + F_{\mathrm{d}} \tag{9.22}$$

ここで，F_{s} は流体境界面で作用する圧力およびせん断力などの表面力，F_{b} は重力，電磁力などの体積力，F_{d} は固体物体の表面からの力である．

この結果を用いると，図 9.12 に示すような真っすぐな管内を流れる流体が，管壁に対して流れの方向に作用する力を求めることができる．いま，簡単に求めるため，体積力は作用せず，管壁に平行に作用するせん断力は小さく無視できるものとして，図の断面 ①，② の間の流れに対して運動量の法則を適用する．断面 ①，② における圧力をそれぞれ p_1，p_2，流速を w_1，w_2，断面積を A_1，A_2 とすれば，流体が管壁に流

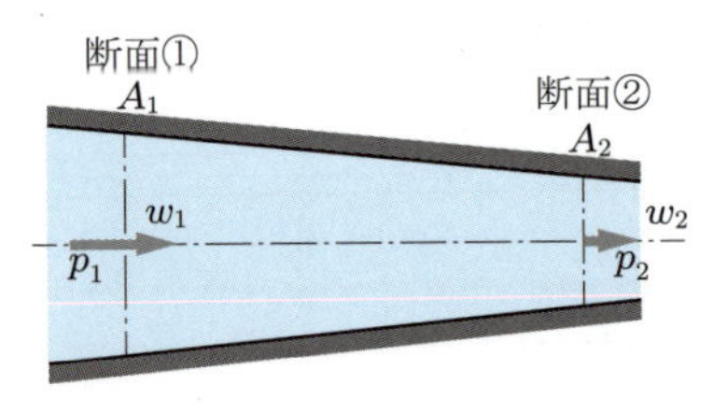

図 9.12 真っすぐな水平管内の流れ

れの方向に作用する力 F は式 (9.21) を用い，同式の F に負の符号を付けることにより，次のように求めることができる．

$$F = \rho(w_1 - w_2)Q + (p_1A_1 - p_2A_2) \tag{9.23}$$

式 (9.23) を応用すると，いろいろな場合について物体が流体から受ける力を求めることができる．

例題 9.4 図 9.13 に示すように，静止している平板，もしくは動いている平板に水の噴流が衝突するとき，平板が噴流から受ける力を求めよ．ただし，噴流の断面積を A，その速度を w とし，平板が噴流の方向に静止しているときおよび噴流の方向に速度 u で動いているときのそれぞれについて考えよ．

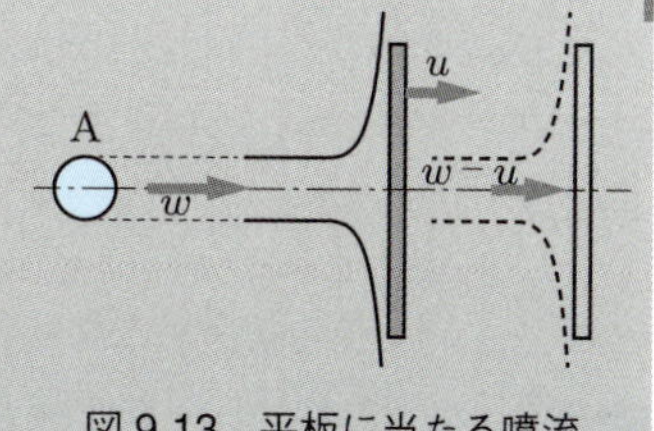

図 9.13 平板に当たる噴流

解 式 (9.23) において，この問題は大気中の流れであるから，圧力については考慮する必要がなく，また，噴流衝突後の流れは平板に沿って噴流の方向とは直角方向に流出して，噴流方向の運動量を失うから，考慮する必要がなくなる．これらの条件を入れると，式 (9.23) より次の結果が得られる．

平板静止時：$F = \rho Qw = \rho Aw^2$，$Q = Aw$

平板運動時：$F = \rho Q(w - u) = \rho A(w - u)^2$，$Q = A(w - u)$

9.3 流体の流れと圧力損失

9.3.1 層流と乱流

流体の管路内流れは大別して層流と乱流に分けられ，圧力損失の様相が両者で大きく異なる．

図 9.14 に示すように，ガラス管内の水の流れの中心部に着色水を注入すると，管内の流速が遅い間は，図 (a) に示すように，中心部の着色水は管軸に平行に明白な流線をつくる．しかし，水の速度をしだいに大きくすると，図 (b) に示すようにガラス管の下流のほうで着色水が水と混じるようになり，さらに速度を大きくすると，図 (c) のように，着色水はすぐに水と混合するようになる．図 (a) の状態を層流（laminar flow），図 (c) の状態を乱流（turbulent flow）という．

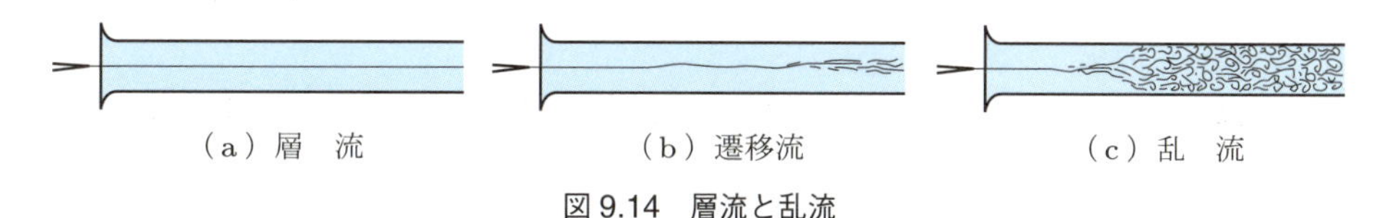

(a) 層　流　　(b) 遷移流　　(c) 乱　流

図 9.14 層流と乱流

これはレイノルズの実験により明らかにされた．レイノルズはさらに層流から乱流へ移り変わる条件を調べた結果，次式に示す**レイノルズ数** (Reynolds number) Re によってその遷移を判別できることを明らかにした．

$$Re = \frac{wd}{\nu} \tag{9.24}$$

ここで，d は管の内径である．

式 (9.24) の ν は粘度 μ と $\nu = \mu/\rho$ の関係があり，動粘度とよばれる．水と空気の動粘度をそれぞれ表 8.2，8.3 に示す．遷移点は管路の上流側の状態によっても多少変化するが，一般には $2000 < Re < 4000$ で層流から乱流に遷移ことが実験的に明らかにされている．

9.3.2　管路における圧力損失

管路の代表的なものとして，円管についての圧力損失を考える．

(1) 摩擦損失　流体の流れと管壁の間での摩擦による圧力損失で，真っすぐな円管における圧力損失は，多くの実験によりダルシー－ワイスバッハの式とよばれる次式が求められ，広く用いられている．

$$h = \lambda \frac{l}{d} \frac{w^2}{2g} \tag{9.25}$$

ここで，l は管の長さである．

λ は管摩擦係数とよばれており，層流と乱流では異なった値をとる．$Re < 2000$ では流れは層流となり，その場合には理論的に求めることができて，管壁の粗さには無関係に次式で与えられる．

$$\lambda = \frac{64}{Re} \tag{9.26}$$

一方，$Re > 4000$ であれば，流れは乱流となり，管壁の表面がなめらかな場合と粗い場合では異なる値をとり，粗い場合の値が大となる．なめらかな場合には，

$$\lambda = \frac{0.3164}{Re^{1/4}} \tag{9.27}$$

で表されるブラジウスの式を，粗い場合には，

$$\lambda = 0.0096 + 5.7\sqrt{\frac{k}{d}} + \sqrt{\frac{2.88}{Re}} \tag{9.28}$$

で表されるミーゼスの式を用いるのが一般的である．なお，式 (9.28) における k は管壁の粗さに関係した値である．

(2) 各種の管路損失　管路における流れには，摩擦損失以外にもさまざまな圧力損失がある．管路全体は管路の入口，拡大管，細管，曲がり管，弁，コック，分岐管，合流管などからなり，それぞれの部分で圧力損失が発生する．管路全体では摩擦損失にこ

れらを加え合わせなければならない．一般に，これらの諸損失は次式によって求める．

$$h = \frac{\zeta w^2}{2g} \tag{9.29}$$

式 (9.29) で ζ の値の一例として，管路入口の損失係数を図 9.15 に示す．入口流れの損失を引き起こしている原因は，主に“うず”である．なお，式 (9.29) の w の値には該当部の流速を用いるが，損失が発生する部分で管路の断面積が変化し，上流と下流で流速の値が異なる場合には，その大きいほうの値を用いる．

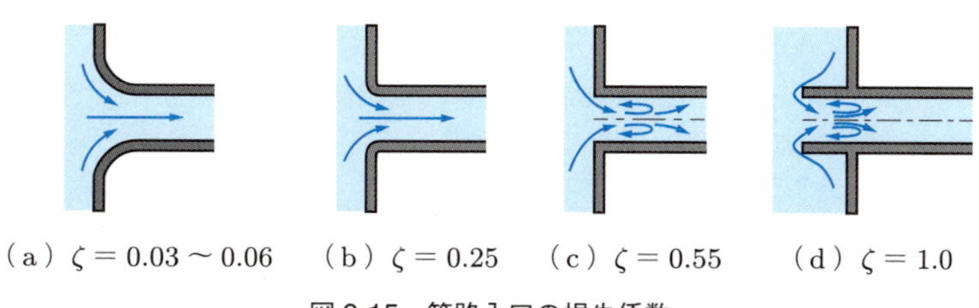

（a）$\zeta = 0.03 \sim 0.06$　（b）$\zeta = 0.25$　（c）$\zeta = 0.55$　（d）$\zeta = 1.0$

図 9.15　管路入口の損失係数

例題 9.5　内径 250 mm の管が急変して内径が 200 mm になった場合，そのために発生する管路損失を求めよ．ただし，内径 250 mm における水の流速は 3 m/s，この部分による損失係数は $\zeta = 0.164$ である．

解　式 (9.29) において，流速 w の値は大きいほうをとることが必要であるが，内径 200 mm の管における流速を求めると，$w = 3 \cdot (250/200)^2 \fallingdotseq 4.688$ [m/s] となる．式 (9.29) より，管路損失は次のようになる．

$$h = \frac{0.164 \times 4.688^2}{2 \times 9.8} \fallingdotseq 0.1839 \text{ [m]}$$

9.4 流体抵抗

流れのなかに物体が置かれたとき，あるいは静止流体中を物体が動くとき，物体に作用する力の流れ方向の成分を，その物体の流体抵抗または抗力（drag）という．抗力は物体表面における流体の圧力と，流体の粘性にともなうせん断力により生じるもので，流体の密度を ρ，流体と物体の相対速度を V，物体の流れ方向に垂直な投影面積を S とすれば，次のように表される．

$$F_\mathrm{d} = C_\mathrm{d}\left(\frac{1}{2}\rho V^2 S\right) \tag{9.30}$$

式 (9.30) の C_d は抵抗係数，もしくは抗力係数といわれる無次元数であり，物体の形状とレイノルズ数 Re により定まる．代表的な場合についての C_d の値の概数を

表 9.1　3 次元物体の抵抗係数

物　体	寸法の割合	基準面積	抵抗係数 $C_d = \dfrac{F_d}{(1/2)\rho V^2 S}$
円柱（流れの方向）	$l/d = 1$ 2 4 7	$\dfrac{\pi}{4}d^2$	0.91 0.85 0.87 0.99
円柱（流れに直角）	$l/d = 1$ 2 4 10 18 ∞	dl	0.63 0.68 0.74 0.82 0.98 1.20
長方形板（流れに直角）	$a/b = 1$ 2 4 10 18 ∞	ab	1.12 1.15 1.19 1.29 1.40 2.01
半球（底なし）	Ⅰ（凸） Ⅱ（凹）	$\dfrac{\pi}{4}d^2$	0.34 1.33
円すい	$\alpha = 60°$ $\alpha = 30°$	$\dfrac{\pi}{4}d^2$	0.51 0.34
円　板		$\dfrac{\pi}{4}d^2$	1.2

表 9.1 に示している．抗力が実際上問題になるのは多くの場合，乱流域においてであり，表 9.1 に示す C_d の値も乱流域を対象にしたものである．

流体中を運動する物体，たとえば航空機，船舶などに作用する流体抵抗は，式 (9.30) の C_d の値を求めることが必要になるが，先に述べた運動量の法則などを用い，理論的にあるいは実験的に検討が行われている．なお，抗力と直角方向の力を揚力（lift）といい，とくに航空機の翼の設計では重要になる．

例題 9.6　高さ 20 m，幅 40 m の建物に風速 20 m/s の風が真横に吹き付けるとき，建物が受ける力を求めよ．ただし，空気の密度は $\rho = 1.16$ [kg/m^3] とする．

解　表 9.1 より $C_d = 1.15$ であるから，式 (9.30) を用いると次のようになる．

$$F_d = \frac{1.15 \times 1.16 \times 20^2 \times (20 \times 40)}{2} \fallingdotseq 213 \times 10^3 \ [\mathrm{N}] = 213 \ [\mathrm{kN}]$$

9.5 混相流

9.4 節までに述べてきた内容はすべて液体単相の流れに関する問題であるが，工業的な応用技術として，液体，固体，気体の三つの相の混合流がある．すなわち，液体と固体，液体と気体，固体と気体の二相流および液体，固体，気体の三相流である．これらを総称して混相流（multi-phase flow）という．工業的に，混相流は空気や水の単相流と比較してその応用性がはるかに高い．ここでは，固体と液体の二相流である固液二相流（solid-liquid two-phase flow）を例にとって，混相流の概念について述べる．

固液二相流の技術は固体の輸送技術ということができ，一般にスラリー輸送あるいはパイプライン輸送とよぶことが多い．この輸送方式の主な特徴は次のようである．

① 連続運転が可能であるので，管径の比較的小さなパイプラインで大量長距離輸送が可能である．

② 運転において，環境破壊，騒音，粉じん飛散などの公害が少ない．

③ 自動化，省力化が比較的容易であり，運転は天候に左右されない．

④ 輸送のための道路，鉄道の敷設が不要で輸送コストの低下が可能である．

以上のような理由から，固液二相流の技術は古くから石炭や石灰石の長距離輸送や浚渫（しゅんせつ）工事での泥砂の輸送に応用されてきた．最近では，食品工業，各種の化学プラント，下水処理プラントなどに幅広く用いられている．

ほかの混相流技術の応用としては，ボイラの蒸発管内蒸気と熱水の気液二相流，微粉炭焚きボイラにおける微粉炭を燃焼器であるバーナへ空気輸送する固気二相流，エアリフトポンプを用いた海底資源の掘削輸送での固気液三相流などがある．

9.6 流体機械

本節では，流体の動きを利用して機械的仕事をさせることができる，自然エネルギーを利用する機器，およびそれとは逆に流体にエネルギーを与える機器類について述べる．

河川水力，風力，波力，海流，潮汐（ちょうせき）エネルギーはいずれも水や空気のような流体によって保有されるエネルギーであり，これらは流体エネルギーとよばれる．流体エネルギーは，原理的には比較的簡単に機械的仕事へ変換することが可能である．その代表的なものが水力発電で，水の位置エネルギーを利用している．

しかし，流体エネルギーはエネルギー密度が低く，たとえば同じ質量の水では，100 m の落差を温度差に換算すると，わずか 0.23℃ にしかならない．このため，水力発電が総エネルギー供給量に占める割合はしだいに低下しつつある．しかし，水力や風力のような流体エネルギーを利用した場合，熱機関には付きものの排気ガスによる大気汚染の心配は一切不要であり，クリーンなエネルギー源として重要なはたらきを果たしている．

このような流体エネルギーを機械的仕事へ変換する機器類としては，水車（water turbine），風車（wind mill）があり，また，逆の変換を行う機器にはポンプ（pump）および圧縮機（compressor）がある．

9.6.1 水　車

水車は，水がもつエネルギーを機械的仕事に変換し，発電機を駆動して電気エネルギーを発生している．水車を駆動する水のエネルギーは主に位置エネルギーの差，すなわち落差と流れる水の量であるが，河川の一般的性質として，上流では流量は小さいが落差は大きく，下流では流量は大きいが落差が小さくなる．したがって，水のエネルギーを用いる地点によって水車の型が異なってくる．表9.2に，水車の種別とそれぞれの水車の適用落差を示す．

表9.2　水車の種別と適用落差

名　称	落差 H [m]
ペルトン水車	200～1800
フランシス水車	40～600
斜流水車	30～150
プロペラ水車	2～80

これらのなかでプロペラ水車を例にとり，その作用を述べる．図9.16にプロペラ水車の断面を示す．図において，ダムから流れてきた水は水車のケーシング内に流入

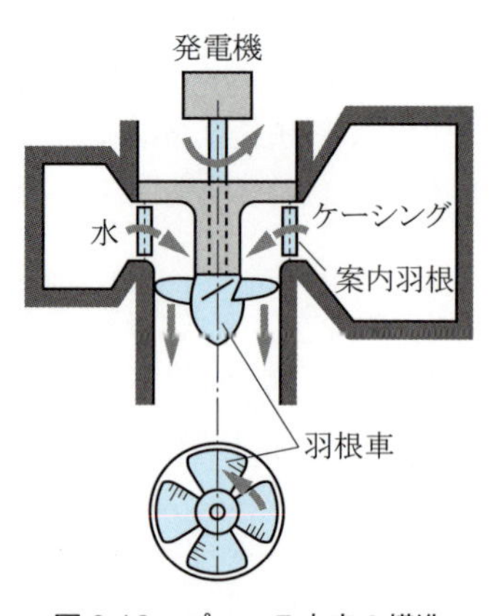

図9.16　プロペラ水車の構造

し，案内羽根を通って羽根車へ流入する．水の流れの運動量の変化により生じた力が羽根車に回転力を与える．このとき，機械的仕事として外部に取り出され，図の上部にある発電機を駆動して電気エネルギーを発生する．

図 9.17 に，水力発電所全体の構成を示す．ダムに貯められた水は圧力トンネルから水圧鉄管を通って発電所に導かれる．発電所内には水車および発電機があり，発電所で仕事をした水は放水路を通って下流へ流出させる．図 9.17 に示すサージタンクは，圧力トンネルや水圧鉄管内における水の圧力上昇を緩和して，機器の損傷を防ぐために設置されている．

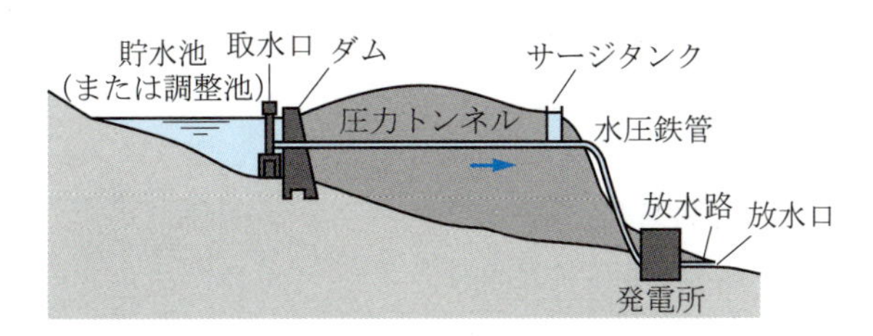

図 9.17 水力発電所の構成

なお，新しい大容量水力発電所は，その回転方向を逆にすれば水車にもポンプにもなる可逆ポンプタービンを用いた揚水発電所で，夜間の余剰電力を利用して下流のダムから上流のダムへ揚水し，昼間の電力として発電・供給している．また，わが国には大型のダムを建設する用地はほとんど残されていないことから，最近は小型の横軸低落差用軸流水車が設置され，河川の流れなどを利用して小規模の発電を行っている．

9.6.2 ポンプ

ポンプはちょうど水車と逆の作用をするもので，機械的仕事によって液体に流体エネルギーを与え，所定流量の液体をある高さまで揚げる，または所定の圧力まで上昇させる機械である．この場合にも，9.6.1 項で説明した水車の場合と同様で，比較的少量の水を高く揚げるときと，大量の水を少ししか揚げないときでは使用されるポンプの型が異なったものとなる．

表 9.3 に代表的な 3 種類のポンプとその適用揚程の目安を示す．この表のなかで，構造上遠心ポンプは表 9.2 のフランシス水車に，斜流ポンプは斜流水車に，軸流ポン

表 9.3 ポンプの種別と適用揚程

名 称	揚程 H [m]
遠心ポンプ	5～1000
斜流ポンプ	2～30
軸流ポンプ	1～5

プはプロペラ水車にそれぞれ対応している.

図 9.18 (a) に遠心ポンプを据え付けた状態を示す.ポンプは下部の貯水槽から,ちりよけを通して水を吸い込み,電動機などで駆動されたポンプの機械的仕事によって,水は上部の貯水槽へ揚げられる.すなわち,水に位置エネルギーが与えられることになる.

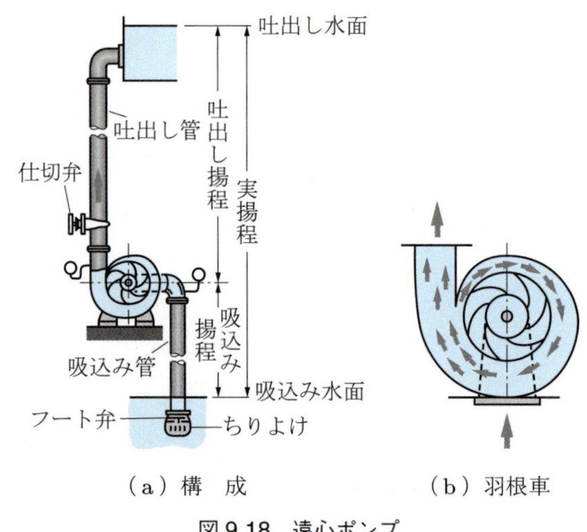

図 9.18 遠心ポンプ

図 9.18 (b) は,ポンプ本体の部分のみを示したものである.図において,遠心ポンプの羽根車は時計方向に回転し,水はポンプ中心部より吸い込まれ,回転する羽根車のなかで,回転の遠心力により加圧されて流体エネルギーを与えられ,図の矢印の方向に流れる.

9.6.3 風 車

風車は,風力から得られる機械的仕事により発電機を駆動し,風の流体エネルギーを電気エネルギーに変換する.風のエネルギーは流体エネルギーに共通なエネルギー密度の低さに加えて,変動が大きく持続性に欠けるという難点があるが,9.6.1,9.6.2 項で説明した水の場合と同様にクリーンであるという大きな長所に加えて,地球上どこでも利用できる可能性をもっている.

風車の概念図と風力発電所の構成を図 9.19 に示す.通常,風車と発電機は一体になっていて構造はきわめて簡単である.水車の場合,与えられるエネルギーは主に水の位置エネルギーであるが,水圧鉄管,ケーシング,放水路の吸出管などの水車の周辺装置の助けにより,エネルギーが一部は運動エネルギーに,また一部は圧力エネルギーに変換されて,比較的効率よく利用されるのに対して,風車では風の運動エネル

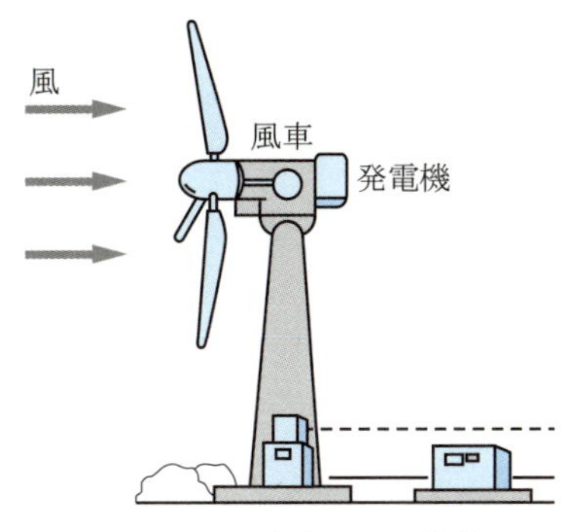

図 9.19　風力発電所の構成

ギーがそのすべてであり，その周辺装置はほとんど何もないところからエネルギーの利用効率が低くなる．しかし，風車の羽根は風の向きや強さに応じて，方向や角度が自動的に調節可能となっていて，エネルギーの利用効率の低下を極力補う工夫がされている．現在，国産で一基の出力 7000 kW の風車が計画されている．

9.6.4　送風機，圧縮機

送風機や圧縮機は機械的仕事を気体に与えて，その圧力や速度を高めて流体エネルギーを増大させる．これは風車と反対のエネルギー変換を行うもので，水車に対するポンプの関係とまったく同様である．この場合もポンプと同様，気体の上昇圧力によって機器の型が異なってくる．送風機は機器 1 台による気体の上昇圧力が 9.8 kPa 以下の機器をファン（fan），9.8〜98 kPa のものをブロワ（blower）とよび，98 kPa 以上のものは圧縮機（compressor）とよんでいる．いずれの場合にも，遠心式と軸流式があるが，圧力が高くなると容積式のものが用いられる．図 9.20 にはブロワのなかでは最も圧力が高くなる容積式のルーツ送風機の断面を示している．図 9.20 のルーツ送風機では，気体が上方から吸い込まれ，逆方向に回転する二つのまゆ形のロータにより圧縮されて下方へ送り出される．二つのロータが往復動圧縮機のピストンと同じはたらきをしている．

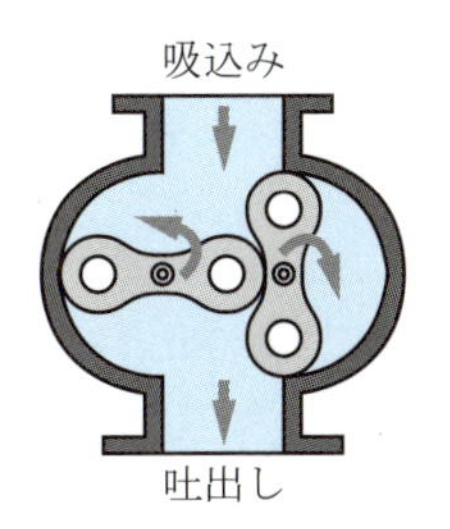

図 9.20　ルーツ送風機

9.6.5 その他の流体機械

海面上の波高差によって生じる流体エネルギーを利用する機器として，波力エネルギータービンがある．一般には，波のエネルギーを空気圧，水圧，油圧などに形を変えたのち，空気タービン，水車などにより機械的仕事に変換して発電を行う．代表的なものとしては，波を利用してダムで仕切られた貯水池内に海水を取り込み，これを放流して低落差の水車により発電する方式がある．このほかに，波高の変動を空気圧に変換して空気タービンを駆動して発電し，海上の標識灯に利用する方式などがある．図9.21にはそのような波力発電の原理図を示す．

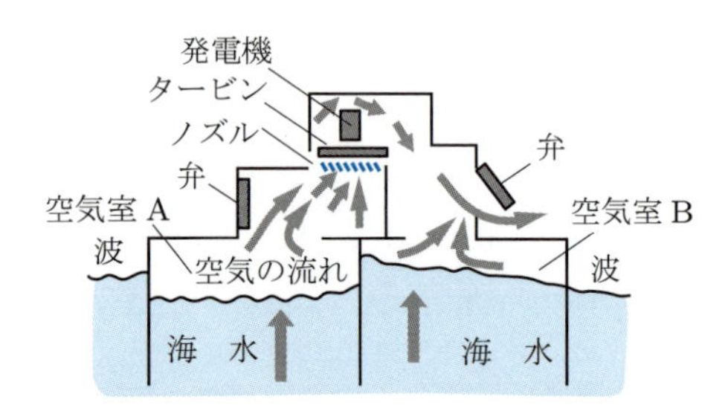

図9.21 空気タービン式波力発電の原理 [関根泰次，堀米孝，エネルギー工学概論，p. 118，図3.46，電気学会，1995]

図9.21に示すように，波により海面が上昇すると空気室 A，B の空気が圧縮され，空気室 B の弁が開き，空気室 A の空気はノズルを通って空気タービンにより発電機を駆動し，空気室 B の弁を経て外に出る．次に，海面が下降すると空気室 B の弁が閉じ，両空気室の圧力は低下する．そして，空気は空気室 A の弁を通って空気室 A，B に流入する．空気室 A に流入する空気は再び空気タービン発電機を駆動する．

演習問題

9.1 高さ10 m の鋼管に水が満たされている．底部における圧力を求めよ．

9.2 上流側の直径が300 mm，下流側の直径が150 mm に断面が縮小している水平管内を水が流れるとして，直径300 mm の断面での流速が4 m/s，圧力が200 kPa であるとき，直径150 mm の断面における流速および圧力をそれぞれ求めよ．ただし，管内における損失は無視できるものとする．

9.3 直径50 mm のノズルから水の噴流が40 m/s の速度で平板に垂直に衝突するとき，板に与える力を求めよ．また，平板が噴流の方向に20 m/s の速度で動いているとき，板に与える力を求めよ．ただし，水の密度は1000 kg/m^3 とする．

9.4 内径100 mm の円管内を密度895 kg/m^3，粘度39.9 mPa·s の油が流れているとき，流れが乱流になるための流速を求めよ．ただし，乱流に変化する条件は $Re = 2300$ とする．

9.5 内径 200 mm の水平管内を 180 L/s の割合で水が流れているとき，150 m 離れた 2 点 A，B の圧力差が水柱で 18.8 m であった．このときの管摩擦係数を求めよ．

9.6 二つのタンクが内径 150 mm，長さ 500 m の管路で結ばれている．上流側のタンクの水面が下流側のタンクよりも 1 m 高いとき，管路を流れる流量を求めよ．ただし，管摩擦係数は $\lambda = 0.04$ とし，ほかの圧力損失は無視できるものとする．

9.7 直径 1 m，高さ 10 m の煙突が風速 20 m/s の風によって受ける力を求めよ．ただし，抵抗係数は $C_\mathrm{d} = 0.82$，空気の密度は 1.226 kg/m^3 とする．

9.8 直径 5 cm の球が，静止している水中を 2 m/s の速度で運動するときの抵抗を求めよ．ただし，球の抵抗係数は $C_\mathrm{d} = 0.45$ とする．

10 制御・メカトロニクス

機械を自動制御するのに，機械的に行う方法とメカトロニクスを構成して行う方法がある．機械的な自動制御はメカニズムを駆使して実現するもので古くから工夫されているが，制御性能に限界がある．それに対して，メカトロニクスは機械技術と電子技術が一体となって高度な機械の制御を実現したもので，ロボットなどの自動制御に使用されている．本章では，基本的な例に基づき，それらの自動制御の構成について学ぶ．

10.1 機械的な自動制御

望みどおりに機械を作動させるためには，制御が必要となる．自動車を運転する場合，ハンドル，アクセル，ブレーキなどを操作することで，自動車の動きを制御する．このように，人間の直接判断により機械を制御することを**手動制御**（manual control）という．これに対して，機械装置や電子装置などにより自動的に制御を実現することを**自動制御**（automatic control）という．

自動制御は大きく分けて，自動販売機のようにあらかじめ決められた動作を順番に実行していく**シーケンス制御**（sequential control）と，ある設定値に対して制御結果をもとにつねに修正動作を加える**フィードバック制御**（feedback control）がある．自動制御を構成する方法は，電子技術を用いたメカトロニクスによる方法と機械的に構成する方法がある．ここでは，主として機械的にフィードバック制御系を構成する方法について，例をもとに簡単に説明する．

自動車（制御対象）の速度（出力）をある目標スピード（目標値）まで加速し，その値を持続することを考える．このとき，人間は次のようなフィードバック制御をつねに繰り返し，実行している．

① 検出：スピードメータ（出力）をみる（その値を検出値という）．

② フィードバック：検出値を脳に戻す．

③ 比較：目標値と検出値の差を算出する．

④ 制御：その差に応じてアクセルを調整する量を計算する．

⑤ 操作：足（アクチュエータ）を動かしてアクセル調節する．

④ の制御を行う部分を制御装置またはコントローラ（controller）という．このように，フィードバック制御を制御対象に適用することで，図 10.1 のブロック線図

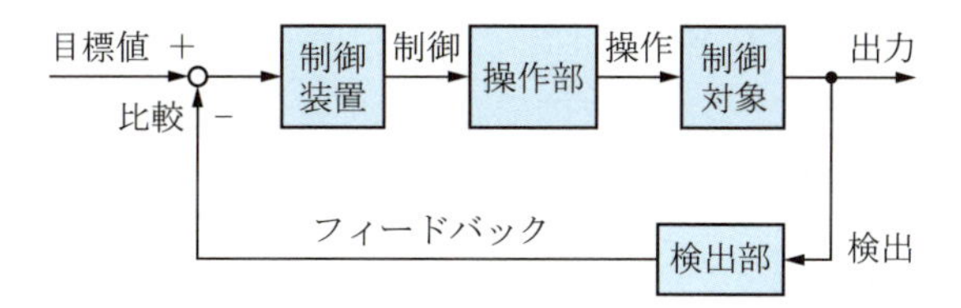

図 10.1 フィードバック制御系のブロック線図

で表されるような閉じた系である**閉ループ系**（closed loop system）が構成される．フィードバック制御は，いろいろな分野の高い制御性能を必要とするところで多く使用される．

図 10.2 は，水位を一定に保つための給水タンクの調節器である．給水タンクの外部から給水するとともにタンクの下部から排水するようになっていて，タンク内の水位を一定に保つことで排水に一定の水圧を与えるという機械である．この場合，検出部はフロート，制御装置はリンクの部分，操作部は弁である．

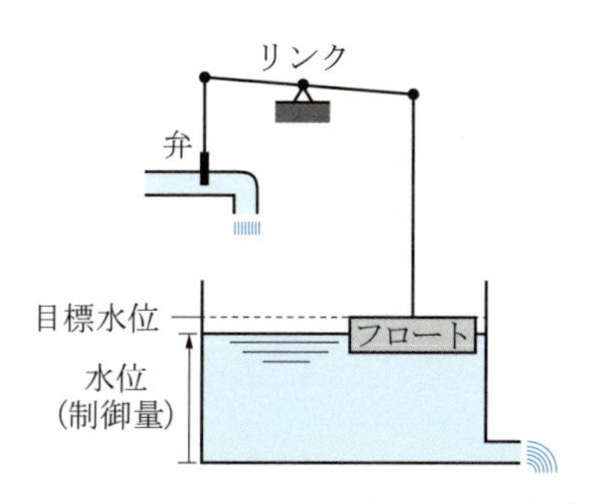

図 10.2 P 制御装置による水位の調整

図 10.2 から，水位が上昇してくるとフロートも上昇し，それにともない，リンク比に応じて給水部の弁をふさぎ，給水量を制限する．逆に，水位が下がると弁が開き，給水量を増大させる．水位に比例して弁が開閉するので，このような制御を**比例制御**（P 制御：P は比例（proportional）の頭文字）という．

一般に，P 制御は，目標値と制御量の間に差が生じた場合，すぐに反応して修正動作を行う．しかし，目標水位に実際の水位が一致しており，給水タンクへの水の流入流出量が一定である平衡状態にあったとしても，なんらかの理由で給水側の水圧が上昇して給水量が増えた場合，水位は上昇して弁が若干閉じるが，目標水位を超えた水位に落ち着くため，目標値に水位を正確に合わせることはできず，一定の制御偏差である**オフセット**（offset）が生じる．

オフセットをなくすためには，制御装置に**積分制御**（I 制御：I は積分（integral）の頭文字）を導入すればよいが，その機構はやや複雑なものとなる．

そのほか，**微分制御**（D 制御：D は微分（derivative）の頭文字）というのがある．その機構を図 10.3 に示す．シリンダの部分で水位変化の速度が検出されるので，それを弁の開度にフィードバックすることで，水位の振動，すなわち水位の上昇あるいは下降の速度変化をなくすように作動する．

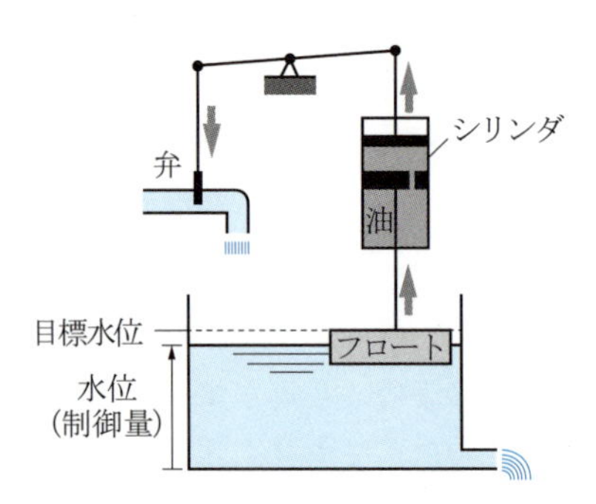

図 10.3　D 制御装置による水位の調整

一般に，これらの制御手法は，組み合わされて使用される．制御量の変化が緩やかな制御対象の場合は，P 制御と I 制御を同時に用いた PI 制御で十分である．制御量の変化が大きい場合は，D 制御も入れて PID 制御としてよく使用される．

PID 制御は制御装置の構成が簡単で直感的にわかりやすく，ある程度良好な制御結果が得られるため，産業界でもよく使用されている．

10.2 メカトロニクスとは

機械的な自動制御では，PID 制御などの限られた制御装置しか構成できない．さらに，ロボットアームの経路の制御などのように，制御対象が複雑になってくると機械的な自動制御系の構成が極めて困難となる．これに対処するために，制御装置にコンピュータや電子回路を使用して制御対象の動きを制御する方法がある．これをメカトロニクス（mechatronics）といい，機械技術（mechanics）と電子技術（electronics）が一体となった分野を指す．

最近のメカトロニクス技術の進展により，コンピュータのソフトウェアで制御装置を実現している場合が多い．さらに，メカトロニクス化することで，非線形制御やモデル予測制御などの高度な制御方式を機械の振動低減や運動制御に応用する研究も進んでいる．また，最近では，ロボットに人工知能を搭載し，外界の情報をもとにロボット自身の判断で動作させるという自律制御の応用も活発化している．

メカトロニクスを図 10.4 の全自動洗濯機の構造を例にして述べる．メカニズムとして洗濯槽とそのなかで回転する洗濯羽根があり，モータが電源の供給を受けて洗濯羽

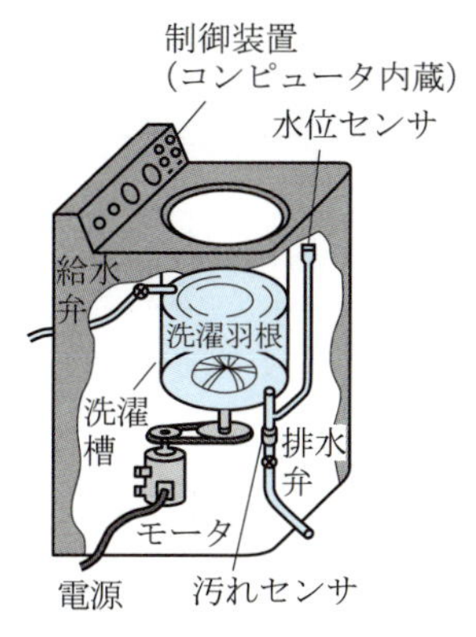

図 10.4 全自動洗濯機の構造

根を回転させる．このモータのように，機械部分に動力を発生させるものを**アクチュエータ**（actuator）という．

いま，もし洗濯機が自動制御されなければ，人間は洗濯槽に適当な水位を保つため，目で見て判断しながら給水弁を開閉して，水の量を調節する必要がある．衣類に付着した汚れが洗い出されると洗濯液が汚れるから，洗濯液の汚れ具合をみて，モータの運転を続けたり停止したりしなければならない．また，洗濯が済んだら，手で排水弁を開き，洗濯液を排出しなければならない．

全自動洗濯機では，センサ（sensor）と制御装置を使ってアクチュエータを動作させ，以上で述べた人間の機能を代行する．

水位センサは，洗濯槽が適当な水位になると信号を制御装置に送って，給水弁を閉じる．また，汚れセンサは洗濯液の汚れを検出する．洗濯液の汚れが設定値に達したら，信号を制御装置に送ってモータを停止させ，洗濯を終了させる．洗濯液を排出する際には制御装置が排水弁を動作させる．給水弁や排水弁もアクチュエータである．

センサの信号を人間が設定した値と比較・判断して，弁やモータなどのアクチュエータの動作を決めるのは，制御装置の役目であり，水位や汚れの設定値は人間が選んで制御装置に設定しておく．

メカトロニクスの構成は図 10.5 に示すように，動力源，メカニズム・アクチュエータ，センサ，制御装置の四つの要素に分けられる．

動力源はほかの三つの要素を作動させるための動力を与える．センサは制御対象の出力を計測した検出値を制御装置にフィードバックする．制御装置はコンピュータや制御用の電気回路などで構成され，検出値と目標値の差をなくすように，制御則で計算や調整を行って操作部に出力する．制御装置からの指令に基づいてアクチュエータが動作し，その結果としてメカニズムを駆動することで外界にはたらきかける．

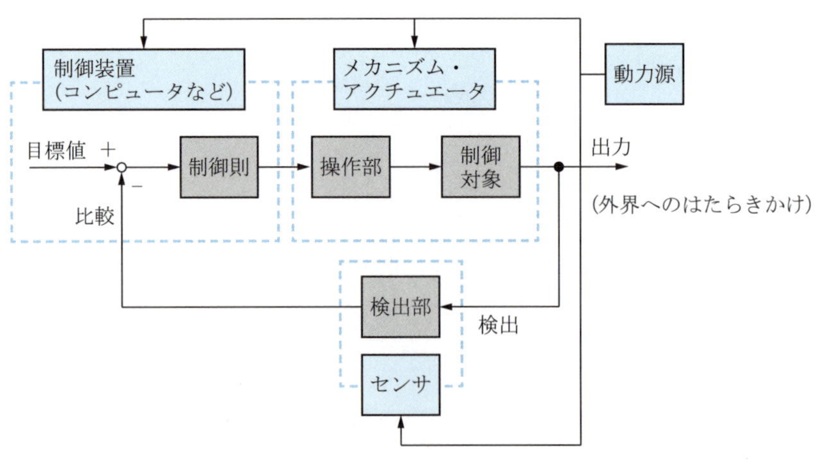

図 10.5　メカトロニクスの構成

10.3 ロボット

10.3.1 ロボットの導入

図 10.6 に，車体の複雑な曲面をロボットに塗装ガンを装着して塗装する塗装ロボットシステムを示す．一般に，ロボットの作業対象を**ワーク**といい，この場合のワークである塗装面が車体の表面のように複雑なときは，塗装ガンを単なる機械に装着したものでは塗り残しや塗りムラを生じる．人間が行うとそれは防げても，無理な姿勢をとったり目が疲れたりして，精神的にも肉体的にも苦痛が大きく，ミスも出る．塗装の現場は塗料の粉末や溶剤の蒸気が立ち込め，健康上もよくない．

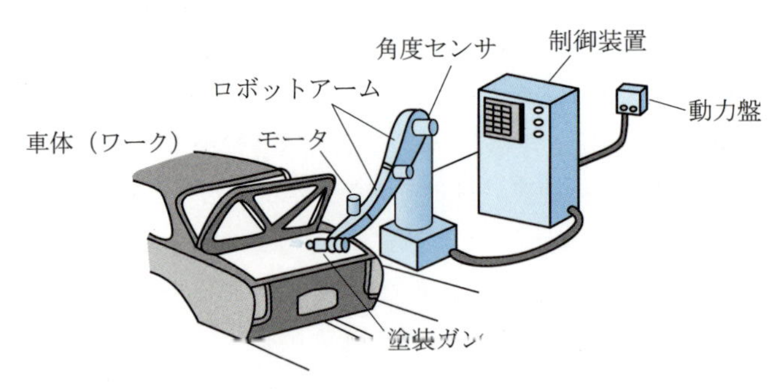

図 10.6　塗装ロボットシステム

工場には塗装のほかにも，物品のハンドリングや溶接など，作業が複雑で従来の機械では不可能であったり，人間にとっては苦痛であったりする作業が多い．ロボットはこれらを解決する有力な手段として，次々に導入され，自動車工場などの製造現場では，多くのロボットが活躍している．わが国は世界有数のロボット大国でもある．

10.3.2 ロボットの構成

図 10.7 に，アームを回転できるロボットの構成を示す．この図は，ロボットの動作のうち，ひとつの**アーム**の回転 θ_1 を実現する系統の例である．図のようにロボットが θ_1，θ_2，θ_3 と三つの自由度をもつならば，1 台のロボットに同様の系統が三つあることになる．

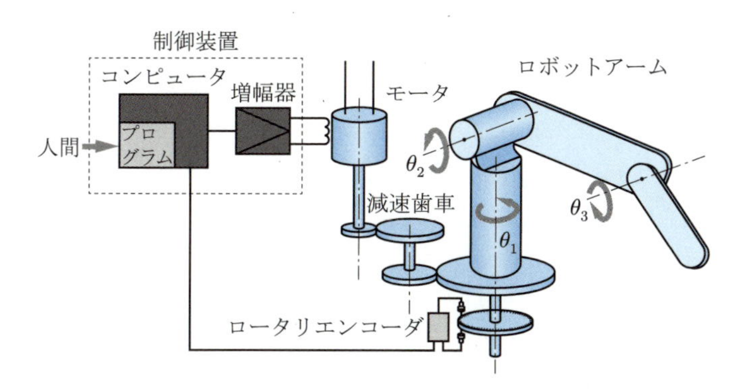

図 10.7 ロボットの構成

図 10.7 でアームは歯車列で減速したモータをアクチュエータとし，そのトルクを受けて回転する．モータは電源から動力を受けてアームを駆動する．また，モータの動作は，制御装置内のコンピュータからの信号によって決まる．ここでは，増幅器がコンピュータからの信号を増幅してモータを駆動している．アームの回転位置のセンサはアームの回転軸と同軸のロータリエンコーダであり，回転角度を計測して制御装置に伝える．制御装置はコンピュータを内蔵し，コンピュータにはあらかじめ人間が教示したプログラムが記憶されている．コンピュータは，センサが検出した実際のアームの位置と，教示プログラムで指定されたアームの位置の差を 0 にするように計算を行って，アームが時々刻々とるべき位置を増幅器を経てモータに与える．

10.3.3 ロボットの機構

人体は，寸法も構造も人によってそれほど大きく変わらないが，ロボットは，人工的に製作されるので，図 10.8 のように大きさも形も広範囲に変わる．

反面，人体には全部で 100 を超える自由度があり，これを機械で実現するのは難しい．また，構造が簡単なほうが強度が上がり，誤作動も少ない．そこで，自由度が 4 や 5 の，作業に必要なだけ自由度をもったロボットも実用化されている．

図 10.9 に，広く実用化されているロボットの機構の例を示す．いずれも 3 自由度に対するものである．

(a) 土木作業用

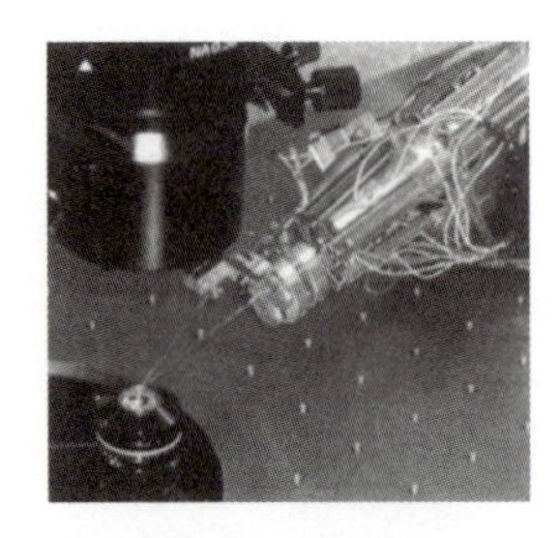

(b) 微小作業用

図 10.8　さまざまなロボット[(a) 茶山和博, ほか 3 名, 遠隔操縦ロボット, ロボット学会誌, Vol. 21, No. 1, 日本ロボット学会, 2003／(b) 産業技術総合研究所 資料]

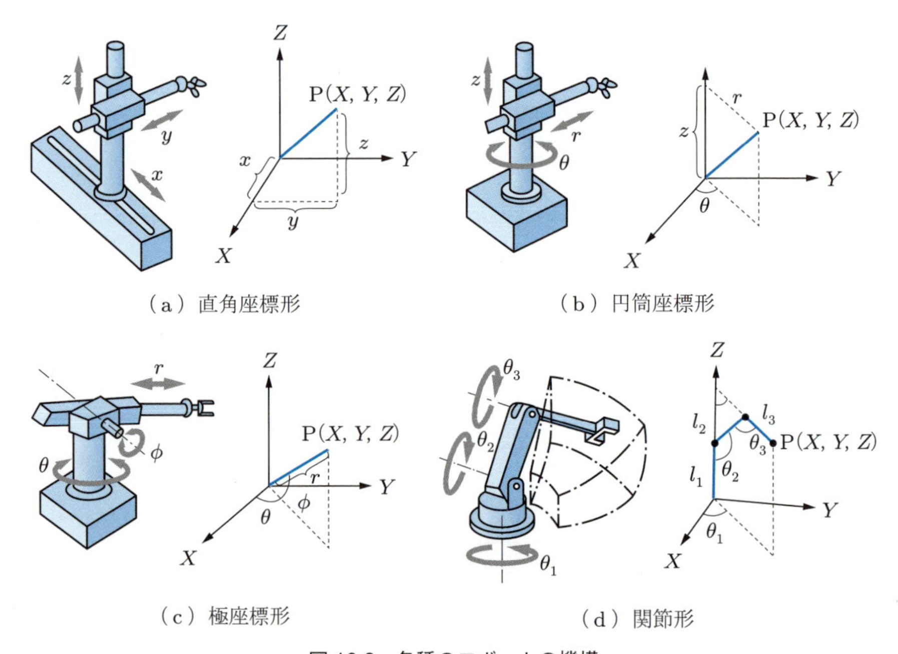

図 10.9　各種のロボットの機構

① 直角座標形：図 (a) で三つの単位動作がすべて直進形である．この機構は動きが直感的にわかりやすく，剛性を高くとりやすい．位置精度も高くできる．しかし，動作範囲は狭くなる．

② 円筒座標形：図 (b) のように，基底が回転形で，その上に 2 個の直進形アームが載っている．

③ 極座標形：図 (c) のように，基底とそのすぐ上が回転形で，さらにその先は，直進形のアームである．

④ 関節形：図 (d) に示すように，すべて回転形の単位動作の組合せである．動作範囲は最も広くとれるが，アームの先端の剛性を高くしにくい．

なお，図 10.9 で，ロボットの先端 P の空間座標値 (X, Y, Z) を，図 (a) であれば，(x, y, z) のように示している．これを使ってコンピュータはロボットの各アームがとるべき位置を計算する．

10.3.4 ロボットハンド

図 10.10 はワークを挟むロボットハンドの例である．人間の指は片手だけでも 15 に及ぶ多数の関節をもち，多様な動作が可能で，図 10.10 のようにこれを機械化する研究が多数行われている．また，ロボットハンドならば取り替えることができるので，いろいろなものを用意しておいて用途によって使い分けることも多い．

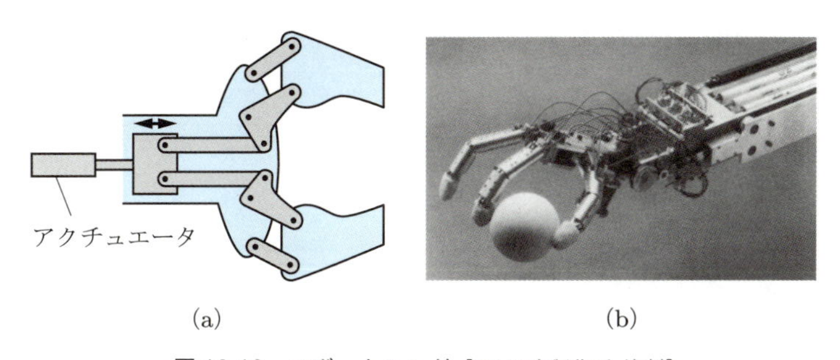

図 10.10 ロボットハンド［(b) 日立製作所 資料］

例題 10.1 図 10.9 (b) の円筒座標形ロボットで，先端 P の空間座標値 (X, Y, Z) をロボットの変数 θ，z，r を使って表せ．

解 $X = r\cos\theta$，$Y = r\sin\theta$，$Z = z$

10.3.5 移動機構

図 10.11 (a) のように，人間の二足歩行と似たものもあるが，車輪や図 (b) のようにクローラを使用するものも多い．図 (c) は車輪の外周にフリーローラを配置したオムニホイールという車輪を利用した移動機構で，全方向に移動，回転することができる．

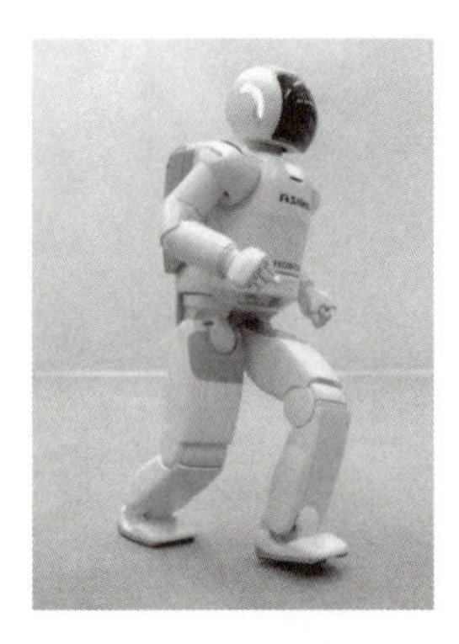

(a) 二足歩行

(b) クローラ

(c) オムニホイール

図 10.11 ロボットの移動機構 [(a) ASIMO: 本田技研工業 資料／(b) 三菱電機特機システム 資料／(c) ヴイストン 資料]

10.3.6 ロボット用センサ

人間は視覚や聴覚などの五感で外界の状況を認識するとともに，平衡感覚器官のような，体内のために必要な器官も備えている．ロボットにも内界用と外界用の2通りのロボット用センサが必要である．

(1) 内界センサ　アームの回転角度のようなロボット自体の状態を検出するもので，代表的なのはポテンショメータとロータリエンコーダである．

ポテンショメータは図10.12のように，リング状に巻いた巻線抵抗と，その上を接触しながらすべるブラシから成り立つ．図で，端子1，3の間に一定の電圧をかけ，ブラシを軸のまわりに回転させると，端子2，3の間の電圧は，ブラシの回転角度に比例して変わる．そこで，ブラシをアームと同軸にして回転させれば，アームの回転角度に比例する電圧が得られる．

ロータリエンコーダは，図10.13のように，発光素子が多数のスリットを設けた回転スリット板の一方に光を当て，スリットを透過した光を受光素子で受ける．回転スリット板が回転すると，光を断続的に受光するため，パルスが出力される．このパ

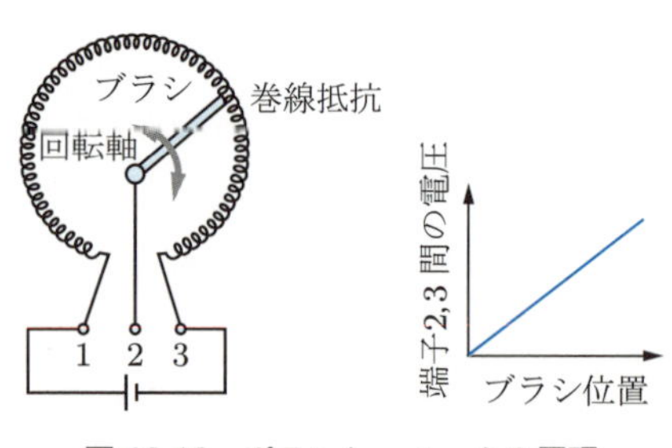

図 10.12 ポテンショメータの原理

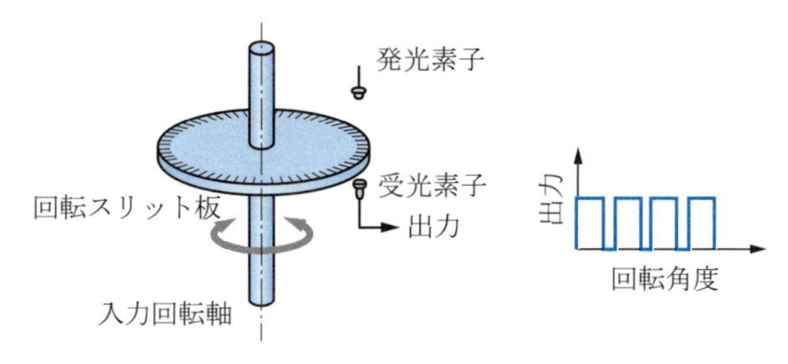

図 10.13　ロータリエンコーダの原理

ルスの数を数えることで回転角度が計測できる．光の代わりに磁気信号を使うものもある．

(2) 外界センサ　ワークや周辺機器の位置など，ロボットの外部の状態を検出するもので，リミットスイッチでワークとの接触を検出する簡単なものから，視覚センサのように，外界の複雑な状況を認識するものまでいろいろある．そのいくつかを以下に説明する．

① **力覚センサ**：ロボットが受ける外力を検出するセンサである．図 10.14 (a) はひずみゲージで，台に力がかかり，抵抗線を引っ張って伸ばしたとき，抵抗線の電気抵抗が変化するので，抵抗を測定してひずみの値を得ることができる．ロボットの手首にいろいろな方向からかかる外力を検出するには，図 (b) のような，多方向にたわむ構造物に複数のひずみゲージを取り付ける．

② **接触覚センサ**：リミットスイッチも一種の接触覚センサ（touch sensor）である．また，図 10.15 のように，ロボットの指が複雑な形状の物体に接触したことを検出するものもある．物体が炭素繊維膜に触れると，炭素繊維膜は下に押されて金属電極に接触し，両者間の電気抵抗が小さくなり，電流が流れる．このようなセンサを縦横 2 次元状に配列すれば，面状の接触の分布から面の形状の認識ができる．

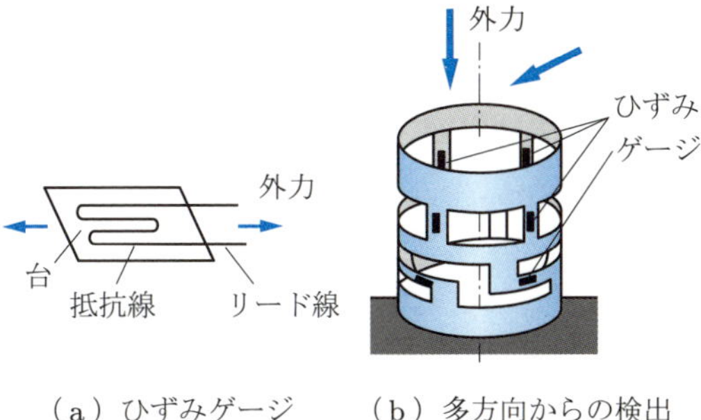

（a）ひずみゲージ　（b）多方向からの検出

図 10.14　力覚センサ

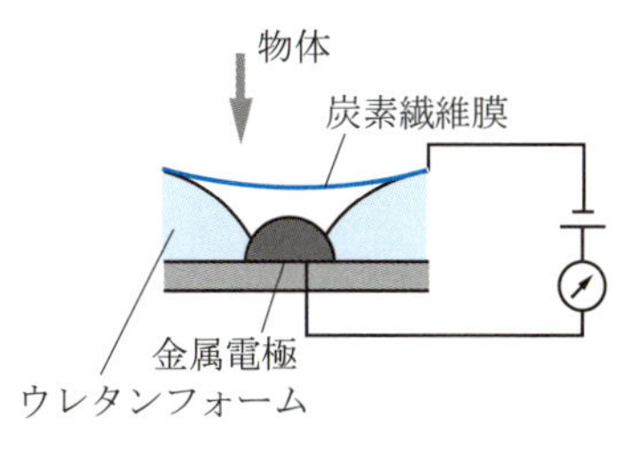

図 10.15　接触覚センサ

③ **近接覚センサ**：ロボットから超音波を放射して，周囲の物体からの反射波を検出して物体の接近を知ることができる．ロボットに自動走行させるとき，障害物との衝突を防止するのに有効である．

④ **視覚センサ**：人間と同様に，ロボットの場合にも，ワークや障害物の形状やロボットからの距離を認識するセンサの必要性が高い．カメラにより使用される視覚センサとしては，CCD（charge coupled device）や CMOS（complementary metal oxide semiconductor）がある．これはレンズを通して受けた外部の2次元画像を，ディジタル量に変換して外界の状況を認識するものである．

10.3.7 ロボットの制御

日本工業規格（JIS B 0134）では，ロボットを制御動作に注目して分類している．ここでは，そのなかで実際に利用されることが多いものをいくつか説明する．

(1) 遠隔操縦ロボット　作業者が作業対象から離れたところにいて，**マスタ**という機器を操縦するのが遠隔操縦ロボットである．実際の作業は，工具を装着した**スレーブ**という別の機器が，作業者の操縦に従って行う．遠隔操縦ロボットにはいろいろな方式があり，図10.16で示す相似形操縦ロボットは，人間がマスタを動かせば，スレーブはまったくそれと相似な経路をたどって動く遠隔操縦ロボットである．相似形操縦ロボットは，放射性物質のように危険で近寄れないワークを扱う場合などに使われる．

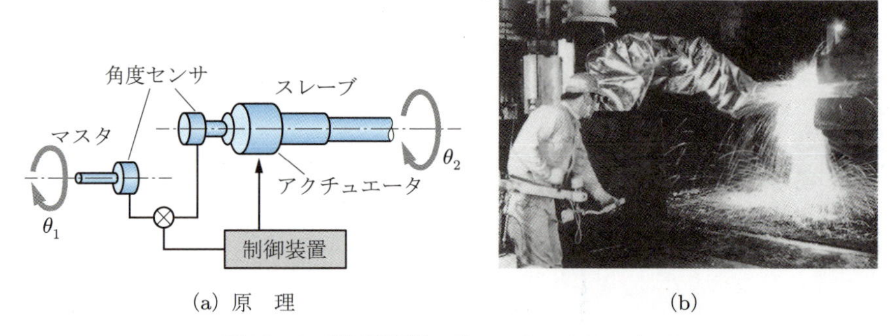

(a) 原　理　　(b)

図10.16　相似形操縦ロボット［神戸製鋼所 資料］

図10.16 (a) は上に述べた相似形操縦ロボットの動作原理を示している．人間が動かすマスタの回転角度 θ_1 を角度センサで検出し，制御装置に伝える．マスタに対応するスレーブのアームの回転角度 θ_2 も角度センサで検出されて制御装置に入力され，制御装置はスレーブを駆動するアクチュエータに絶えず信号を送って，$(\theta_1 - \theta_2)$ が0になるように制御する．したがって，スレーブは絶えずマスタの動作と相似な動きをする．図 (b) は，人間が近づけない高温度の鋼塊の表面の傷をガストーチで溶かして

除去する作業を，このロボットを使って行っているものである．

(2) シーケンスロボット　シーケンスロボットは，フィードバック制御ではなく，シーケンス制御で制御するロボットである．あらかじめ設定された順序や条件に従ってアームの動作の各段階を進めていく．同一形状の部品を同一位置に繰り返し置くような作業に使われる．

(3) プレイバックロボット　アームの位置をあらかじめ指定することで教示（ティーチングという）しておき，その教示された位置あるいは軌跡を通るようにプログラムすることで何回でも繰り返してアームを動作させるものをプレイバック型といい，位置センサによるフィードバックを行って制御するのが原則である．アームの動かし方には，図 10.17 のように飛び飛びの点を指定する PTP（point to point）方式と，連続した経路すべてを指定する CP（continuous path）方式がある．

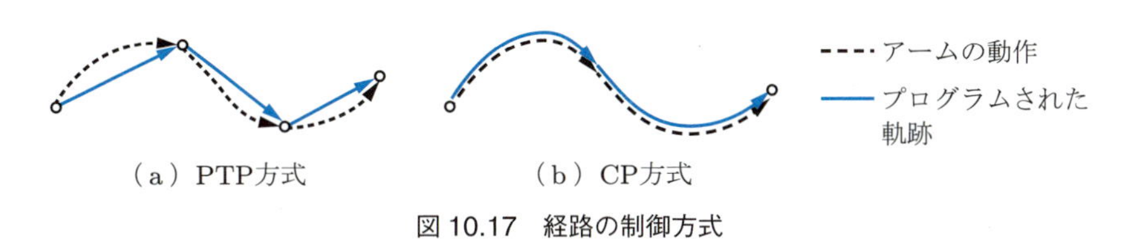

図 10.17　経路の制御方式

PTP 方式では，指定された点では位置制御が行われるが，点と点の途中では，どの経路をたどってもよい．たとえば，指定された点から点までアームを動かすのに，起点と終点の位置を正確に保てば，途中の経路はとくに重要でない場合に用いられる．

これに対して，CP 方式は先端の経路すべてを教示するので，アームが教示された軌跡すべてを忠実にたどるように制御が行われる．軌跡は途切れなく教示することもあるが，特定の点と点の位置を指定し，その途中は，適当に直線や曲線で補間する場合もある．塗装作業は，先端の経路がすべて塗装の出来栄えと関係するので CP 方式が多い．

(4) 知能ロボット　人工知能によって行動を決定できるロボットで，周囲の動きに合わせて自ら行動する能力を備えた自律制御型ロボットが実用化されている．

(5) その他の制御　以下の例のように，ロボットにはたくさんの制御方式があり，さらに次々と開発・実用化されている．

- **感覚制御（力の制御）**：人間が指で物をつかんで持ち上げるとき，目で物の大体の位置を測って指を近づけ，後は指が物に触れたことを触覚で検出し，さらに指が相手から受ける反力を検出して，適当な力で物を挟んで持ち上げている．

  ロボットにこの「適当な力で挟んで持ち上げる」動作をさせるには，接触覚センサおよび力覚センサを使って，指定された接触や力が生じるように，アームの先端を動かす．しかし，ここで力の制御と位置の制御の相互関係が生じる．たとえば，アームの先端に工具を取り付けて研磨作業を行う場合，先端の位置を制御しないと，工具の位置がワークの研磨すべき面からずれてしまう．反対に，工具がワーク表面を加工する力を制御しないと，研磨力が一定にならない．

この両条件を満足させるためには，アームの位置と工具が受ける力の信号の両方を使ってロボットの動作を制御する．たとえば，工具とワーク間の距離がある程度大きい間は位置制御を行い，距離が短いときは力の制御に切り替えたりする．

- **学習制御（位置の探索）**：ロボットに実際に作業をさせる前に，センサを付けたアームを自動的に動かしてワークの位置を探索させ，状況がわかってから実際の作業をさせることもできる．

図10.18に，開先という二つのワークが接触する位置でのロボットによる被覆アーク溶接を示す．ロボットの先端に取り付けた溶接棒が教示どおりの位置⓪にきても，開先の実際の位置から少しずれている場合，すぐに溶接を開始せず，溶接棒を接触センサとして使い，ロボットアームを動かして開先位置を探索させる．図10.18では，次のようにする．

① 棒を下向きに移動させる．棒の先端がワークに接触すると，棒とワーク間の電気抵抗が減って導通状態になる．

② 導通状態になったら棒の高さはそのままにして，右に移動させる．棒がワークのほかの面に接触すると，また導通状態になる．

③ 導通状態になったら，棒を左に少し移動させる．次に，棒を下向きに導通状態になるまで移動させる．

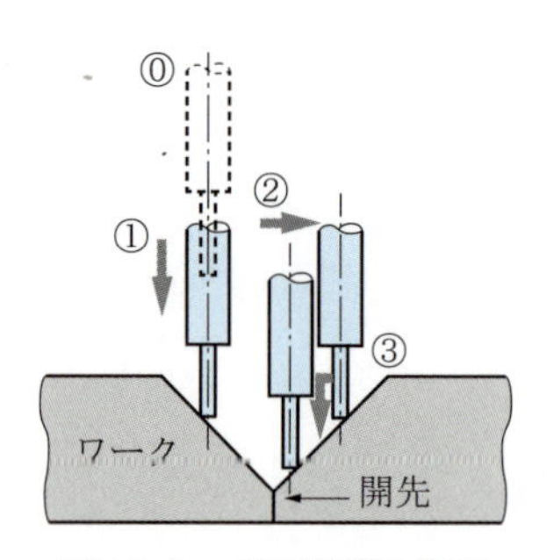

図10.18　開先位置の探索

以上のような動作を何回か行うと，ロボットの教示位置が実際の開先位置から少しずれていても，ロボットは自動的にずれを修正して正しい開先位置に溶接棒をもっていく．それから溶接を開始すればよい．

10.3.8 ロボットの今後

ロボットはこれまでも急速に進歩してきたが，さらに屋外作業，福祉・医療，家庭用など社会の要求が多く，それに対応するために，新しいものがさかんに開発実用されてきている．

演習問題

10.1 ガス風呂の湯を希望の温度にするために，人間が手を入れて湯加減を知り，バーナに供給するガス量を調節する弁を開閉する操作を自動化した場合に，図 10.5 に示す次のものとしてそれぞれ必要なものを答えよ．

(1) センサ　(2) アクチュエータ　(3) 動力源

10.2 図 10.7 中のロボットアームは，図 10.9 (a)～(d) に示すロボットの機構のどの表示法に相当するかを答えよ．

10.3 図 10.9 (c) の極座標形ロボットアームの先端 P の空間座標値 (X, Y, Z) を図の r，θ，ϕ を使って表せ．

10.4 図 10.9 (b) であらかじめ円筒座標形ロボットの先端 P の空間座標値 (X, Y, Z) が与えられているとき，これに対応する各アームの位置を示す r，θ，z を X，Y，Z を使って表せ．

11 機械と情報処理

最近のコンピュータ技術とソフトウェア技術の目覚ましい発展により，機械の設計，製造，制御にもそれらの技術が多く取り入れられてきている．その結果，従来まで大型コンピュータでなくては処理できなかったことが，安価で小型のパソコンでも十分に対応できるようになってきている．

コンピュータの情報処理技術が必要な対象としては，機械の設計，製造に関するものから，メカトロニクス技術である機械単体の制御にいたるまでかなり広範囲なものとなっている．すでに，第10章でメカトロニクスについては述べてあるので，本章では，とくに機械の設計，製造に関する情報処理に焦点を絞って，その概要を紹介する．

11.1 情報機器

現在，多量の情報を蓄積する素子や，多くの回路素子を1個の半導体チップに詰め込んだ集積回路（integrated circuit：IC）や大規模集積回路（large scale integration：LSI），さらには演算処理などを行う中央処理装置（central processing unit：CPU）の発達により，コンピュータの情報処理能力を活用した高度な情報機器が，われわれの身のまわりに多く見受けられるようになってきた．たとえば，単に四則演算などの計算を行う電子卓上計算機（電卓）から，高度な制御をともなうディジタルカメラ，さらには汎用性の高いパソコンなど，一般家庭にかなりの割合で普及してきている．

機械の設計，製造に関係する情報機器の種類を分類すると，おおむね次のようになる．

① 電子式卓上計算機（電卓）
② パソコン
③ マイクロコンピュータ（マイコン）
④ プログラマブルロジックコントローラ（PLC）

これらの情報機器は，機器と，機器をはたらかせるプログラムから構成されていて，この二つが相互に関係し合いながら作動する．機器あるいはその構成のことをハードウェアといい，その機器をはたらかせるためのプログラムをソフトウェアという．以下，上で述べた分類の項目について簡単に説明する．

① **電子式卓上計算機**：算盤の代わりに用いる四則演算などの単純な計算を行うのに用いられる．

② **パソコン**：図 11.1 に示すように，一般的なデスクトップ型のパソコンは，コンピュータ本体，キーボード，マウス，ディスプレイ，プリンタなどから構成されるが，本体とディスプレイを一体にしたものもある．さらに，キーボードも一体にしたノートパソコンもよく使用される．これらは，個人で利用する汎用性のあるコンピュータであり，ゲーム，ワードプロセッサ（ワープロ），データベース（データの蓄積），スケジュール管理など，専用のソフトウェアを起動して使用する．また，プログラミング用の専用ソフトウェアを用いると，自分でプログラムを組むことでいろいろな処理（科学計算など）ができる．さらに，自宅からインターネットなどに接続して，世界中のいろいろな情報を入手したり，話題を提供することもできる．機械にかかわるソフトウェアとしては，機構解析，設計製図，工程設計などのいろいろなものがある（詳しくは 11.4 節で説明する）．

③ **マイクロコンピュータ**：メカトロニクス機器でよく使用される．たとえば，携帯電話，自動炊飯器，時計，自動販売機，ディジタルカメラ，エアコン，テレビ，DVD プレーヤー，冷蔵庫，掃除機，電気ポットなど，一般家庭の多くの電化製品にも使用されていて，機器を自動的に制御するための各機器専用の小型コンピュータであり，マイクロコンピュータに組み込まれたプログラムに従って作動する．また，11.2 節以降で述べる機械工作においても，メカトロニクス機器であるロボットや工作機械などの単体の作動を制御するために，その多くをマイクロコンピュータに依存している．

④ **プログラマブルロジックコントローラ（PLC）**：プログラマブルコントローラ（PC）あるいはシーケンシャルコントローラ（SC）ともよばれている．これは，シーケンス制御（10.1 節参照）を行うときに使用する制御用の専用コンピュータである．たとえば，エレベータや工場内の自動システム（生産ラインや生産ライ

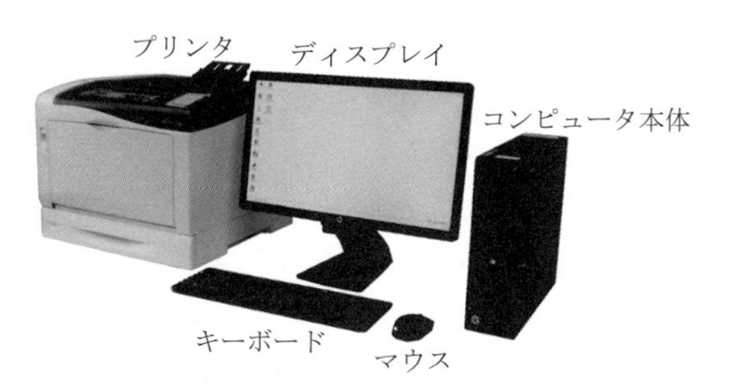

図 11.1 一般的なコンピュータの構成

ンに取り付けてある複数のメカトロニクス機器）などを，条件に依存してどの順番でどのように作動させるのかを自動調整する．

11.2 機械の設計製作の過程

製品としての機械ができるまでには，一般に図 11.2 に示すような過程がある．

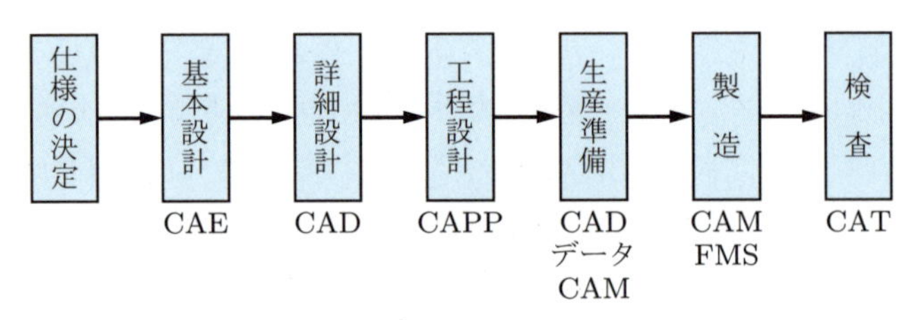

図 11.2　機械の設計製作過程

仕様の決定とは，「このような動きや機能をもたせたい」というような，製品がもつべき性能を大まかに決めることである．

基本設計では，仕様を満足するように製品の機能，構成や形状を検討するとともに，各種の解析（機構解析，応力解析，熱伝導解析，流体解析，振動解析など）や性能評価を行う．また，必要であれば，試作品を製作して性能の評価を行う．この過程では，過去の計算例，性能評価例や文献を参照するものが多く，データベースの充実が非常に重要なものとなっている．

基本設計で製品の概略構成が決まったら，**詳細設計**を行う．製品を製造するための個々の部品の形状，材質，寸法などを決め，詳細な部品図と組立図を製図する．

工程設計では製造現場（工場）で，どの部品をどの順番にどの加工法（工作機械）で加工し，どのように組み立て，どのように製品の検査を行うのかを検討する．これらの決定は，とくに熟練経験が必要となる部分である．熟練工が不足する事態を考えて，初心者でも容易に決定できるように加工法などのデータベース化が必要となっている．

生産準備では，製造における準備を行うために，実際に加工を行うときに必要となる，ラインや工作・組立設備の充実，さらには治工具の設計製作を行う．

製造では，工程計画に沿って，部品の加工，組立てを行い，製品を製作する．

検査では，製造中あるいは製造後に，部品がきちんと精度よく加工されているか，さらには組立て後の製品が望ましい性能を発揮するかなどを確かめる．

製品としての機械ができるまでの過程は，以前は人力によることが多かったため，製品の開発から製品の生産までに多くの時間と費用（とくに人件費）がかかっていた．

基本設計における性能の検討においては，いちいち試作を行い，実験や性能評価をしなければならなかった．また，基本設計や詳細設計では製図板に向かって三角定規やコンパスなどを用いて非効率な製図を行っていた．とくに，工程設計と生産計画は熟練を要する作業であり，生産現場での工作，組立ても熟練工による単純作業であった．さらに，製品の精度や性能にもばらつきが多く，不良品も多く発生していた．

しかし，最近では，高度なコンピュータ技術や通信技術の発達の結果，設計や生産現場が大きく変わってきている．また，従来は少品種多量生産が多かったが，いまでは顧客の個性的な要望に対応するために，多品種適量生産も多くなってきている．

11.3 最近の機械の設計製作

最近の機械の設計製作は，コンピュータによる情報処理技術やインターネットなどの情報伝達技術により，飛躍的に便利なものとなってきている．それらの各技術を用いた場合について，製品ができるまでの過程を説明する．

11.3.1 基本設計

製品の機能や性能の評価項目としては，機構解析，応力解析，熱伝導解析，流体解析，振動解析や，各種のシミュレーション（コンピュータ内での模擬実験）などがある．最近では，コンピュータを利用して，過去の設計例，性能評価例，計算例や文献などをデータベース化しており，迅速にそれらの情報を参照することができる．さらに，各種の解析や性能の評価はコンピュータ内につくられた実物とそっくりのモデルで実験できる．したがって，わざわざ試作品を製作することなく，さまざまな条件で，短時間に，しかも簡単に実験できる．この技術をコンピュータ支援エンジニアリング（computer aided engineering：**CAE**）という．

11.3.2 詳細設計

製品の各部品の詳細な製図は，コンピュータのディスプレイに表現された製図板にマウスやキーボードなどの入力装置を用いて行う．この技術をコンピュータ支援設計（computer aided design：**CAD**）という．CAD は，従来の三角定規やコンパスなどを用いた製図法に取って代わるだけではなく，修正や変形が容易などの非常に便利な機能がある．CAD には 2 次元用と 3 次元用がある．2 次元用の CAD を用いると，手軽にかつ迅速に，図 11.3 (a) のような従来どおりの**平面図形**を描くことができ，図面の修正も簡単に行える．

3 次元用の CAD は，図 11.3 (b) のように，製品の出来栄えを実物そっくりに表現できるとともに，製図のミスや部品間の干渉なども，視覚的にかつ容易に確認できる．

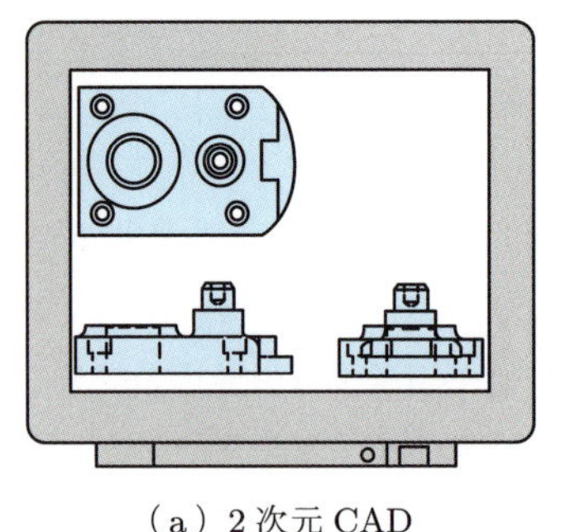

（a）2 次元 CAD

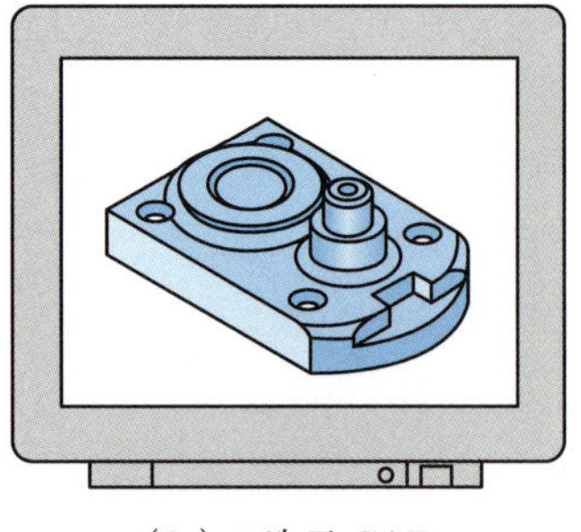

（b）3 次元 CAD

図 11.3　ディスプレイ上の CAD の図面

また，自動車のボディのように湾曲したものは図面では表現しにくいが，粘土（クレイ）モデルを表面形状を測定する装置でコンピュータに取り込んで，その形状モデルをコンピュータ内につくることもできる．

11.3.3　工程計画

部品加工から組立てまでの工程では多くの熟練工の技能を必要とする．工程計画では，その熟練工の技能などをデータベース化したデータと，CAD でつくられた図面情報をもとにして，加工法や作業順序などを自動的に求める．さらに，工程表や作業に対する標準時間なども計算して出力する．この技術をコンピュータ支援工程設計（computer aided process planning：**CAPP**）という．

11.3.4　生産準備

製造における部品の加工作業のほとんどは，**数値制御**（numerical control：**NC**）を利用した **NC 工作機械**で行われている．NC 工作機械は，いったん NC 用のプログラムを入力すると，プログラムに従って自動的にかつ高精度に品物を加工する．CAD データから，NC 用のプログラムを容易に作成することができる．さらに，コンピュータ内での加工シミュレーションで加工の確認を行ったあとで，図 11.4 のように，NC 用のプログラムを NC 工作機械へ転送できる．NC 工作機械にはいくつかの種類がある（詳しくは 11.4.2 項で説明する）．

部品の研磨，組立てや製品の塗装などには，人間の腕を模擬したロボット（ロボットアーム）がよく用いられる．これらもロボット用のプログラムが必要で，コンピュータ内で事前にシミュレーションを行うことで動作の確認ができる．このように，コンピュータを利用して効率化，高精度化を図り，自動化を実現する生産の技術をコンピュータ支援生産（computer aided manufacturing：**CAM**）という．

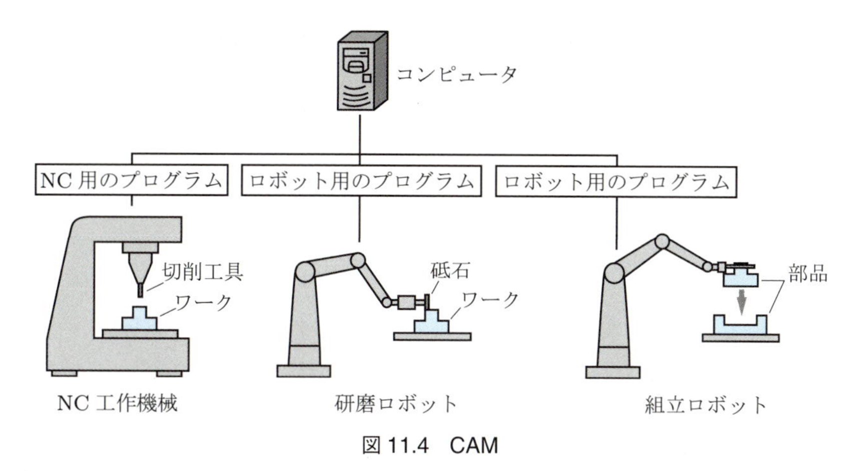

図 11.4 CAM

11.3.5 製造および検査

複数のNC工作機械や検査機械，塗装機械，組立機械，倉庫，さらに工程管理などのグループによって構成された生産ラインの例を図11.5に示す．このようなシステムはフレキシブル生産システム（flexible manufacturing system：FMS）とよばれている．FMSにおいては，加工すべき部品が自動的に倉庫（自動倉庫）から取り出され，ベルトコンベアなどの移動式組立ラインまたは自動搬送車で搬送される．その間に，加工，研磨，組立て，検査などが行われて製品となっていく．出来上がった部品や組立ての終了した製品の寸法精度や性能の検査も，コンピュータを利用した自動テスト装置で実施される．この自動検査はコンピュータ支援検査（computer aided testing：CAT）とよばれる．

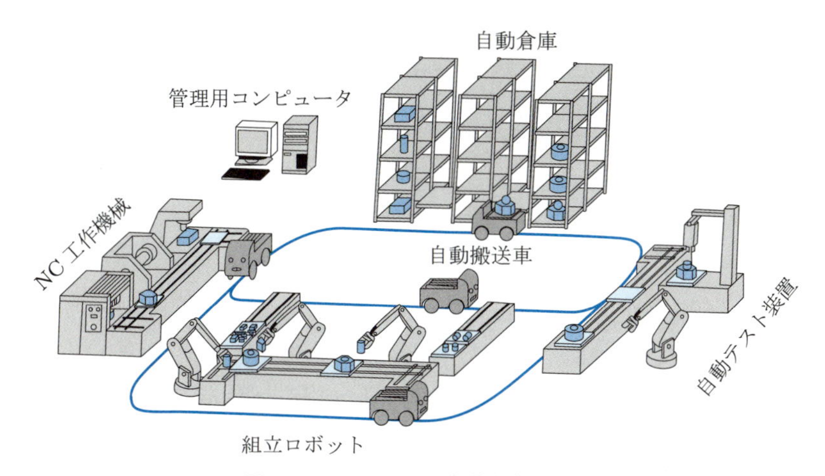

図 11.5 FMSによる自動生産ライン

一般に，自動検査を実施するときは，ロボットにより検査の対象をラインから取り出して，検査する機械に取り付け，検査が終了するとラインに戻す．製造，検査のほとんどの過程はコンピュータで管理されているため，製造される製品の多品種化にも対応できる．

ITの向上により，コンピュータのなかに仮想的な工場（**ディジタルファクトリ**または**バーチャルファクトリ**）を構築し，分析することが容易になってきている．図11.6はパソコンの画面上に加工ラインと自動倉庫や工作機械などの設備機器を配置した生産ラインの例である．納期を最優先にするのか，優先順位が高い作業物から加工するのかなどの生産計画情報を設定すると，自動的にスケジューリングを行い，どの機械でどのような加工を行うのかという詳細な時間的日程（**ガントチャート**）を決定できる．さらに，シミュレーション後の稼働実績もレポートとして出力される．その結果，最適な生産システムとして，ライン上の物流のバランスや設備機器の稼働率，さらには適正な設備機器の数量やシステムのレイアウト設計の分析までを，簡単に実施できるようになった．

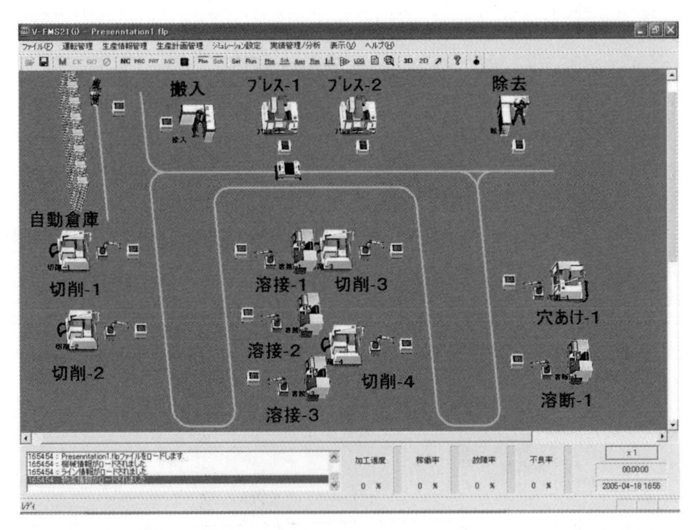

図11.6　生産システムシミュレーション画面［生産システムシミュレーション(V-FMS21): NETS 資料］

最新の工場は，**LAN**（local area network）などのコンピュータ間の情報伝達通信技術を駆使して，工場全体または一部の自動化，無人化を達成しているところもある．このシステムを工場自動化（factory automation：**FA**）という．さらに，最近では，生産現場の自動化のみではなく，営業部門も取り入れた，総合コンピュータシステムへと変化してきている．このシステムはコンピュータ総合生産（computer integrated manufacturing：CIM）とよばれている．

このように，コンピュータを利用することで設計から生産にいたる各作業の効率化，高精度化，自動化を実現できるようになってきて，設計，生産現場が大きく変化してきている．また，その結果，単純作業から人を解放するのみではなく，低コスト化や高信頼性，顧客のさまざまなニーズに応えられる多品種適量生産も可能となってきた．熟練工の技能はデータベース化され，初心者でもその技能を享受できるようになってきている．

将来，顧客の要望に対して人間がアイデアを出し，それをディジタルファクトリで具体化するだけで，製品が自動的に生産される完全自動化された工場が実現するかもしれない．

11.4 CAD，CAM，CAE

11.3 節でも簡単に述べたが，本節では製品の設計，製造において最も重要な技術となっている CAD，CAM，CAE について，少し具体的に述べる．

11.4.1 CAD

CAD は，設計過程全体を効率化するためのソフトウェアの総称である．コンピュータ内で CAD を使用したり，描いた図面などを出力したりするためにはハードウェア環境も重要である．図 11.7 にハードウェアのシステム構成の例を示す．

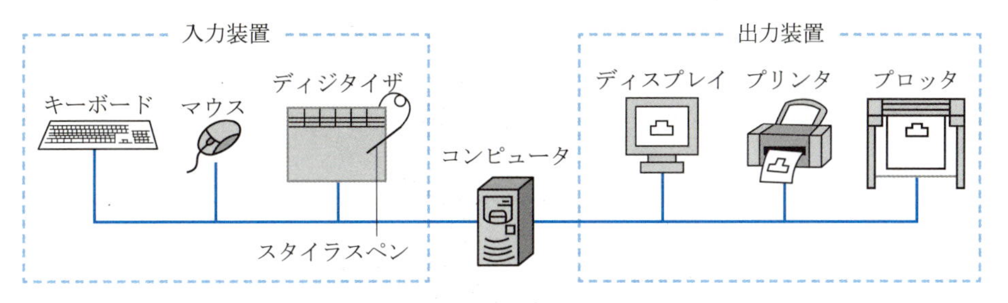

図 11.7　CAD のハードウェア構成

人間の頭脳に相当するのがコンピュータである．コンピュータへの入力装置としては，文字やコマンドを入力するキーボードや，図形をディスプレイ上に描いたり，コマンドを指定したりするマウスやディジタイザなどがある．ここで，ディジタイザは製図用の大型タブレットに代わる板であり，スタイラスペンを用いて，座標などを読み込むことができる．出力装置としてはディスプレイ，あるいは，紙に図形を描くプロッタやプリンタなどがある．

CADには，2次元平面での製図を基本とした2次元CADと，立体的な3次元形状を対象とした3次元CADがある．2次元CADは，5.2節で説明した機械製図の作業をコンピュータに肩代わりさせたものである．

具体的には，ディスプレイあるいはディジタイザ上に，多くのメニュー（直線，円，だ円，多角形，拡大・縮小，図形の回転，消去，移動，複写など）が用意されていて，それらをマウスやスタイラスペン，キーボードなどの入力装置で選択することで図形を描く．従来のように，製図作業をいちいち手書きしていると，拡大・縮小や図形の移動，複写などの図面の編集に，かなりの手間がかかる．しかし，2次元CADを用いると，きわめて簡単な操作で瞬時に処理することが可能である．また，ほかにも多くの機能を簡単な命令で実行できるため，製図作業が効率よく実行できる．

とくに，図11.8に示すように，図面をいくつかの層を重ねたものとして処理できるのが特徴のひとつである．すなわち，基本図の層，寸法線の層，枠の層などを区別して別々の層（画層，プレーン，レイヤなどのよび方がある）で編集できる．さらに，以前に作成した多くの図面の情報を適宜流用して，簡単な修正で新たな図面を作成できる．作成した図面はプロッタあるいはプリンタで出力することができ，さらにDVD-Rやハードディスクドライブなどのコンピュータの記憶装置にも保管できるため，そのデータを呼び出して図面の修正変更などを行うこともできる．

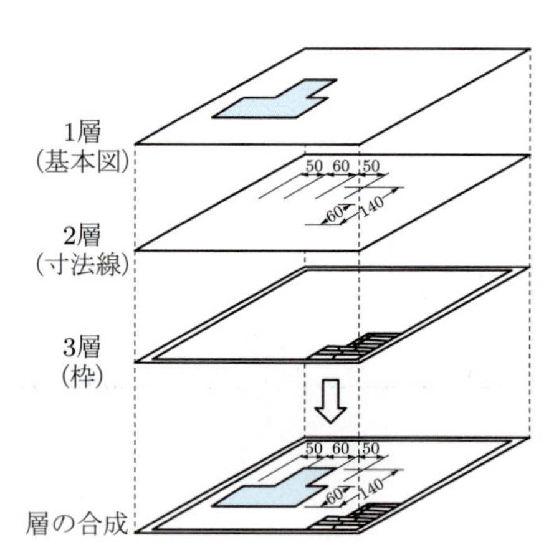

図11.8 2次元CADにおける図面の層構造

このように，手作業による製図と比較すると，2次元CADは操作性が高く，かつデータベースを大量に利用できるため，図面作成が簡単で，製図にかかる時間を大幅に短縮できる．

3次元CADは，頭に浮かんだ対象の3次元形状のイメージを直接描くものである．また，CAMやCAE用のデータとしても直接利用される．描いた図面のデータは，コンピュータ内に形状を定義するソフトウェアである**形状モデラ**（geometric modeller）により，3 次元のデータとして蓄えられる．このデータは，物体の**形状モデル**（geometric model）とよばれる．形状モデルの種類としては，図 11.9 に示すように，ワイヤフレームモデル，サーフェスモデル，ソリッドモデルがある．

- **ワイヤフレームモデル**は，最も簡単な構造のモデルである．これは，物体を構成する稜線のみで形状を記述するモデルであり，針金細工のように表現される．データ構造が簡単で処理が容易であるため，コンピュータ内での計算負荷が軽く，処理速度も問題にならない．
- **サーフェスモデル**は，ワイヤフレームモデルの物体に紙を張り付けるように面の情報を付け加えたものである．個々の面は定義されているが，それらが結合された形では構造化されていないため，実体部は定義できない．しかし，シェーディングイメージ（外見が実物そっくりに表現される）の生成や CAM による曲面加工の情報の生成，あるいはシェル（薄肉）モデルでの構造解析などの表面情報を必要とする処理において有効に利用されている．
- **ソリッドモデル**は，形状の幾何情報である頂点，稜線，面データに加えて，頂点，稜線，面の隣接関係などの 3 次元形状の位相情報をデータ構造にもつモデルである．このモデルは有限要素解析のための入力データの作成，質量・重心・体積・慣性モーメントなどのマスプロパティの計算，部品間の干渉チェック，NC 用のプログラミング，ロボットのプログラミング，金型設計，構造解析などの各種解析に容易に適用できる．しかし，ワイヤフレームモデルやサーフェスモデルと比較すると，情報量が多い分だけコンピュータ内での処理としては煩雑で，計算負荷が大きくなる．

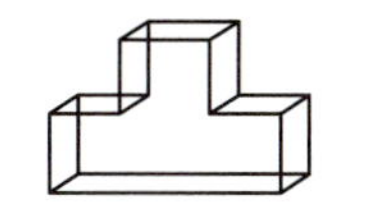
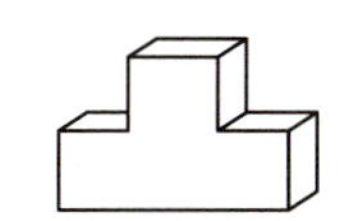
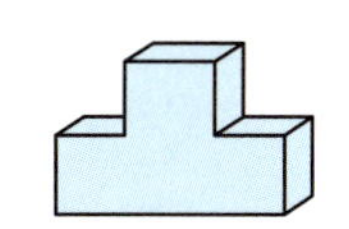
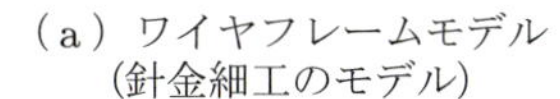
（a）ワイヤフレームモデル（針金細工のモデル）　（b）サーフェスモデル（面を張り付けたモデル）　（c）ソリッドモデル（中身の詰まったモデル）

図 11.9　3 次元 CAD における形状モデルの種類

3 次元 CAD は，2 次元 CAD と比較すると部品を組み合わせたときの干渉を確認できるなどの多くの利点があるため，2 次元 CAD のデータを 3 次元データへ容易に変換するためのツールがある．

11.4.2 CAM

CAMはコンピュータ内にある形状モデルのデータをもとにして，NC工作機械や組立ロボットなどにコンピュータからデータを転送，あるいは直接本体に付いているタッチパネルからプログラミングすることで，加工や組立てを自動化する方法である(図11.4)．さらに，データを転送する以前に，プログラムが実行されたときのNC工作機械や組立ロボットの動作を，コンピュータのディスプレイ上で動作シミュレーションにより確認することも可能である．CAMで対象となるNC工作機械の代表的なものを以下にあげる．加工をNCで自動化する以外は，第7章で説明した各工作機械と同様である．

従来のNC工作機械は外部，または機械に取り付けてあるテープ読取り装置から動作を指定するプログラムであるパルス列などの指令により動作するものであった．しかし，現在のNC工作機械はマイクロコンピュータなどで制御回路が構成されているため，従来と比べると複雑な制御も可能となっている．このような制御方式を**CNC**（computerized NC）という．

また，1台のコンピュータで複数のNC工作機械を直接制御する方法である**DNC**（direct NC）もある．DNCは複数のNC工作機械を無駄なく稼働させることができるという特徴がある．

CAMで対象となる研磨ロボットや組立ロボットなどは，リンク機構，すなわち関節の部分で直進や回転ができる機構となっている．ロボットに動作を教え込む方法としては，人間が直接にロボットの腕を動かして作業内容を記憶させる方式であるティーチングと，コンピュータ内で動作命令であるプログラムを組んでロボットに転送するか，あるいはロボットに直接プログラミングすることで動作命令を与える方式がある．コンピュータ内でプログラミングを行う場合，コンピュータで事前にシミュレーションできるため，ロボットの動作確認ができる．

11.4.3 CAE

CAEは，コンピュータ内に定義された形状をもとにして，数値シミュレーションによる解析，性能評価などの模擬実験を行い，設計の妥当性を検討するものである．コンピュータ内部に製品のモデルをつくることで，試作品の製作を行わずに機能や性能を予測できるため，時間や費用の大幅な節約を達成できる．

解析，性能評価の項目としては，たとえば，構造，動特性，熱，流れ，音，制御系，電界，磁界などの解析や性能評価，あるいは寿命予測など，その適用範囲は広がりつつある．この技術が発達してきたのは，CAEの根幹をなす膨大な計算量を必要とする有限要素法，境界要素法，モーダル解析，構造解析が，コンピュータの高性能化により短時間で行えるようになってきたためである．以下に代表的な解析，性能評価法について簡単に述べる．

(1) 有限要素法　有限要素法（finite element method：FEM）は，対象全体に対して，特性を簡単な数式で表した小さな要素に分割し，それらを結合してもとの対象全体の特性を求める方法である．応力解析，構造解析，熱，流れ，電磁気解析など，多くの分野に応用されている．要素の自動分割，結果の図形表示などの工学的知見をわかりやすく示す方法が検討されている．図 11.10 に歯車の応力解析の結果の例を示す．色の濃くなっている部分が歯車内の応力が高い部分である．

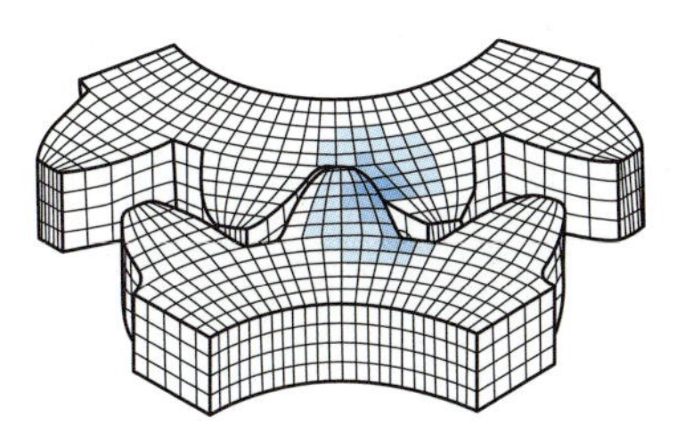

図 11.10　CAE による歯車の応力解析

(2) 境界要素法　有限要素法が解析の対象を全領域としているのに対して，境界要素法（boundary element method：BEM）は領域の境界だけを解析の対象としている．要素の分割数を減らせるため，入力データ数を減らすことができ，計算時間を大幅に縮小可能である．しかし，有限要素法と比較して，適用範囲が狭いという欠点がある．

(3) モーダル解析　衝撃変動荷重による機械の振動や騒音あるいは疲労寿命予測には，固有角振動数やモードなどの振動に関する動特性を知る必要がある．6.3.3 項でも述べたように，モーダル解析（modal analysis）とは，これらの振動に関する動特性を解析する方法である．機械の固有振動数やモーダルパラメータなどを解析し，ディスプレイ上に振動のアニメーションなどを表示することができる．モーダル解析によって機械の振動特性を把握でき，それを利用して，よりよい振動特性をもつように構造を変更したり，設計を変更したりできる．一般に，有限要素法と組み合わせて使用することが多い．

図 11.11 は，壁に固定された細長い板の先端に衝撃変動荷重を加えたときの例である．板の 1 次および 2 次の振動モードの形が，アニメーションで表示される．

(4) 構造解析　形状モデラで定義されたデータを用いて，部品あるいは組み立てた対象を画面上で動かし，所定の動作確認などの機構チェックやぶつかり合うところがないかどうかの確認である干渉チェックなどを行う．機構設計は動きをともなうので，

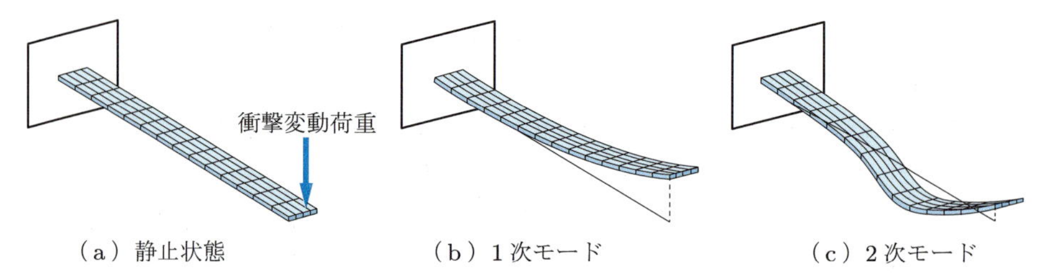

図 11.11 CAE による有限要素法を用いた板のモーダル解析

とくにメカトロニクスにおいてはその設計が難しいが，構造解析を用いると，そのための動きを事前に，かつ容易に解析できる．機構の軌跡，速度，加速度伝達力などをアニメーションで出力することもできる．

CAE は構造解析などでよく使用されているが，最近ではコンピュータの処理能力の向上により，設計段階での問題の予測など，生産性を上げるためにも使用されるようになってきた．

11.5 IT の進展による製造業の変化

最近では，情報技術（information technology：**IT**）により，コンピュータシステムのハードウェアやソフトウェアの技術，さらにデータの活用技術が目覚ましく発展している．とくに，世界に張り巡らされた通信網である**インターネット**（Internet）に関するネットワーク技術と IT が結びついて，産業構造が革命的な変化を遂げつつある．

たとえば，インターネットにパソコンやスマートフォンなどの情報機器を接続すると，天気予報，ニュース，科学などのさまざまな情報を得ることができたり，電子メール（electronic mail，e-mail）で手紙や画像をやり取りできるだけではなく，ソーシャルメディア（social media）によって複数の人と同時に双方向の音声および動画でコミュニケーションができる．さらに，仮想商店街である電子モール（electronic mall）では，旅行の予約や航空券，音楽，書籍，電化製品などのさまざまな買い物ができたり，オークションで自分の所有する物を売ったりもできる．これを，電子商取引（electronic commerce：EC）という．また，インターネットを介さなくても，書籍，辞書，音楽，映画など，いろいろなものがディジタル化され，CD-ROM，DVD（digital versatile disc），BD（blu-ray disc）などに電子的に保存されて店頭に並んでいる．産業界においても，インターネットを通しての会社紹介や商品紹介，さらには商品販売を行ったりして，人件費削減によるコストダウンを行っている．

一方，パソコン，スマートフォン，タブレットなどのパソコン類に保存，管理しているデータは，クラウド（cloud）とよばれるインターネット上にあるサーバに保存できる．このため，どこにいてもインターネットに接続できれば，データを呼び出すことができる．

いままでの製造業は，市場調査を行うことで，顧客の満足する商品を独自に開発，製作し，販売会社を通して売り込むというのが普通であった．しかし，国際的な競争が激しくなるなかで，顧客のニーズに合わせたものづくりの必要性が非常に大きな割合を占めてきた．その結果，“ものづくり”だけにはとどまらず，顧客と連携した製品製造，販売，アフターサービス，さらに製品を使用するときに必要となるいろいろな情報までの一貫した情報サービスが必要な時代となってきている．企業では，さまざまな情報を管理することで，製品情報や顧客情報あるいは従業員などのデータが増え続けている．このデータをビッグデータ（big data）という．ビッグデータを解析することで，たとえば消費者や顧客の志向あるいは将来の業界の流行の予測など，企業にとって多くの利点が得られる．

また，パソコン類，監視カメラやロボットあるいはウェアラブルとよばれる体に密着させる情報機器，さらには工場内のセンサや各種機器などのさまざまな“モノ”をインターネットに接続する技術であるモノのインターネット（Internet of Things：IoT）が発展してきている．たとえば，遠方にいながらにして家の鍵がかかっていることを確認できたり，工場内の各種情報が生産管理や工程管理などの業務に有効活用されている．さらに，企業間でIoTの情報を共有して生産工程や各種業務をつなげることで，“つながる工場”の実現が進んできていて，たとえば海外からの大量発注に対して複数の中小企業で生産工程や生産量をやりくりするなど，柔軟に対応できるようになってきている．

以上，機械にかかわる情報処理として，とくに機械の設計製作過程を対象に説明した．近年のコンピュータ技術，および情報処理技術の発展は目覚ましいものがあるため，機械の設計製作に利用される技術も変化してきている．今後の展開が楽しみである．

演習問題

11.1 機械の設計製作に関して情報機器が多く導入されている理由を述べよ．

11.2 機械の設計製作で使用される主なソフトウェアとそのはたらきを述べよ．

11.3 次の略語の正式な英語表現と日本語表現を示せ．

CAD，CAT，CAM，CAE，CAPP，CIM，FMS，FA，NC

付　表

付表 1　従来単位と SI 単位の換算表

量	従来単位	SI 単位
力	1 kgf 0.101972 kgf	9.80665 N 1 N
応力	1 kgf/mm^2 0.101972 kgf/mm^2	9.80665 N/mm^2，9.80665 MPa 1 N/mm^2，1 MPa
圧力	1.01972×10^{-5} kgf/cm^2 9.86923×10^{-6} atm 7.50×10^{-3} Torr	} 1 Pa
速度	1 km/h	0.27778 m/s
比熱	0.2388459 kcal/(kgf · K)	1 kJ/(kg · K)
仕事 （エネルギー）	1 kgf · m 0.101972 kgf · m 2.38889×10^{-4} kcal 1 kcal 1 kW · h	9.80665 J } 1 J 4.186×10^3 J 3.600×10^6 J
動力	1 kgf · m/s 1.01972×10^2 kgf · m/s 1.35962 PS	9.80665 W } 1 kW
熱伝導率	0.8600 kcal/(m · h · ℃) 1 kcal/(m · h · ℃)	1 W/(m · K) 1.16279 W/(m · K)
粘度	0.1019716 kgf · s/m^2	1 Pa · s

MPa = 10^6 Pa，GPa = 10^3 MPa

付表 2　固有の名称をもつ SI 組立単位

量	名　称	記　号	定　義
力	ニュートン	N	kg · m/s^2
圧力，応力	パスカル	Pa	N/m^2
エネルギー，仕事	ジュール	J	N · m
仕事率（動力）	ワット	W	J/s

演習問題解答

第 2 章

2.1 鋼棒の曲げ疲労強さを求めるには，回転曲げ疲労試験機により，$S-N$ 曲線をプロットする．

2.2 Fe－C 系合金のなかで炭素量 0.02% 以下のものを鉄，炭素量 0.02〜2.11% のものを鋼，炭素量 2.11〜6.6% のものを鋳鉄とよぶ．

2.3 クロム 18%，ニッケル 8% を含む合金鋼で，面心立方晶で非磁性体である．耐食性に優れ，化学工業装置，家庭用品など，利用範囲は広い．

2.4 チタン合金は軽い割に強度が高くて耐食性に優れているため，航空機用構造材料のほか，化学工業装置用材料や生体材料として使用されている．

2.5 長所：① 軽く比強度が高い　② 耐食性がよい　③ 熱・電気絶縁性が大きい
短所：① 硬さ・強さが低い　② 変形しやすい　③ 耐熱性・耐寒性に劣る

2.6 強化プラスチックは，プラスチックにガラス繊維や炭素繊維を混ぜてつくられた複合材料で，強度が高くて柔軟性に優れている．

2.7 Si_3N_4，SiC，ZrO_2 などがあり，それぞれの密度は 3.44，3.21，5.56 である．いずれも，常温から 1200℃ くらいまでほとんど引張強さが変わらない．

第 3 章

3.1 $\sigma = 4P/(\pi d^2)$ より $\sigma = 133$ [MPa]，$\varepsilon = \sigma/E$ より $\varepsilon = 0.064$ [%]

3.2 $\sigma_\theta = pr/t$ より $\sigma_\theta = 405$ [MPa]，$\sigma_z = \sigma_\theta/2$ より $\sigma_z = 202.5$ [MPa]

3.3 $M = 100 \times 300 + 200 \times 200 = 70$ [kN·mm]，$F = 100 + 200 = 300$ [N]

3.4 はりの a－b 部と b－c 部，それぞれの曲げモーメント図 (BMD) は解答図 1 のとおりである．

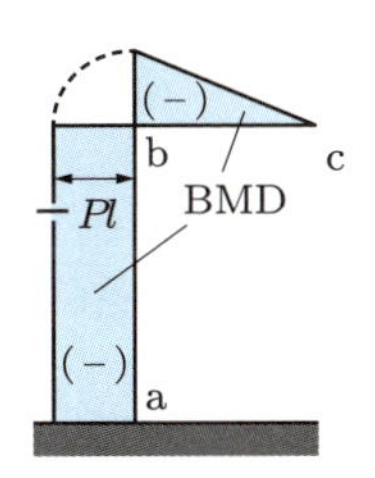

解答図 1

3.5 $\sigma = My/I$ (ただし，I は断面 2 次モーメント) において，$y = 15$ [mm]，$I = bh^3/12$ とすると，表面引張応力 $\sigma = 166$ [MPa] となる．

3.6 $M = Wl/4$，$y = Wl^3/(48EI) = Wl^3/(4Ebh^3)$　(E：縦弾性係数)

3.7 $\tau_{\max} = 16T/(\pi d^3)$ より $\tau_{\max} = 99.5$ [MPa]

第4章

4.1 すべり運動が1，回転運動が1で，自由度が2である．

4.2 $Fa - Pb - \mu Pc = 0$ より $F = P(b + \mu c)/a$

4.3 両歯車のピッチ円の直径を D_1，D_2 とし，式(4.8)，(4.10)を使って計算すると，歯数は原動側25，従動側75となる．

4.4 $n_A = 60$ のとき，Dの回転数は，$n_D = (60 \times 10 \times 11)/(40 \times 66) = 2.5$［回転］

4.5 スライダクランク機構，ラックピニオン機構，カム機構

4.6 入力部：ペダル　伝達部：チェーン　出力部：車輪　保持部：自転車体

第5章

5.1 直径 D の軸の断面で引張荷重を支えるので，次式となる．

$$\frac{\pi \times (D/1000)^2}{4} \times \left(\frac{180 \times 10^6}{3}\right) = 2 \times 10^3$$

$$\therefore D \fallingdotseq 6.5 \text{ [mm]}$$

頭の πDH の部分でせん断荷重を支えるので，

$$\pi \times \left(\frac{D}{1000}\right) \times \left(\frac{H}{1000}\right) \times \left(\frac{123 \times 10^6}{3}\right) = 2 \times 10^3$$

となる．$D = 6.5$ を使って H を求めると，$H \fallingdotseq 2.4$ [mm] である．したがって，次のようになる．

$$D = 6.5 \text{ [mm]}, \quad H = 2.4 \text{ [mm]}$$

5.2 式(5.6)より W を求める．

$$W = \frac{2 \times 49 \times 300}{18.4 \times \tan[\tan^{-1} 0.2 + \tan^{-1}\{2.5/(\pi \times 18.4)\}]} \fallingdotseq 6511 \text{ [N]}$$

したがって，6.5 kNである．

5.3 ボルトの直径を d として，「ボルトの断面で受ける力 = 内圧による力」の式をつくると，

$$\frac{\pi d^2}{4} \times 8 \times \frac{600}{5} = 2 \times \frac{\pi \times 300^2}{4}$$

となり，$d \fallingdotseq 13.7$ [mm] である．したがって，14 mm以上である．

5.4 式(5.12)より伝達トルクは $T = (9550 \times 20)/250 = 764$ [N・m] である．キーのせん断強さより，キーの長さ l は

$$l = \frac{2 \times 764 \times 10^3}{55 \times 15 \times 34} \fallingdotseq 54.5 \text{ [mm]}$$

となり，圧縮強さより次式となる．

$$l = \frac{4 \times 764 \times 10^3}{55 \times 10 \times 98} \fallingdotseq 56.7 \text{ [mm]}$$

したがって，57 mmである．

5.5 両端の反力は $2F/5$，$3F/5$ となる．曲げモーメント線図より，最大曲げモーメント $240F$ は荷重点に作用することがわかる．式 (5.11) を変形して

$$M = \frac{\pi\sigma_{\mathrm{a}}d^3}{32} \qquad \therefore 240F = \frac{\pi \times 80 \times 30^3}{32}$$

となる．したがって，$F \fallingdotseq 884$ [N] である．

5.6 式 (5.12) より伝達トルクは $T \fallingdotseq 10611$ [N・m] である．軸径は式 (5.13) より

$$d = \sqrt[3]{\frac{16 \times 10611 \times 10^3}{\pi \times 50}} \fallingdotseq 102.6$$

となる．したがって，103 mm である．

5.7 解答図 2，3 のようになる．

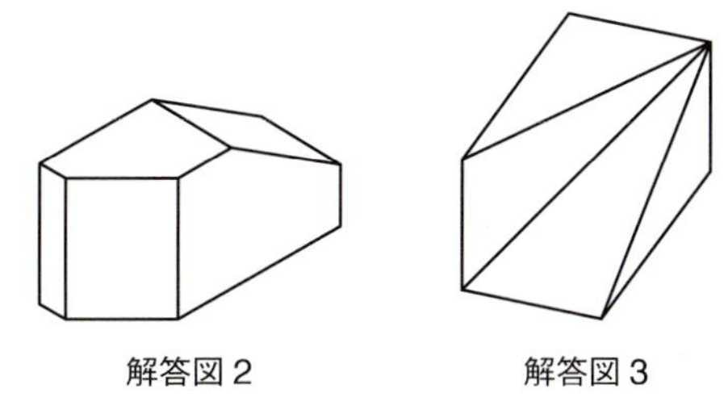

解答図 2　　解答図 3

第 6 章

6.1 半径 r のところの微小幅 $\mathrm{d}r$ をもつリングの質量は $\mathrm{d}m = \rho \cdot 2\pi r \cdot \mathrm{d}r \cdot h$ で，ロータの全質量 M は $M = \rho\pi a^2 h$ だから，慣性モーメントは式 (6.7) より次式となる．

$$I = \int r^2\,\mathrm{d}m = \int_0^a r^2 \cdot \rho \cdot 2\pi r \cdot \mathrm{d}r \cdot h = \frac{1}{2}\rho\pi a^2 h \cdot a^2 = \frac{1}{2}Ma^2$$

6.2 z 軸に平行に微小部分 $\mathrm{d}r$ を z 軸から r の距離のところにとると，この部分の微小質量 $\mathrm{d}m$ は $\mathrm{d}m = (m/l) \cdot \mathrm{d}r$ である．したがって，慣性モーメントは式 (6.7) より次のようになる．

$$I = \int r^2\,\mathrm{d}m = \int_{-l/2}^{l/2} r^2 \frac{m}{l}\,\mathrm{d}r = \frac{m}{12}l^2$$

6.3 自動車のホイールに鉛を取り付けてバランスをとる例など．

6.4 6.2.3 項参照．

6.5 調和振動の二つの角振動数がほぼ等しいことから，$\omega_1 = \omega - \varDelta$，$\omega_2 = \omega + \varDelta$ と表す．ただし，$\varDelta$ は ω と比べて微小であるものとする．この関係をうなりの式に代入して整理すると，次式となる．

$$x(t) = 2a\cos\varDelta t \cdot \sin\omega t$$

これは，$\varDelta$ が微小であるから振幅 $2a\cos\varDelta t$ が除々に変化する振動であり，それに速い振動成分 $\sin\omega t$ をかけた形となっている．したがって，図示すると図 6.11 (d) のようになる．

6.6 液体の全質量は $M=\rho(\pi a^2/4)l$ である．また，図の状態のとき，液体を押し下げる力 F は，高さ $2x$ の液体を重力が引っ張る力となるので，$F=\rho\cdot(2x\pi a^2/4)\cdot g$ である．したがって，運動方程式は式 (6.5) より次のようになる．

$$\rho\frac{\pi a^2}{4}l\cdot\ddot{x}=0-\rho\frac{2x\pi a^2}{4}g \qquad \therefore \ddot{x}+\frac{2g}{l}x=0$$

また，固有角振動数 ω_{n} は式 (6.15) より運動方程式の係数を対応させると，次のようになる．

$$\omega_{\mathrm{n}}=\sqrt{\frac{2g}{l}}$$

6.7 物体には重力により力 $F=mg$ が作用している．また，物体の変位が x のとき，ばねはその変位からさらに h だけ伸びているので，ばねによりもとに戻そうとする力は $F_r=k(x(t)+h)$ である．したがって，運動方程式は式 (6.5) より次式となる．

$$m\ddot{x}(t)=mg-k(x(t)+h)$$

一方，物体が静止している平衡状態のとき，物体に作用するばねの力と重力はつり合っているから，

$$mg=kh$$

という関係が成立する．この関係を運動方程式に代入すると，求める運動方程式は，

$$m\ddot{x}(t)+kx(t)=0$$

となる．また，固有角振動数 ω_{n} は式 (6.15) より次のようになる．

$$\omega_{\mathrm{n}}=\sqrt{\frac{k}{m}}$$

6.8 自動車のエンジンに欠陥が生じると，エンジン音が変化したり異音が発生したりする．洗濯機，扇風機など，回転機械に異常が発生すると，通常とは異なる異音が発生する．

第7章

7.1 形削り盤，平削り盤，フライス盤，平面研削盤

7.2 流れ型，せん断型，むしれ型，き裂型切りくず

7.3 $F_{\mathrm{c}}=k_{\mathrm{s}}\cdot q=k_{\mathrm{s}}\cdot t\cdot f=1800\times1.5\times0.4=1080$ [N]

7.4 ボール盤はドリル（工具）を用いて穴をあける機械で，穴の精度はよくない．これに対し，中ぐり盤はバイトによって下穴をくり広げていくもので，高精度の穴が得られる．

7.5 超仕上げ（砥石片を押し付け，微振動を与えて鏡面を得るもの），ホーニング（円筒状に並ぶ砥石片を使って穴の内面の加工を行うもの），ラッピング（微細砥粒をラップ板と工作物の間に供給して研磨する方法）．

7.6 複合工作機械とは，同一機械上で平面加工，フライス加工，円筒削り，穴加工などの加工が自動的に行える機械で，マシニングセンター (MC) が代表例である．

7.7 放電加工とは，絶縁液中の電極 (−) と工作物 (+) の間に小さな間隙を保ちながら，火花放電を起こさせて工作物を溶融・除去する方法である．

7.8 ロストワックス法は，模型をろうでつくるので，精密で複雑形状の部品の製造に適する．シェルモールド法は，熱硬化性樹脂がコーティングされた砂で加熱金型表面を覆って鋳型を作成する．ダイカスト法は，精密金型に湯を高圧・高速度で注入するので，小形薄肉部品の製造に適する．

7.9 解答図4のようになる．

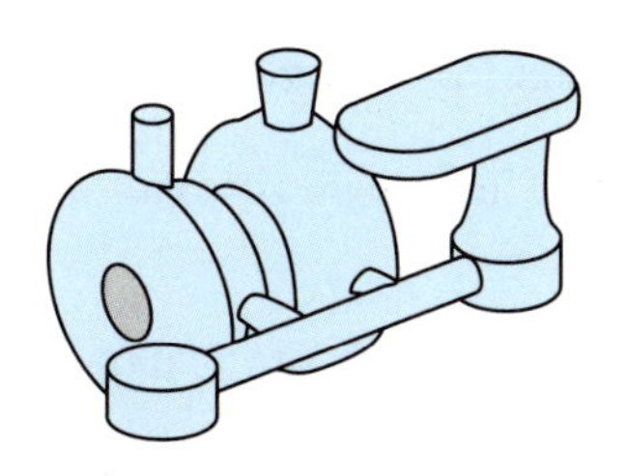

解答図4

7.10 被覆アーク溶接では，溶接棒の被覆材がアーク熱の高温により分解されて保護ガスが発生する．イナートガスアーク溶接では，ワイヤーのまわりにアルゴンや炭酸ガスなどを供給する．

7.11 溶接部にスケールが生成されると，耐食鋼として必要な不動態被膜がつくられず，耐食性が低下するためにガスシールドした雰囲気での溶接が必要であるためである．

7.12 液体（感光性樹脂），溶融物（熱可塑性の樹脂），粉末（砂・セラミックス・金属粉末など），シート（紙・樹脂・鋼板など）

7.13 紫外線レーザ光，溶融後の空冷，接着剤の噴射，レーザ光の熱，シート積層では材料裏面接着剤の加熱圧着

第8章

8.1 $m = 5000$ [kg]，$v = 90 \times 10^3/(60 \times 60) = 25$ [m/s] なので，式 (8.4) を用いて次の解が得られる．

$$E = \frac{1}{2}mv^2 = \frac{1}{2} \times 5000 \times 25^2 \fallingdotseq 1.56 \times 10^6 \text{ [J]} = 1.56 \times 10^3 \text{ [kJ]}$$

8.2 $\Delta W = -15$ [kJ]（系外より仕事をしてもらう），$\Delta Q = -10$ [kJ]（系外に熱が逃げる）なので，式 (8.2) を用いると，次のようになる．

$$\Delta U = -\Delta W + \Delta Q = 15 - 10 = 5 \text{ [kJ]}$$

8.3 $pV = mRT$，$p = 700 \times 10^3$ [Pa]，$m = 10$ [kg]，$R = 188.9$ [J/(kg·K)]，$T = 273.15 + 15 = 288.15$ [K] なので，式 (8.11) を用いると，次のようになる．

$$V = \frac{mRT}{p} = \frac{10 \times 188.9 \times 288.15}{700 \times 10^3} \fallingdotseq 0.778 \text{ [m}^3\text{]}$$

8.4 (1) $T_1 = 273.15 + 15 = 288.15$ [K]，$p_1 = 750 \times 10^3$ [Pa]，$T_2 = 273.15 + 30 = 303.15$ [K] なので，式 (8.17) より次のようになる．

$$p_2 = p_1 \frac{T_2}{T_1} = 750 \times 10^3 \frac{303.15}{288.15} \fallingdotseq 789 \times 10^3 \text{ [Pa]} = 789 \text{ [kPa]}$$

(2) $p_3 = (789 - 98) \times 10^3 = 691 \times 10^3$ [Pa] なので，次のようになる．

$$T_3 = T_2 \frac{p_3}{p_2} = 303.15 \frac{691}{789} \fallingdotseq 265.5 \text{ [K]} \to -7.65 \text{ [°C]}$$

8.5 $p_1 = 10^6$ [Pa]，$V_1 = 1/1000$ [m^3]，$p_2 = 10^5$ [Pa]，$\kappa = 1.4$ なので，式 (8.19)，(8.20) を用いると次のようになる．

$$10^6 \left(\frac{1}{1000} \right)^{1.4} = 10^5 {V_2}^{1.4}, \quad V_2 = 0.00518 \text{ [m}^3\text{]}$$

$$W = \frac{1}{\kappa - 1}(p_1 V_1 - p_2 V_2) = \frac{1}{1.4 - 1}\left(10^6 \frac{1}{10^3} - 10^5 \times 0.00518 \right)$$

$$= 1.205 \times 10^3 \text{ [J]} = 1.205 \text{ [kJ]}$$

8.6 表 8.7 より，圧力 5 bar の飽和温度は 151.84°C である．したがって，飽和温度より高いので過熱蒸気である．

8.7 式 (8.21) より，次のようになる．

$$r = h'' - h' = 2693.4 - 467.13 \fallingdotseq 2226.3 \text{ [kJ/kg]}$$

$$2226.3 \times 5 = 11132 \text{ [kJ]}$$

第 9 章

9.1 式 (9.2) を用いると，次のようになる．

$$p = \rho g H = 10^3 \times 9.8 \times 10 = 98 \times 10^3 \text{ [Pa]} = 98 \text{ [kPa]}$$

9.2 $w_1 = 4$ [m/s]，$A_1 = 22500\pi$ [mm^2]，$A_2 = 5625\pi$ [mm^2] なので，式 (9.9) を用いると，次のようになる．

$$w_2 = w_1 \frac{A_1}{A_2} = 4 \times \frac{22500\pi}{5625\pi} = 16 \text{ [m/s]}$$

$p_1 = 200 \times 10^3$ [Pa] で水平管であるから，$z_1 = z_2$ である．したがって，式 (9.10) より次のようになる．

$$p_2 = p_1 + \frac{\rho}{2}({w_1}^2 - {w_2}^2) = 200 \times 10^3 + \frac{10^3}{2}(4^2 - 16^2)$$

$$= 80 \times 10^3 \text{ [Pa]} = 80 \text{ [kPa]}$$

9.3 例題 9.4 より，次のようになる．

平板静止時：$A \fallingdotseq 1962.5 \times 10^{-6}$ [m^2]，$w = 40$ [m/s] なので，$F = \rho Q w = \rho A w^2$ より，次のようになる．

$$F = 10^3 \times 1962.5 \times 10^{-6} \times 40^2 = 3140 \text{ [N]} = 3.14 \text{ [kN]}$$

平板が 20 m/s で動いているとき：$u = 20$ [m/s] なので，$F = \rho A(w - u)^2$ より，次のようになる．

$$F = 10^3 \times 1962.5 \times 10^{-6} \times (40-20)^2 = 785 \text{ [N]}$$
$$= 0.785 \text{ [kN]}$$

9.4 $\nu = \mu/\rho = 39.9 \times 10^{-3}/895 = 0.04458 \times 10^{-3}$ [m^2/s]，$d = 100 \times 10^{-3}$ [m]，$Re = 2300$ なので，式 (9.24) を用いると，次のようになる．

$$w = Re\frac{\nu}{d} = 2300 \times \frac{0.04458 \times 10^{-3}}{100 \times 10^{-3}} \fallingdotseq 1.025 \text{ [m/s]}$$

9.5 $Q = 180 \times 10^{-3}$ [m^3/s]，$d = 200 \times 10^{-3}$ [m] より，流速 w は次のようになる．

$$w = \frac{Q}{(\pi/4)d^2} = \frac{180 \times 10^{-3}}{(\pi/4)(200 \times 10^{-3})^2} \fallingdotseq 5.730 \text{ [m/s]}$$

式 (9.25) より，次のようになる．

$$18.8 = \lambda\frac{150}{200 \times 10^{-3}} \times \frac{5.730^2}{2 \times 9.8}, \quad \lambda \fallingdotseq 0.01495$$

9.6 式 (9.25) を用いると，次のようになる．

$$h = \lambda\frac{l}{d}\frac{w^2}{2g}$$

$$1 = 0.04 \times \frac{500}{150 \times 10^{-3}} \times \frac{w^2}{2 \times 9.8}, \quad w \fallingdotseq 0.3834 \text{ [m/s]}$$

したがって，流量は次のようになる．

$$Q = Aw = \frac{\pi}{4} \times 0.15^2 \times 0.3834 \fallingdotseq 6.775 \times 10^{-3} \text{ [m}^3\text{/s]}$$

9.7 $C_\mathrm{d} = 0.82$，$\rho = 1.226$ [kg/m^3]，$V = 20$ [m/s]，$S = 1 \times 10 = 10$ [m^2] なので，式 (9.30) を用いると，次のようになる．

$$F_\mathrm{d} = C_\mathrm{d}\left(\frac{1}{2}\rho V^2 S\right) = 0.82 \times \left(\frac{1}{2} \times 1.226 \times 20^2 \times 10\right)$$
$$\fallingdotseq 2.01 \times 10^3 \text{ [N]} = 2.01 \text{ [kN]}$$

9.8 $C_\mathrm{d} = 0.45$，$\rho = 10^3$ [kg/m^3]，$V = 2$ [m/s]，$S = \pi d^2/4 = \pi(5 \times 10^{-2})^2/4 \fallingdotseq 1.96 \times 10^{-3}$ [m^2] なので，式 (9.30) を用いると，次のようになる．

$$F = C_\mathrm{d}\left(\frac{1}{2}\rho V^2 S\right) = 0.45 \times \left(\frac{1}{2} \times 10^3 \times 2^2 \times 1.96 \times 10^{-3}\right)$$
$$\fallingdotseq 1.76 \text{ [N]}$$

第 10 章

10.1 (1) 風呂の湯の温度センサ　(2) ガス量の自動調節弁　(3) 燃料ガスおよび制御用電源が必要

10.2 図 (d) 関節形

10.3 $X = r\cos\phi\cos\theta$，$Y = r\cos\phi\sin\theta$，$Z = r\sin\phi$

10.4 垂直座標値 Z は z と同じで $z = Z$，また，$X^2 + Y^2 = r^2\cos^2\theta + r^2\sin^2\theta = r^2(\cos^2\theta + \sin^2\theta) = r^2$ なので $r = \sqrt{X^2 + Y^2}$，さらに $Y/X = r\sin\theta/r\cos\theta = \tan\theta$ より，$\theta = \arctan(Y/X)$ である．

第11章

11.1 従来，人力で行ってきたことに対して，情報機器を導入することで，省力化，情報処理の高速化，情報の共有化が図れるため．

11.2 11.4節参照．

11.3 CAD：computer aided design，コンピュータ支援設計
CAT：computer aided testing，コンピュータ支援検査
CAM：computer aided manufacturing，コンピュータ支援生産
CAE：computer aided engineering，コンピュータ支援エンジニアリング
CAPP：computer aided process planning，コンピュータ支援工程設計
CIM：computer integrated manufacturing，コンピュータ総合生産
FMS：flexible manufacturing system，フレキシブル生産システム
FA：factory automation，工場自動化
NC：numerical control，数値制御

参考文献

第 1 章

[1.1] 江守一郎，機械のはなし，技報堂出版，1986
[1.2] 稲美辰夫，機械のしくみ，日本実業出版社，1993
[1.3] 和田忠太，メカニズム解剖図鑑，日本実業出版社，1995

第 2 章

[2.1] 松尾哲夫，ほか 4 名，機械材料，朝倉書店，1984
[2.2] 横山亨，機械材料，コロナ社，1971
[2.3] 日本機械学会 編，機械工学便覧，改訂 6 版，日本機械学会，1979
[2.4] 田中政夫，朝倉健二，機械材料，共立出版，1978
[2.5] ヴァン・ブラック，ほか 2 名，材料科学要論，アグネ社，1964
[2.6] 日本材料学会 編，機械材料とその試験法，日本材料学会，1966
[2.7] 佐多敏之，ほか 2 名，工業材料，森北出版，1974
[2.8] 小林昭，ほか 2 名，非金属材料の工学的性質，地人書館，1964
[2.9] 宮川大海，金属材料工学，森北出版，1976
[2.10] 日立金属，ハンドブック—YSS
[2.11] 特集「からだ」と「カラダ」，日本機械学会誌，Vol.21，No.1033，2004

第 3 章

[3.1] 川田雄一，材料力学，共立出版，1957
[3.2] 日本機械学会材料力学部門委員会 編，材料力学（上），日本機械学会，1957
[3.3] 松尾哲夫，ほか 4 名，機械材料，朝倉書店，1984
[3.4] Den Hartog, Strength of Materials, McGraw-Hill, 1949
[3.5] 竹内詳一郎，材料力学，日新出版，1993
[3.6] 柳沢猛，ほか 5 名，基礎材料力学演習，日新出版，1987
[3.7] 草間秀俊，ほか 3 名，機械工学概論，理工学社，1967

第 4 章

[4.1] 小川潔，加藤功，機構学，森北出版，1995
[4.2] 稲田重男，森田鈞，機構学，オーム社，1976
[4.3] 稲田重男，ほか 3 名，機構学，朝倉書店，1974
[4.4] 森田鈞，機構学，サイエンス社，2000

[4.5] 藤川健治，機械のしくみ，ダイヤモンド社，1971
[4.6] 機械工学研究会 編，メカトロエンジニアリングシリーズ，機械工学（基礎編），パワー社，1990

第5章

[5.1] 岡部幸二，機械要素の設計，明現社，1992
[5.2] 兼田楨宏，山本雄二，基礎機械設計工学，理工学社，1995
[5.3] 米山猛，機械設計の基礎知識，日刊工業新聞社，1996
[5.4] 吉澤武男 監，ほか8名，新編 JIS 機械製図，第5版，森北出版，2014
[5.5] 川北和明，伊藤美光，機械設計における GD^2，日刊工業新聞社，1995
[5.6] 影山克三，ほか3名，機械要素設計，オーム社，1992
[5.7] 村上敬宜，材料力学，森北出版，1994
[5.8] 日本機械学会 編，機械工学便覧，新版5刷，日本機械学会，1991
[5.9] 日本規格協会，JIS 規格 (B 0002，0003，0031，0401，0601)，(Z 8312，8315)
[5.10] 日経メカニカル 編，勘どころ設計技術，日経 BP 社，1995
[5.11] 日経メカニカル 編，メカ設計術，日経 BP 社，1991

第6章

[6.1] 渡辺茂 監修，小事典・機械のしくみ，講談社，1992
[6.2] 米津栄，稲崎一郎，機械工学概説，森北出版，1996
[6.3] 草間英俊，ほか3名，機械工学概論，理工学社，1984
[6.4] 添田喬，ほか3名，振動工学の基礎，日新出版，1996
[6.5] 岩井善太，ほか2名，振動工学の講義と演習，日新出版，2000
[6.6] 遊佐周逸，ほか2名，工業力学，コロナ社，1988
[6.7] 日高照晃，機械力学，朝倉書店，1987
[6.8] 加川幸雄，石川正臣，モーダル解析入門，オーム社，1987

第7章

[7.1] 松尾哲夫，ほか2名，機械工作法，朝倉書店，1984
[7.2] 竹山秀彦，切削加工，丸善，1980
[7.3] 橋本文雄，朝倉健二，機械工作法 (II)，共立出版，1975
[7.4] 小町弘，吉田裕亮，絵とき機械工学のやさしい知識，オーム社，1990
[7.5] 米津栄，稲崎一郎，機械工学概説，森北出版，1978
[7.6] 伊東誼，森脇俊道，工作機械工学，コロナ社，1989
[7.7] 精密工学会 編，精密工学便覧，日刊工業新聞社，2000
[7.8] 松岡甫篁，ほか2名，はじめての切削加工，工業調査会，2003
[7.9] 千々岩健児，ほか4名，機械工作法通論（下），東京大学出版会，1982

[7.10] 砥粒加工学会 編，切削・研削・研磨用語辞典，工業調査会，1995
[7.11] 千々岩健児，機械制作法 (1)，コロナ社，1974
[7.12] 萱場孝雄，加藤康司，機械工作概論，理工学社，1986
[7.13] 草間秀俊，ほか 3 名，機械工学概論，理工学社，1981
[7.14] 朝倉健二，橋本文雄，機械工作法 (I)，共立出版，1995
[7.15] 葉山益次郎，塑性学と塑性加工，オーム社，1985
[7.16] 日経メカニカル 編，勘どころ設計技術，日経 BP 社，1995
[7.17] 東京都立産業技術研究センター 編，3D プリンタによるプロトタイピング，オーム社，2014
[7.18] 日本機械学会 編，機械工学便覧デザイン編 β3 加工学・加工機器，日本機械学会，2006
[7.19] 原雄司，3D プリンター導入 & 制作完全活用ガイド，技術評論社，2014

第 8 章

[8.1] 河村和孝，馬場宣良，エネルギーの工学と資源，産業図書，1995
[8.2] 関根泰次，堀米孝，エネルギー工学概論，電気学会，1995
[8.3] 池田長康，ほか 4 名，エネルギー基礎学，パワー社，1994
[8.4] 森康夫，ほか 2 名，エネルギー変換工学，コロナ社，1980
[8.5] 西川兼康，長谷川修，エネルギー変換工学，理工学社，1988
[8.6] 谷下市松，工学基礎熱力学，裳華房，1991
[8.7] 佐藤俊，国友孟，熱力学，丸善，1984
[8.8] 西脇仁一，熱機関工学，朝倉書店，1976
[8.9] 一色尚次，北山直方，新蒸気動力工学 (SI 版)，森北出版，1992
[8.10] 西野宏，ガスタービン，朝倉書店，1973

第 9 章

[9.1] 今井功，流体力学，岩波書店，1984
[9.2] 生井武文 校閲，ほか 3 名，水力学 (改訂・SI 版)，森北出版，1984
[9.3] 島章，小林陵二，水力学，丸善，1985
[9.4] 深野徹，わかりたい人の流体工学 (1)，裳華房，1996
[9.5] 大場利三郎，神山新一，流体機械，丸善，1987
[9.6] 日本機械学会 編，機械工学便覧 A5，日本機械学会，1986
[9.7] 寺田進，固体混合液の管路輸送，理工図書，1973
[9.8] Durand R.: Basic Relationships of the Transportation of Solids in Pipes Experimental Research, Intern. Assoc. Hydr. Res., 5th Congr. Minneapolis, 1953
[9.9] 宮田昌彦 編著，よくわかる水力学，オーム社，1995

[9.10] 仲島正之，初学者のための水力学と流体機械，理工学社，1996
[9.11] 小町弘，吉田裕亮，絵とき機械工学のやさしい知識，オーム社，1990
[9.12] 森田泰司，流体の作用とその応用機械，東京電機大学出版局，1992
[9.13] 関根泰次，堀米孝，エネルギー工学概論，電気学会，1995

第 10 章

[10.1] 竹内允，ほか 2 名，最新電子機械，科学書籍出版，1993
[10.2] 丹野頼元 編，メカトロニクスへの招待，森北出版，1990
[10.3] 有本卓，ロボットの力学と制御，朝倉書店，1991
[10.4] 末松良一，機械制御入門，オーム社，1990
[10.5] 赤堀寛，知能ロボットの基礎知識，共立出版，1987
[10.6] 本田康悟，ロボット工学の基礎，昭晃堂，2003
[10.7] 大場良次，インテリジェント・センサ技術，オーム社，1990
[10.8] 畑村洋太郎，ほか 2 名，機械創造学，丸善，2001
[10.9] 茶山和博，ほか 3 名，遠隔操縦ロボット，ロボット学会誌，Vol.21，No.1，日本ロボット学会，2003
[10.10] 荒井裕彦，ロボットによるスピニング加工の研究，ロボット学会誌，Vol.22，No.6，日本ロボット学会，2004

第 11 章

[11.1] 小堀研一，春日久美子，基礎から学ぶ図形処理，工業調査会，1996
[11.2] 樋口登志男，吉永和彦，CAD 解説（その導入のために），実教出版，1990
[11.3] 雨宮好文，安田仁彦，CAD/CAM/CAE 入門，オーム社，1991
[11.4] 田村孝文，CIM 入門，日本能率協会，1991
[11.5] CIM 研究グループ，生産革命 CIM（構築のアプローチ），工業調査会，1991
[11.6] 橋本文雄，東本暁美，コンピュータによる自動生産システム (II)，共立出版，1989
[11.7] 実践教育研究協会 編，チャレンジ CAD/CAM (CAD 編)，工業調査会，1994
[11.8] 実践教育研究協会 編，実践 3 次元 CAD/CAM（基礎編），工業調査会，1989
[11.9] 実践教育研究協会 編，実践 3 次元 CAD/CAM（応用編），工業調査会，1991

索　引

英数字

あ　行

か　行

さ 行

た 行

な　行

は　行

ま　行

や　行

ら　行

わ　行

著 者 略 歴

松尾　哲夫（まつお・てつお）（工学博士）
1961 年　大阪大学大学院工学研究科博士課程修了
1997 年　熊本大学名誉教授
2003 年　熊本県立技術短期大学校退職

野田　敦彦（のだ・あつひこ）（工学博士）
1952 年　東京大学工学部計測工学科卒業
2002 年　崇城大学退職

松野　善之（まつの・よしゆき）（工学博士）
1956 年　九州大学工学部機械工学科卒業
2007 年　崇城大学退職

日野　満司（ひの・みつし）（工学博士）
1984 年　熊本大学大学院工学研究科修士課程修了
2007 年　熊本県立技術短期大学校機械システム技術科教授

柴原　秀樹（しばはら・ひでき）（学術博士）
1976 年　熊本大学大学院工学研究科修士課程修了
2016 年　西日本工業大学退職

編集担当　二宮　惇（森北出版）
編集責任　富井　晃（森北出版）
組　　版　プレイン
印　　刷　丸井工文社
製　　本　　同

わかりやすい機械工学 (第 3 版)

1998 年 5 月 15 日　第 1 版第 1 刷発行
2005 年 2 月 15 日　第 1 版第 8 刷発行
2006 年 3 月 31 日　第 2 版第 1 刷発行
2014 年 4 月 30 日　第 2 版第 7 刷発行
2016 年 5 月 31 日　第 3 版第 1 刷発行
2023 年 2 月 20 日　第 3 版第 6 刷発行

著　　者　松尾哲夫／野田敦彦／松野善之／日野満司／柴原秀樹
発 行 者　森北博巳
発 行 所　**森北出版株式会社**
東京都千代田区富士見 1-4-11 (〒102-0071)
電話 03-3265-8341/FAX 03-3264-8709
https://www.morikita.co.jp/
日本書籍出版協会・自然科学書協会　会員
JCOPY　<（一社）出版者著作権管理機構 委託出版物>

落丁・乱丁本はお取替えいたします.

Printed in Japan／ISBN978-4-627-65033-6